RAPHAELA
EDELBAUER

DIE
INKOMMEN
-SURABLEN

ROMAN

Klett-Cotta

MIX
Papier | Fördert gute Waldnutzung
FSC® C014496

Die Arbeit der Autorin am vorliegenden Buch wurde vom Deutschen Literaturfonds e. V. gefördert.

Fünfte Auflage, 2023

Klett-Cotta
www.klett-cotta.de

Printed in Germany
Cover: ANZINGER UND RASP Kommunikation GmbH, München
unter Verwendung eines Fotos von © picture alliance
Gesetzt von C.H.Beck.Media.Solutions, Nördlingen
Gedruckt und gebunden von GGP Media GmbH, Pößneck
ISBN 978-3-608-98647-1
E-Book: ISBN 978-3-608-12157-5

Für Gabi und Henry, meine Eltern

Jedes Individuum, jedes Menschengesicht und dessen Lebenslauf ist nur ein kurzer Traum mehr des unendlichen Naturgeistes, des beharrlichen Willens zum Leben, ist nur ein flüchtiges Gebilde mehr, das er spielend hinzeichnet auf sein unendliches Blatt, Raum und Zeit, und eine gegen diese verschwindend kleine Weile bestehn läßt, dann auslöscht, neuen Platz zu machen.

Arthur Schopenhauer, *Die Welt als Wille und Vorstellung*

KAPITEL 1

WIEN

Es war sechs Uhr zweiunddreißig am 30. Juli 1914, als der siebzehnjährige Bauernknecht Hans Ranftler nach kaum halbstündigem Schlaf von einem Beamten der k. u. k. Eisenbahnen, der den Besen in der Hand trug, unsanft aus dem Schlaf befördert wurde.

Die leere Garnitur der Tiroler Nordbahn, in der er die Nacht durchwacht hatte, trug noch den Geruch von Zwiebeln und Petroleum in sich. Abends hatte die rumänische Familie, mit der er sich das Abteil teilte, unter lautem Getöse Brot und Zervelatwürste, Krautrollen und Salzgurken aus den Gepäcknetzen gefuhrwerkt.

Bei Fahrtantritt hatte Hans versucht, es sich mit dem Lodenrock, den er dem Bauern aus dem Schrank gestohlen hatte, einigermaßen behaglich zu machen, und die über Innsbruck liegende Dunkelheit schon als Komplizin seiner baldigen Rast gesehen – da hatte ihn der Mann in die Rippen gestoßen und ein Glas vor ihn gestellt. »Țuică«, sagte die Frau. Hans hatte den Kopf geschüttelt, ohne zu wissen, ob auf eine Aufforderung oder eine Frage hin – doch hatte man ihm längst eingeschenkt. Die Kinder, ein Knabe und ein Mädchen, baumelten schreiend am Gepäcknetz.

»Trebuie sa beți, austrieci!«, sagte der Mann und prostete

Hans zu, der peinlich berührt gleich den ganzen Becher leerte. Er schüttelte sich unter dem Brennen des Fusels, und die ganze Familie brach in Lachen aus. Hans amüsierte sich erst mit ihnen, wusste aber nicht, ob und wie er sich bedanken sollte, und wandte sich bald dem Fenster zu. Die harten Holzbänke der dritten Klasse vernichteten ohnehin jede Hoffnung auf Schlaf.

»So unendlich weit«, dachte er, als die tiefen Kessel Tirols sich langsam ins moosige Grün verschlierten; die Tuxer Alpenmassive waren dem freiliegenden Horizont gewichen wie eine fortgezogene Stellwand.

Er hatte sein Tal seit sieben Jahren nicht verlassen.

Als sein Vater mit achtundzwanzig von einem Stapel niederfallender Tannenstämme erschlagen worden war, hatte der Prokurist der Firma seines Erzeugers angekündigt, ihn von Imst ins Unterland zu deportieren. Nach einer grauenhaft langen Messe, während derer *Herr Jesu Christ, dein teuer Blut* Hans' stille Fürbitte begleitete, das Gespann des Prokuristen möge gestohlen werden, war er wie eine widerspenstige Ware verladen worden. Der Hof, an dem seine Mutter vermutet wurde, war so weit vom nächsten Gymnasium entfernt, dass der Hofbesitzer es nicht einmal aussprechen musste, dass es mit seiner Bildung schlagartig vorbei war. Düstere Gesichter an den Heuwendern und Ackerwalzen starrten ihn an, als ihm ohne ein einziges Wort – allein durch Gesten und das Zeigen einer Pritsche – sein Schicksal verkündet worden war. Er war zehn Jahre alt gewesen und war dem Hof nicht für einen einzigen Tag entkommen.

Vor dem Fenster fächerte sich die Landschaft auf wie frisch erdacht: Dort drüben konnte man an der Moldau entlang nach Prag gelangen – die Karlsbrücke hatte Hans einmal als Kupferstich auf einer Postkarte gesehen. Auf der anderen Seite, viel schwärzer dort, lagen Slavonien und Kroatien, wo im fruchtbaren Slave-Drau-Zwischenland Zuckerrüben und Mais besser gediehen als überall sonst im Kaiserreich. Er konnte Böden und Heu und die grasenden Bestutschew-Rinder beinahe greifen, so plastisch standen sie ihm vor Augen. Zerstreut begann er an den Kartoffeln zu kauen, die er sich roh als Wegzehrung in die Manteltaschen gestopft hatte, und versuchte in Dantes *Inferno* zu lesen, nur fand er keine Konzentration für Francescas Klagen. Er sah wieder hinaus auf die Landschaft, die sich vor ihm eröffnete wie eine immer weiter werdende Bucht.

Dort, wo viele Stunden später die Sonne aufgehen würde, lagen Siebenbürgen und die Bukowina, in der Robinienwälder die Karpaten ankündigten; da fielen ihm endlich die Augen zu.

Nun, als er erwachte, waren die Rumänen fort, und der Eisenbahner machte bereits Anstalten, mit der Schaufel unter die Bank zu tauchen, sodass Hans sein hastig ausgestoßenes »Südbahnhof« nur mehr am Rande erriet.

Im Versuch, den Mann möglichst wenig zu stören, turnte er um den eindringenden Stiel und angelte den Sack, den er mit breiter Zaunschnur verknotet hatte, aus den Gepäcknetzen. Dann stolperte er durch die gelbschwarz vertäfelten Wagons mit einer Schwere, die einem nur viel zu kurzer Schlaf aufbürden konnte. Er stieß die Tür auf und war mit einem Schlag ausgenüchtert. Als er zum ersten Mal auf den Wiener Boden stieg, in die Bahnhalle, die mächtig vom Doppeladler des Kaiserreichs überflaggt war, war es ihm, als wollten die Posaunen von Jericho ihm das Fleisch von den Knochen reißen.

Rings um ihn schossen die Menschen wie Projektile; einander Zurufende, mit Hüten Winkende, Koffer Bugsierende, Dienende, Tragende, Fluchende. Aufgespannte Weite der Halle, die all diese gegeneinander taumelnden Menschen umfasste. Es pfiff und dampfte an der gläsernen Decke, dass Hans sich verschlungen wähnte.

Sowie er endlich die Beherrschung fand, die Halteschiene loszulassen, war er mitten im babylonischen Wirrwarr. Tschechische Arbeiter umringten ihn.

»Rozdávejte dávky!«, schrie der Vorderste, und Hans duckte sich gerade noch rechtzeitig, ehe ein in Leinen gewickelter Klumpen über seinen Kopf segelte, den ein junger Mann hinter ihm behände auffing. Unter den rußigen Hemden der Männer spannten sich die Bizepse, während sie den riesenhaften Laib Brot auswickelten, an dem sich jeder der Reihe nach schadlos hielt. Vielleicht Heizer, dachte Hans zerstreut und hielt nach dem Ausgang Ausschau, als einer der breiten Männer ihm ein handtellergroßes Stück Brot auf die Brust drückte. Wie im Schock über diese Großzügigkeit hielt er es dort an seinem Hemd, bis die Gruppe sich entfernt hatte. Erst dann wagte er zu essen.

Den Ausgang hatte er wieder aus den Augen verloren. Schnaubend fuhr eine schwarzglänzende Garnitur ein, deren goldene Schriftzüge vor ihm auf und ab geschleudert wurden. Pagen in leuchtendblauen Uniformen sprangen voller Unrast auf die Bahnsteige, und aus ihren Gasanzündern schossen schon im Niederfallen die Funken, als müsste man sich um sein Leben beeilen. Dann drehten sie, die Drama-Zigaretten im Mundwinkel, die Türen auf und hievten schwere Koffer hervor. Hans beobachtete fasziniert ihre mühelos lachenden Gesichter; bubenhaft – sie mussten jünger sein als er.

Kaum waren die Gepäckstücke auf die eilig herbeigeschafften Wagen verladen, stiegen langsam die Fahrgäste aus –

Frauen und Männer, gekleidet in so feine Stoffe, dass wohl ein Faden an ihrem Leib wertvoller sein musste als alles, was Hans in seinem Leben besessen hatte. Ein galanter Herr hielt seiner Begleiterin den Arm hin, die die Bewegung der Bahnhofshalle gar nicht beachtete, als wäre sie vollkommen gewohnt, im Durchhaus ihre Morgentoilette zu vollziehen. Das Paar behielt trotz der drückenden Julihitze die Pelze um die Schultern und schwätzte in einer ihm unbekannten, wohl slawischen Sprache; Hans wunderte sich noch einen Augenblick, bevor er schließlich die glänzenden Lettern am Abteil bemerkte. »Venedigexpress«, las er und erinnerte sich, dass er morgens am Innsbrucker Bahnhof ein Werbeplakat gesehen hatte, das für die sündteuren Luxusbilletts von Konstantinopel oder Moskau nach Paris warb. Vielleicht ein russisches Paar?

Ein dicklicher Italiener, der schimpfend ein Mädchen hinter sich herschleifte, stieß ihn in die Flanke. Rasch lief er weiter; auf einmal schämte er sich, zwischen all diesen weltgewandten Leuten mit seinen groben Stiefeln, der Leinenhose und den braunen Hosenträgern zu lange zu verweilen. Den breitkrempigen Hut warf er von sich fort. Wo nur war die Tür? Fast stolperte er über eine Frau, die neben den Gleisen einen Säugling fütterte – »sajnálom« –, und wie sollte man all diese Völker auseinanderhalten können? Wie diese Eindrücke ertragen? Ein beißender Geruch: Zwei Buben brieten etwas über offenem Feuer – Feuer im Bahnhofsgebäude! –, und ein Aufseher kam unter lautem Schreien heran, um die Flammen auszudämpfen. Da sank Hans an einen Blumenkasten nieder und bedeckte sein Gesicht mit den Händen.

Im Grunde wusste er nichts. Niemand, den er kannte, war je in Wien gewesen, und er hatte niemanden von seinen Plänen in Kenntnis gesetzt oder auch nur einen Brief hinterlassen, ehe er um Mitternacht nach Telfs geritten war. Dort war er abgestiegen und hatte der Stute, an deren Seite er jahrein, jahraus die Äcker bestellt hatte, einen Schlag auf die Kruppe gegeben, sodass sie in der grillenschweren Sommernacht verschwunden war. Das Pferd kannte den Weg heim, er machte sich um es keine Sorgen. Er hingegen besaß nicht einmal das Geld für die Rückfahrt. Das heißt: Er hatte genau vier Kronen bei sich, die ihm eine Fahrt mit der Elektrischen und zwei warme Mahlzeiten bezahlen würden; für eine Schlafstatt würde es schon nicht mehr reichen. Um den Hals trug er ein silbernes Medaillon, das ein Bild von ihm selbst enthielt und seinem Vater gehört hatte – eher würde er sterben, als es zu versetzen, so viel stand fest.

»Du musst zum Ring.« Da war eine Stimme dicht neben seinem Ohr. Ein junger Mann hatte sich neben ihn gesetzt, um ihm eine Zigarette anzubieten.

»Was?«, fragte Hans zerstreut und griff nach der hingestreckten Packung.

»Zur Rossauerkaserne«, sagte der andere. Er schien vom selben Schlag zu sein wie Hans – hatte einen Lederrucksack neben sich gestellt und sprach in breitem Salzburger Akzent.

»Ich weiß nicht, was du meinst«, sagte Hans leise; der Salzburger aber, als wäre dies das Normalste auf der Welt für einen Fremden, griff in seinen Nacken und zog ihn wie einen altgedienten Kumpan an sich.

»Du willst dich doch sicher freiwillig melden.«

Hans musste die brennende Zigarette steil von sich halten, so eng hatte der andere Bursche ihn umfasst.

»Morgen soll die generelle Mobilmachung bekannt gegeben werden, nachdem heute Nacht der Zar für Russland die

Einrückung befohlen hat. Und bis die bewegungsfähig sind – dann sind wir vielleicht Kameraden im selben Regiment –«

»Ich will mich aber doch gar nicht freiwillig melden«, sagte Hans endlich, und der Salzburger ließ ihn sofort los.

»Was denn dann?«, fragte er mit großen Augen.

»Hierhin will ich –« Hans zog den Zeitungsausschnitt hervor, den er umsichtig in der Innentasche seines Rocks verstaut hatte. Der andere riss ihm das Papier aus den Händen –

»Helene Cheresch«, las er laut vor. »Psychoanalytikerin, Fachgebiet Massenhysterien und parapsychologische Affekte. Landesgerichtsstraße 32 – das ist in der Nähe der Universität, am Schottentor. Du musst die Tram Nummer drei nehmen, dort am Westausgang.«

»Du kennst dich gut aus«, sagte Hans errötend und riss das Zeitungspapier wieder an sich.

»Mein Onkel unterhält ein Gasthaus in der Leopoldstadt. Sommers habe ich dort mitgeholfen, deswegen sagt mir die Stadt etwas. Was machst aber du denn bei einer Psychoanalytikerin?«

»Nichts.« Hans warf sich seinen Sack über die Schulter, um dem anderen ein Zeichen zu geben, seinen Redefluss endlich einzustellen, doch dieser bemerkte den Wink nicht und rief ihm noch nach, als Hans längst aufgestanden war und seinen Weg zum Ausgang hin machte.

»Wenn du es dir anders überlegst, komm morgen um acht Uhr abends zur Rossauerkaserne. Mein Freund Schneider und ein paar andere warten dort gemeinsam das Vorüberstreichen des deutschen Ultimatums ab.«

»Freilich«, rief Hans und hatte sich schon abgewandt.

Er trat durch eine Tür, die ins Bahnhofsgebäude führte: ein Anblick, an dem er sich kaum sattsehen konnte. Er fand das

Licht von kristallenen Fenstern in tausend Aspekte zerschlagen. Über den Köpfen der Menschen fuhr die stärker werdende Morgensonne durch eine milchige Glasfront ein, und eine große Stiege führte hinab in die Ankunftshalle. Gewühl – ein Ungar verkaufte gebrannte Mandeln, Familien herzten einander nach augenscheinlichen Ewigkeiten, und Menschen stürmten eilig nach draußen, wo die Fiaker warteten. Das Durcheinander machte Hans bereits weniger aus als zuvor. Gestärkt von dieser Einsicht sprang er ins Parterre.

Es drängte ihn heftig, in die an die Westflanke angeschlossene Trafik zu gehen; nur wurde ihm gleich ganz schwindelig von der Vielfalt der aufgehängten Magazine, die mit ihren Überschriften auf ihn eindrangen. Noch nie in seinem Leben war ihm Gedrucktes in einer solchen Überfülle begegnet; und dann rissen stakkatoartig Hände von links und rechts die Nachrichten an sich: ungeschlachte und bleiche, braune und noch fast kindliche, die im Gegenzug für das frisch aufgeschnittene Weltgeschehen ein paar Heller hinwarfen und schon zu anderen Besorgungen fortliefen. Immerzu hatte er Angst, jemand könne ihn an der Schulter fassen und wie einen Fremdkörper extrahieren.

Im Gegensatz zu den anderen am Hof hatte Hans eine ununterdrückbare Leidenschaft angetrieben, das, was er in der Schule gelernt hatte, nicht zu verlieren, und der Stumpfsinn des Alltags hatte diesen Hunger nie auslöschen können.

Wenn der Winter die Arbeit verlangsamte, zog er die Zeitungen, die ihm eigentlich zur Trocknung der Stiefel übereignet worden waren, heraus und glättete sie, bis er vom Lena-Massaker in Bodaibo lesen konnte oder dass Amundsen den Südpol bezwungen hatte. Stundenlang hatte er beim Dungumwälzen die neu gelernten Worte wiederholt, bis sie in ihn eingegangen waren.

In der Trafik griff er jetzt nach dem erstbesten Heft, das zu kaufen ihm sinnvoll erschien – ein Reiseführer für Wien. Er kostete nur fünfzig Heller; selbst für ihn kaum eine Ausgabe. Dann trat er auf den Vorplatz hinaus. Klingelnde Gespanne fuhren auf Erdwegen über Kreuz und strebten die Favoritenstraße hinab ihrem Ziel zu: den inneren Bezirken. Sie fraßen in unersättlichem Hunger die Menschen, die durch die Schlünde des Südbahnhofs aus allen Kronländern erbrochen wurden. Häuser, so weit man schaute – dampfende Schlote hinter den Hügeln, Rufe, Lüfte: Wien. Er wollte gleich den Reiseführer konsultieren und griff in den Rock, aber da war – nichts. Wie hatte er das Kunststück fertiggebracht, nach zwanzig Schritten das Buch zu verlieren?

»Ist das die Straßenbahn Nummer drei?«, fragte er einen an ihm vorbeikommenden Mann. Dessen Reaktion produzierte eine ungeheure Diskrepanz: Die Augen des Mannes waren erhellt von Verständigkeit und Wohlwollen, doch antwortete er auf Tschechisch, und Hans wiederum begriff, was gemeint war, ohne ein Wort zu verstehen.

Schwitzend sprang er in die Tram. Vorne befand sich eine offene Plattform, auf der stoisch der Zugführer im Morgenwind stand. Er ging zu ihm, da er annahm, dass dieser ihm ein Billett verkaufen würde, doch der Schaffner zeigte nur stumm auf ein Schild, auf dem »Bitte nicht mit dem Führer zu sprechen« stand. Der Zug hatte sich indes bereits in Bewegung gesetzt. Was, wenn er von einem Kontrolleur aufgegriffen wurde und vor aller Augen beichten musste, dass er nicht genug Geld hatte, die Strafe zu begleichen? Würde man sich damit begnügen, ihn aus der Tram zu werfen, oder müsste er sich auf dem Polizeirevier verantworten?

Er sah sich schon in der Strafanstalt Stein sitzen, von

der ein slowenischer Tagelöhner auf dem Hof einmal ebenso konturlose wie furchteinflößende Dinge in seinen Bart genuschelt hatte. Da trat eine Dame lächelnd auf ihn zu.

»Sie müssen die Billetts in der Trafik kaufen«, sagte sie und hielt ihm ein rechtwinklig ausgestanztes Papier hin. »Aber wir haben einen zweiten Fahrschein; Sie können ihn gerne haben.« Erleichtert steckte Hans den Abriss ein – was war das nur für eine Stadt, dachte er, in der sich Zigaretten, Brot und Fahrscheine materialisierten, wenn man sie brauchte?

»Komm«, sagte die Dame und zeigte auf eine Sitzgruppe, wo ein gleichfalls lächelnder Mann – scheinbar ihr Begleiter – auf sie wartete.

Auch nachdem er sich gesetzt hatte, konnte Hans nicht aufhören, sich über die Tram zu wundern, die ihm nicht erklärlicher schien als eine Marienerscheinung. Ganz ohne Pferde und vor allem *ohne Lok* brauste sie voran. Sie war getrieben von einer unsichtbaren Kraft, die in ihr selbst steckte. Ein Münchhausenzug, der sich am eigenen Zopf in Richtung Stadt zog. Im Inneren war es fast kommod: sauber lackiertes Holz und rote Ledersitze. Es mussten etwa zwanzig Menschen darin Platz finden und durch große Fenster, deren ausgelassene Vorderseiten einen kühlenden Wind hereinließen, konnte man die Stadtpanoramen vorbeiziehen sehen. Draußen steigerte sich die Geschäftigkeit der Straße fast zur Blödsinnigkeit – immer neue Fuhrwerke sprangen aus den unmöglichsten, verwinkeltsten Gässchen hervor, und die Kutscher spornten ihre Pferde unablässig aufs Neue an.

Im Inneren des Wagons war dagegen alles gedämpft. Hans' Gedanken kreisten um die Frage, wie er sich bei dem Paar für die Freundlichkeit revanchieren konnte. Doch das Vorhaben war aussichtslos: Im Gegensatz zu ihm hatten sie alles. Sie war gekleidet in knisternde senfgelbe Draperie –

der Hut saß tief und elegant. Ihr Mann war schlicht gekleidet, doch in jener speziellen Form von Schlichtheit, die von allergrößter Sorgfalt zeugt. Er trug ein Sakko, das Hans sich nicht ganz zu erklären wusste – die Schöße waren fortgeschnitten, sodass unter einem umgekehrten V ein feines Seidenhemd zum Vorschein kam. Auf seinem Schoß lag die *Neue Freie Presse*.

»Lassen Sie mich raten: Sie waren noch nie in Wien«, sagte die Frau fast begierig.

»Um ehrlich zu sein, war ich noch niemals irgendwo«, antwortete Hans in seinem bemühtesten Hochdeutsch, hörte sich aber gleich scheitern.

»Das sind Zeiten!«, stieß der Herr hervor, als wären damit Bände gesprochen, und fügte ebenso unbestimmt hinzu: »Wir haben ja erst Donnerstag.«

»Woher kommen Sie denn? Sie klingen ja gar nicht slawisch. Sind Sie denn vom Land?«, setzte nun wieder die Dame nach. Hans ließ die Schultern sinken. So leicht also erkannte man ihn; und wenn er sich auch noch so um eine gewählte Ausdrucksweise bemühte.

»Ich bin aus Tirol«, entgegnete Hans fest. »Und habe die letzten sieben Jahre als Pferdeknecht verbracht. Zuvor habe ich aber in Imst gelebt und kurz sogar ein Gymnasium besucht.«

»Pferdeknecht!«, wiederholte die Dame aufgeregt. »Erzählen Sie uns doch, wie es dort ist.«

»In Tirol?«, fragte Hans.

»Auf so einem Hof!«, rief die Dame.

»Wir werden die Arbeit der Bauern bald bitter benötigen«, schaltete sich der Mann ein. »Sie wissen ja, dass der Krieg auch auf dem Land geführt wird, in den Ställen und auf den Feldern. Also, wie lebt man da?«

»Nun, ich spreche als jemand, der den Vergleich mit dem bürgerlichen Leben kennt. Mein Vater war Holzexporteur«, sagte Hans zunehmend selbstbewusster. »Es ist auf dem Hof ein karges, verbittertes, anstrengendes Leben. Bis auf die Pferde, in die ich mich im Laufe der Zeit vernarrt habe. Ich diene dem Herrn seit sieben Jahren, und –«

»Dem Herrn, Sie dienen dem Herrn?«, fragte der Mann verwirrt.

»Nicht so«, sagte Hans rasch. Bei jedem Wort pendelte sein Blick prüfend zwischen seinen und ihren Augen, wie um sich zu versichern, ob er ihre Frage wirklich verstanden hatte. »Den Bauern nennen wir Herrn. Es gibt eine strikte Hierarchie. Wir sitzen zwar an einem Tisch, aber uns trennen Abgründe. Wir sprechen vom Hof, als wäre er unser aller gemeinsame Sache, doch ich schere mich einen Teufel um ihn.« Kurz erschrak er über die Heftigkeit seines eigenen Tonfalls, da sah er, dass die beiden eine diebische Freude ob seiner Antwort hatten.

»Und was bekommen Sie da? Also, werden Sie bezahlt oder sind Sie – nun –«

»Sklaverei ist in Österreich verboten«, fiel ihr Hans ins Wort. Er wollte wenigstens ein paar Brocken seiner Bildung zur Schau stellen. »Einmal im Jahr, am Martinitag, bekommen wir unseren Lohn für das Jahr, fünfzig Kronen.«

»Fünfzig Kronen für ein Jahr! Das ist ja nicht einmal genug, sich ein Dach über dem Kopf zu beschaffen«, rief der Mann, und die Zeitung glitt ihm vom Schoß, faltete sich durch das Schwanken der Garnitur auf und gab das strenge Gesicht Wilhelms II. frei, das im Luftzug der Tramway schaukelte.

»Wir bekommen einen Teil aber auch in Naturalien. Hier, die Hose aus Tuchstoff sind zwei Monate und der Rock nochmal einer. Drei Unterhemden entsprechen sechs Wochen, und viermal im Jahr werden uns hundert Zigaretten vorgelegt«, rechnete er laut. Als er wieder zu ihnen sah, schienen sie wie vor den Kopf gestoßen.

»Das ist ja barbarisch. Haben denn die Tiroler Sozialdemokraten nicht den Achtstundentag im Auge?«, fragte der Mann eifrig.

Hans musste lachen. Auf einmal fühlte er sich frei.

»Niemals! Es gibt ja die Natur den Rhythmus!«, sagte er frech wie der Siebzehnjährige, der er in Wirklichkeit war. »Wir stehen um vier Uhr auf und gehen aufs Feld, außer sonntags, wenn Messe ist. Winters wie sommers werden die Kühe gemolken, dann wird der Acker gepflügt oder gegossen oder die Ernte eingebracht. Jetzt im Herbst beginnt die ärgste Zeit – da müssen sogar die Volksschulklassen aus den Nachbarorten geholt werden, um die Kartoffeln aufzuklauben, die ich und der andere Knecht mit unseren Pferden und der Rode aus der Erde ziehen. Weniger als vierzehn Stunden arbeiten wir kaum je, da würde uns ja das Vieh verrecken –«

Hans ertappte sich bei dem Gedanken, das Paar müsste sich über seine Geschichte bekümmern und ihm ein Bett anbieten. Er hatte kurz geträumt, die Dame würde den am Herd stehenden Suppentopf zu rühren beginnen, und er, ja, er – aber da zerstreute er diese unsinnige Hoffnung ärgerlich.

»Ich selbst arbeite mit den Pferden. Ich reite sie zu, spanne sie in den Göpel, treibe sie an. Ich fahre auch den Herrn und seine Frau mit dem Fuhrwerk von Feld zu Feld, wenn in der Erntezeit die Slowenen kommen –«

Beim besten Willen – er hatte alles ausgeschöpft, was es über sein Leben zu sagen gab, das ihm fad und konturlos schien wie eine Landschaft, die sich flach bis an den Horizont erstreckte. Dass ein Mensch aß und schlief und schiss, verstand sich von selbst, und was hatte er in seinem Leben anderes angehäuft als eine Bilanz von Selbsterhaltungsmaßnahmen?

»Nun interessiert mich aber«, sagte der Mann, dem mit großer Verspätung einzufallen schien, was Hans vorher erwähnt hatte, »warum sind Sie denn in ein solches Malocherdasein entlassen worden, statt die Firma Ihres Vaters zu erben?«

Mit einem Schlag war der Frohsinn, der ihn vorher gepackt hatte, passé. Er sah aus dem Fenster nach draußen.

»Ich bin – nun sehen Sie, ich bin unehelich.«

Auch das Paar spürte, bei diesem eigentlich fremden Knaben eine Grenze überschritten zu haben, und beide schwiegen für einen Moment, ehe ihnen eine Übersprungshandlung eingefallen war.

»Und nun also wollen Sie an der Weltgeschichte teilhaben?«, fragte der Mann ungewöhnlich feierlich.

»Was?« Die Tram machte zischend Halt, und ein Mann schleppte sich in den Wagen. Er hatte keine Schuhe an und schwankte, von der wieder anfahrenden Straßenbahn aus dem Gleichgewicht gebracht, von links nach rechts. Sein Geruch ließ Hans schwindeln.

»Sie werden sich melden, oder nicht? Wenn morgen die Generalmobilmachung erfolgt.« Verspätet schüttelte Hans den Kopf – schon wieder diese Frage also.

»Nein, ich bin hier, weil ich Behandlung suche«, sagte er bewusst unpräzise. Der Bettler war nähergewankt und hielt ihnen allen eine Blechbüchse hin, in der ein paar Heller schepperten. Auf seinem linken Bein klaffte eine handtellergroße eiternde Wunde.

»Welche Art von Behandlung?«, hakte die Frau nach, während der Bettler, da er von allen ignoriert wurde, immer zudringlicher wurde.

»Werfts m'r doch a poa Notschn ins Taxameter«, greinte er, eine Stimme wie schmelzender Kautschuk; der Gestank war vollkommen unerträglich.

»Zur Analyse«, sagte Hans leise, schlug aber gleich die Hand vor den Mund.

Nicht einmal als eine Magd vor einigen Jahren an Wundbrand gestorben war – als sie zwei Wochen im Bett gesiecht hatte und Tag für Tag mehr von der schwarzverkrusteten Haut seitlich am Bauch verloren hatte – hatte es so gerochen.

Wenn er doch wenigstens Stiefel hätte, dachte Hans – da wandte sich der ihm gegenübersitzende Herr zu seiner Frau und nahm das Taschentuch vor die Nase.

»Wenn er doch wenigstens Stiefel hätte«, sagte er.

Turmhoch erhoben sich die Gründerzeithäuser um die soeben an einer Kreuzung wartende Tram, dass Hans meinte, sie müssten um ihn niedergehen. Hans stand kerzengerade.

»Ist alles in Ordnung?«, fragte die Dame. Er aber schwang sich mit einem Satz, der seinen Ellenbogen in das Gesicht des hinter ihm sitzenden Passagiers beförderte, über die Lehne und lief der Tür entgegen. Da die Haltestelle noch nicht erreicht war, ließ diese sich bei allem Zerren und Drücken nicht öffnen. Statt sich wieder hinzusetzen, stürzte Hans nach vorne, wo ein schmaler Spalt den Passagierraum von der Fahrerplattform schied. Er drängte sich hindurch und stieß den Schaffner zur Seite, um von der fahrenden Tram zu springen. Hart schlug er auf den Asphalt, da war die Straßenbahn schon hinter der nächsten Ecke verschwunden.

Unter schwerer Atemnot kam er wieder zu sich und fiel auf eine der grünlackierten Bänke nieder. Er drehte sich in die Rückenlage wie ein Fräulein im Korsett, das ihrer Kreislaufschwäche mit der Hochlagerung aller nur entbehrlichen Gliedmaßen entgegentreten muss. Er hustete kurz, lachte dann kräftig, während der Druck von ihm abfiel, und schaute so lange in den blauen Himmel, bis er meinte einzunicken. Kurz bevor ihm die Augen zufielen, bemerkte er eine Fassade am Rand seines Blickfelds, mächtiger als alles, was er sich je vorgestellt hatte. »Akademiestraße«, las er. Von den beiden Obelisken hypnotisch gezogen, stand er auf und lief los, als sich vor ihm auf einmal der Ring öffnete wie ein endloses Feld.

Als Kaiser Karl VI. am 22. Oktober 1713 im kerzenerleuchteten Stephansdom vor der göttlichen Gnade auf die Knie fiel, lag Wien im Sterben.

Von der außerhalb des Glacis liegenden Vorstadt Rossau aus hatte sich der Schwarze Tod ein letztes Mal gierig ins Innere der Bastion gefressen. Eine Ungarin, eine in den Elendsvierteln hausende Patientin null, hatte sie eingeschleppt. Nun glich die Stadt, die in den letzten Jahren sprunghaft zu einer Metropole gewuchert war, in der die Gewebe der Häuser miteinander verwuchsen – in der die ins Fließwasser gespülten Rinnsale aus Kot und Waschlauge alle Ritzen durchweikten –, selbst einer gewaltigen Pestbeule. Sie könnte sich jeden Moment öffnen, meinte man: All die Toten, die man in schwarzen, nummerierten Pestkutschen aus dem Äußeren Burgtor befördert hatte, würde die Erde dann wieder freigeben.

Doch tat sie es nicht.

1714 wurde die Yersinia pestis endgültig besiegt, und der Kaiser, der seinen Eid vor dem Allmächtigen nicht vergessen hatte, ließ aus Dankbarkeit die Karlskirche auf der Wieden errichten. Die Ausschreibung gewann der Architekt Johann Bernhard Fischer von Erlach, und wer die Geschichte dieses Barockgebäudes verstehen möchte, kann es selbst befragen. Ähnlich der andalusischen Alhambra, deren mit Schriftornamenten bedeckte Wände nicht nur die Ehre Gottes besingen, sondern auch von ihrem eigenen Bau erzählen, gestaltete Fischer von Erlach die Karlskirche nach rhetorischen Gesetzen. Sie ist gekleidet in Embleme – verschachtelt in rätselförmige Gleichnisse – und zielt auf synästhetische Assoziationen der in ihr Betenden ab. Wer die Karlskirche betritt, befindet sich in zu Stein gewordenem Gedächtnis. Sie ist aber – ganz als hätte ihr Grazer Architekt auch der österreichischen Seele als Ganzem ein Denkmal setzen wollen – nicht nur ein eklektizistisches Kind eines Vielvölkerstaates. Sie ist auch ein Meisterstück abgeschlossener Vereinzelung. Fischer von Erlach orientierte sich beim Bau an den Schriften des Mathematikers Gottfried Wilhelm Leibniz, und so ist die Karlskirche, ganz wie Wien selbst, Monade: fensterlos und gegen Veränderung indifferent.

Das Monadische, das die mit einer Mauer umpanzerte Stadt achthundert Jahre lang bewahrt hatte, gab sie auf, als sie 1850 unter der Regentschaft Franz Josephs I. dazu genötigt wurde, dreißig ihrer Vorstädte zu umarmen. Leopoldstadt, Landstraße, Wieden, Margarethen, Mariahilf, Neubau und Josefstadt waren die Namen der sieben neuen Bezirke.

Nur drei Jahre später versuchte der Schneidergehilfe János Libényi, den erst dreiundzwanzigjährigen Monarchen Franz Joseph mit einem Küchenmesser zu erstechen. Das durch das energische Eingreifen des Wiener Fleischhauers Josef Ettenreich – gleich darauf Ritter von Ettenreich – abgewandte Unglück war der Anlass zum Bau der Votivkirche und darauf folgte schließlich der Anstoß zur kaiserlich angeordneten »Auflassung der Umwallung und Fortifikationen der inneren Stadt, so wie der Gräben um dieselbe«, will heißen: der Bau der Wiener Ringstraße. Als Kompensation für ein immer schwächer werdendes Kaiserreich musste Wien nun zur Weltstadt werden.

Der Anschlag hatte sich auf dem Kärntnertor zugetragen, einmal über die Straße von der Karlskirche, nur war dieses ehemalige Fort jetzt unter der Erde, weil man die alte Mauer demoliert und mit einem künstlichen Plafond den Wienfluss überbaut hatte. Von ihm hatte die Bevölkerung seit der Römerzeit getrunken – nun war er nur mehr ein Rinnsal. Als 1897 die vormalige Kaiserin-Elisabeth-Brücke eingemauert und somit vernichtet worden war, um den Weg zur Oper als Straße zu gestalten, wusste noch keiner, dass kaum neun Monate später auch ihre nervöse Namenspatronin im Sterben liegen würde. An selbiger Stelle nun: ein vierspuriger Boulevard.

Etwas eingeschüchtert von der Breite der Straße, von der er nicht wusste, wie er sie im Gewühl der Gespanne und Trams überqueren sollte, ging Hans noch einmal zurück zum nahen Resselpark. Dort bestellte er sich in einer kleinen, grünüberdachten Holzbaracke ein Bier und eine Gulaschsuppe.

Kaum hatte er sich beides einverleibt, überkam ihn die Scham, zwei Kronen und zwanzig Heller für ein Mahl verbraucht zu haben; fast die Hälfte seiner Rücklagen. Doch war ihm, als wäre hier alles ausgewechselt. Als würde er andere Luft atmen, sein Körper andere Kost brauchen – nahrhaftere –, um seine Eindrücke zu ordnen. Nach der Stärkung hatte er das Gefühl, sich dem ungeheuren Brausen stellen zu können.

Links und rechts Bäume, die sich zu einer Allee vereinigten, an deren schmalen Grasflächen die Kinder einmal spielten, einmal sich aufs Trottoir setzten, um auf die ihnen lästig langsamen Eltern zu warten. Wie konnte man sich nicht ängstigen, niedergefahren zu werden, da die Parteien sich längs und quer zu einem vielfältigen Muster überkreuzten? Haflingerkutschen mit mannshohen Bierfässern preschten vorbei, um der sogenannten guten Gesellschaft das Vergnügen voraus in die Wirtshäuser zu befördern. Damen mit befederten Hüten promenierten am Arm von Herren im Frack und hielten spitzenbesetzte Schirme hoch. Junge Charmeure in Militäruniform liefen ein paar Mädchen nach, die sich beim Kaufen einer Brezel aus der Auslage eines groben Böhmen kokett umdrehten. Gleich verloren die Frauen ihre Aufmerksamkeit wieder an einen berittenen Polizisten. Fast schien es Hans, als hätten alle zwei Millionen Wiener sich zu einem Korso vereinigt – und als wäre die ganze Stadt schon immer als ein einziger Parkweg gebaut.

Ganz falsch war dieser Eindruck nicht. Seit Joseph II., der so ganz und gar entbrannt war von der Aufgabe, seine Untertanen zu bemuttern, den Befehl gab, mit befestigten Wegen die Spazierlust der Wiener zu befriedigen, hatten die Straßen um die Innenstadt keinen Sonnentag mehr ohne Flaneure gesehen. Naturgemäß traten dem die Wechselfälle der Geschichte entgegen: Kaum waren die applanierten Wege fertiggestellt, sprengten Napoleons Truppen sie 1809. Nur wenige Jahre später schlug Karl Philipp zu Schwarzenberg – dessen grünspaniges Konterfei auf dem nach ihm benannten Platz aufragte – eben jene in der Völkerschlacht von Leipzig vernichtend.

Die Jahrhunderte ratterten an der Stadt vorüber und ließen sie wuchern. Die Fleischwerdung dieser Inflatio war das *Verbrennhäusl,* ein kleiner Bau, der genau gegenüber dem Schwarzenbergplatz gelegen hatte. In ihm wurden Tag und Nacht die Makulaturen dieses immer verwirrenderen Kaiserreichs verbrannt – die Schecks, die überzähligen Banknoten. Als die Ringstraße errichtet wurde, wischte der Wind der Zeit dieses und viele andere Kuriositäten des alten Wien fort, um Platz für die Prachtbauten zu machen. Wie die wertlosen Papiere hatte auch das Verbrennhäusl sich konsequenterweise erübrigt, als das militärtechnisch veraltete Glacis für immer beseitigt wurde. Es war, als hätte man der Stadt die Haut abgezogen: Wie ein Körper außen von empfindsamem und doch robustem Gewebe gehalten wird – und nicht etwa nur innerlich von Knochen –, so hatte der 400 Meter breite Grasstreifen um die Innere Stadt seit dem 13. Jahrhundert Wien gegen alle Witterungen gefeit gemacht. An den Bastionen, die an das Glacis angrenzten, wurden zwei Türkenbelagerungen zerschlagen; und wenn gerade Frieden herrschte – was laut dem berühmten Sprichwort der rigiden Verheiratungspolitik der Habsburger geschuldet war –, musste eben die Bevölkerung gegen ihren militärischen Graben kämpfen.

In Winter und Sturm arbeiteten sich die Marktfrauen aus der Josefstadt und aus Mariahilf einen halben Kilometer durchs verschlammte Schützenfeld. Rüben und Kartoffeln hatten sie sich in großen Bastkörben auf den Rücken geschnallt. Wenn man abends vom Neuen Markt unweit des Stephansdom wieder heimmusste, ohne viel von seiner Last verkauft zu haben, dann kam es nicht selten vor, dass am nächsten Tag jemand über einen leblos vereisten Körper stieg, der im Schneetreiben liegen geblieben war.

Dort, wo einst die Erfrorenen gelegen hatten, war nun der

Stadtpark – der letzte Rest eben jenes Glacis, von dem die Wiener sagten, dass nachts die Gestalten der Unterwelt dort ihr Unwesen trieben. Das hatte sich erhalten. Wenn am Milch- und Heu- und Getreidemarkt gegen Sonnenuntergang die Buden verschlossen wurden, wenn die vielen fahrenden Händler, die Kurzware feilboten, in die Burg zurückkehrten, dann fanden sich die Burschen aus der Vorstadt ein. Sie zwängten sich in die geschützten Winkel dieses städtischen Vorhofs – und wenn sich ein Bürger nach draußen verirrte, war es ihr Schaden nicht. Das Glacis wurde zu einem lange getragenen Kleidungsstück, unter das erregte Hände von außen sich immer heftiger zu drängen begannen.

Eine gewisse Logik regulierte diese Entwicklung. Wo Geld war, dort wurde ab 1857 auch gebaut – und so strandete in den letzten Resten der alten Festungsanlage, den Parks und Gärten der Stadt – dort also, wo untertags die Beamten und Attachés flanierten – das menschliche Treibgut: Bettgeher und Strotter, die in der Dämmerung in den Kanal stiegen, Huren und Taschendiebe, die, von der Oberfläche der makellosen Repräsentationswege verdrängt, immer mehr in den Untergrund wanderten. Das alte Glacis war verschwunden, und an seiner Stelle nun beispielsweise: das Schottentor.

Links neben den vielfach gekreuzten Tram- und Fiakerspuren erhob sich prächtig das Gebäude, das Hans, so viel er an diesem Tage schon bestaunt hatte, vollends in die Knie zwang. Es war das neue Gewand, das die 1365 gegründete *Alma Mater Rudolphina Vindobonensis* sich vor fünfzig Jahren übergezogen hatte, als ihr mittelalterliches Ornat in der Postgasse zu eng geworden war. Menschenströme vor den offenen Toren. Rufe, freie Lüfte – die Universität.

Hans wusste nicht, ob es an der Julihitze lag oder an der Aufregung, die die mächtigen Gebäude ihm eingeflößt hatten, doch sein Hemd lag schweißnass an seinen Rippenbögen, wie er es sonst nur von Nachmittagen kannte, an denen er den Boden pflügte. Ihm war, als hätte er sich an der Ringstraße abgerieben wie an einer harten Käsereibe; Stücke von ihm waren graupelig an den Fassaden liegen geblieben.

Dienstboten jagten mit Depeschen von einem Haus ins nächste, Pferde bäumten sich auf, und Zeitungsbuben trugen ohrenbetäubend die Ereignisse aus allen Erdteilen in die Stadt hinein. Hans musste dem Strom dieser Straße entkommen, auf die immer wieder neue Menschenmassen hinstießen: Landesgerichtsstraße. Die Nummer 34 fand er ohne Mühe. Kurz flammten seine Lebensgeister auf, als er die silberne Tafel sah, die an die Fassade geschlagen war: »Helene Cheresch«, las er. »Psychoanalytikerin. Termine nach Vereinbarung, Mittwoch bis Freitag 12.00–4.00«. Keine Klingel. Hans fuhr sofort auf die Stiege nieder wie auf eine für ihn hinterlassene Bettstatt. Er wusste nicht, wie spät es war, doch er war vollkommen überzeugt, jede Gelegenheit zur Ruhe ausnützen zu müssen, wenn er seinen Casus überzeugend präsentieren wollte.

Er schob den Sack mit seinen Habseligkeiten unter seine Beine und trat dann mit einem Fuß durch die Schlaufe. Er hatte sehr wohl gesehen, wie hinter dem Eck die Bettler auf und ab schlurften und auf einen günstigen Augenblick lauerten. Dass er den Mantel aus Zerstreutheit während seiner ganzen Reise angehabt hatte, entpuppte sich nun als sehr unangenehm, da er merkte, dass er vom Schweiß ganz feucht war, als er ihn sich zum Schlafen unter den Kopf schieben wollte. Es war überhaupt alles unkommod an dieser Lage. Immer wenn er nahe daran war fortzudämmern, glaubte er, ein Kitzeln an seinen Waden zu spüren, und fuhr wieder auf in der Befürchtung, einer der Bettler könnte ihm gefolgt sein und sich nun an seinem Gepäck zu schaffen machen. Nie war jemand in seiner Nähe. Als er das dritte oder vierte Mal kampfbereit hochgeschreckt war, nahm er sich vor, nun wirklich unbedingt zu schlafen, und umarmte den Sack diesmal fest mit den Armen.

Er spürte sich schon in luftige Höhen kippen, da berührte ihn jemand an der Schulter. Vorsichtig öffnete er ein Auge. Die Sonne war gebrochen von der Silhouette einer Frau. Sie trug eine weiße Seidenbluse und einen bodenlangen schwarzen Rock. Die Haare hatte sie zu einem lockeren Dutt gebunden, aus dem sich einige Strähnen gelockert hatten und ihr ins Gesicht hingen. Er erkannte sie als Helene Cheresch, ohne zu wissen, woran. Sie mochte höchstens vierzig Jahre alt sein.

»Stehen Sie bitte auf«, sagte sie. »Das ist kein Ort, wo man zwischen den Vorlesungen herumlungern kann.«

»Entschuldigen Sie, ich habe hier auf Sie gewartet«, sagte er, peinlich berührt davon, für einen Studenten gehalten worden zu sein.

»Ich empfange hier Patienten«, sagte sie, als hätte sie seine Beteuerung gar nicht gehört. Sie schickte sich an, ihn mit dem Fuß zur Seite zu schieben wie gewichtslosen Kehricht, hielt dann aber inne und wartete. »Also, was ist nun?«

Den kurzen Windschatten dieser Frage wollte Hans nutzen und sagte sofort: »Mein Name ist Hans Ranftler. Ich bin nach Wien gekommen, weil ich eine Gabe habe, an deren Beschreibung Sie und an deren Ergründung ich größtes Interesse habe.«

»Eine Gabe?« Sie sah ihn eindringlich an, und er merkte, dass er es mit seiner vorgetäuschten Selbstsicherheit vielleicht übertrieben hatte.

»Nun, vielleicht eher eine Anlage«, verbesserte er sich. »Geld habe ich keines, aber ich kann als Ausgleich für eine Behandlung schwer arbeiten, in welchem Feld auch immer Sie meine Hilfe benötigen.« Zu seiner großen Verblüffung schien seine Ouvertüre Helene Cheresch nicht im Geringsten zu überraschen. Sie zuckte mit den Schultern, schüttelte Arme und Kopf und deutete überhaupt im Ganzen an, wie gleichgültig ihr das alles sei.

»Na ja«, sagte sie nach kurzem Nachdenken, »und wenn schon, ich habe doch Patienten den ganzen Tag, und wer weiß, ob wir übermorgen noch leben.«

Sie machte sich schon zum Gehen bereit, musste jedoch erst die Tür überzeugen. Das Schloss wollte mit so großem Aufwand entsperrt werden, als wäre das Haus unablässig in Gefahr, von bewaffneten Truppen niedergerannt zu werden. Da wandte sie sich nochmals an ihn.

»Es ist nun zehn vor zwölf. Sie haben oben fünf Minuten, um mir Ihr Anliegen darzulegen, gleich kommt mein erster Patient.« Da hatte sie sich schon umgedreht und war fort. Hans wurde unschlüssig, ob sie wirklich meinte, was er verstanden hatte. Vorsichtig schlich er ihr schließlich ins Haus nach, das so ganz anders roch als die Gebäude, die er kannte. Nach feuchtem Mauerwerk vielleicht, nach frisch angerührtem Gips? Alles gehemmt durch einen Wall aus Kälte, der aus dem Souterrain kam und die Eindrücke wieder von einem wegzog. Das Stiegenhaus dagegen sah kostbar aus wie das schönste Kunstwerk. Er wünschte sich, er hätte Worte für die unendlichen Auffaltungen und Einkräuselungen, in die sich Stuck und Geländer stets aufs Neue warfen.

Die Praxis war im ersten Stock. Hans stand noch betreten im Warteraum, da rief Helene ihn schon mahnend zu sich, und er folgte ihr in das mit Fischgrätparkett und einem großen Kanapee ausgestattete Behandlungszimmer. Er meinte sich zu erinnern, einmal gelesen zu haben, bei der Psychoanalyse müsse man sich, das Gesicht vom Therapeuten abgewandt, hinlegen. Doch als er Anstalten machte, sich auf dem Diwan auszustrecken – allein schon seiner fast schmerzvollen Müdigkeit wegen – rief ihn Helene streng zu sich.

»Dorthin bitte.« Sie verwies ihn auf einen Stuhl, der, durch einen großen Schreibtisch getrennt, dem ihren gegenüberstand, und lehnte stumm den Kopf in die Hände.

»Also«, setzte sie erneut an, denn Hans hatte kein Wort hervorgebracht. Jetzt, wo es so weit war, schien ihm kein Grund mehr gut genug, und alles, wofür er nach Wien gekommen war, bloßer Schein. Zudem war ihm, als würden sie furchtbar nahe beieinander sitzen für zwei Fremde. Wie er wohl in seiner Bauerntracht für sie riechen musste?

»Ich muss Ihnen sofort gestehen, dass ich kein Geld habe«, sagte er, obwohl er es draußen schon erwähnt hatte, aber sie schnippte dicht vor seinem Gesicht, und er fuhr zusammen.

»Das ist unerheblich und in diesen fünf Minuten auch zu erörtern ganz deplatziert«, sagte sie und zündete sich – eine Dame am helllichten Tag! – eine Zigarre an. Während sie sich zurücklehnte, hatte er kurz Zeit, sie genauer zu betrachten. Sie sah aus wie keine Frau, die Hans jemals gesehen hatte. Ihr Gesicht besaß den Ausdruck eines Generals, der forsch im Herrensitz galoppierte, und das, obwohl sie beide am Tisch saßen. Gleichzeitig waren ihre Züge ebenmäßig und standen sicher keiner eleganten Dame der Stadt in irgendetwas nach.

»Fassen Sie zusammen, weswegen Sie gekommen sind, sonst vertun wir unsere Zeit.« Mächtig blies sie eine Wolke aus. »Eine Gabe wollen Sie also haben?«

Nun kam es darauf an –

»Ich habe sie schon bemerkt, als ich ein kleines Kind war«,

begann er in plötzlicher Entschlossenheit. »Aber Sie wissen ja, dass man in diesem Alter alles für ganz normal nimmt und glaubt, von den Empfindungen, die man hat, wäre jeder betroffen.«

»Fahren Sie fort.«

»Dass dies nicht so ist und dass ich eine eigentümliche Fähigkeit besitze –«

»Eine Gabe«, wiederholte sie schon wieder.

»– habe ich erst als Jugendlicher auf dem Hof bemerkt, an den ich geschickt wurde. Ich kann es Ihnen nur in Beispielen erklären. Ich und sechs andere lebten damals gemeinsam in einem Zimmer. Wir schliefen in dieser Kammer auf Pritschen, aßen in ihr, wuschen uns und – das alles in Gegenwart der anderen.«

»Ersparen Sie uns doch bitte die Details.«

»Eines Abends kamen wir nach sechzehn Stunden auf dem Feld heim. Nach solchen Tagen stürzte ich für gewöhnlich ins Bett und schlief gleich ein, aber die anderen hatten noch die Kraft, Karten zu spielen. Ich lag im Bett und versuchte, mir das Polster auf die Ohren zu drücken, denn bei uns – also in den Kammern der Knechte und Mägde – passierte nie etwas ohne Geschrei, müssen Sie wissen. Und das ist noch das Mindeste. Ich verteufelte die anderen natürlich, ich dachte: Am liebsten würde ich ihnen ihre Karten in den Hals stecken, dass sie ersticken mögen. Und dann –« Er hielt inne.

»Und dann, was?«

»Und dann sagte es einer der anderen«, flüsterte Hans.

»Was hat er gesagt?«

»Am liebsten würde ich euch eure Karten in den Hals stecken, dass ihr ersticken mögt.« Kurz senkte sich Stille über die beiden. Dann beugte sich Helene über den Tisch, sodass sich ihre Arme fast berührten – ihre Souveränität, die ihm vorher

so imponiert hatte, hatte sie zumindest geringfügig eingebüßt.

»Seitdem, in Summe also schon fünf Jahre, bemerke ich nahezu pausenlos, dass andere Menschen – meist solche, die ich gar nicht kenne – meine Gedanken aussprechen. Es ist unmöglich, ich weiß« – er glaubte, sie wollte etwas sagen, doch sie spornte ihn durch eine Handbewegung an weiterzureden. »Ich sage *bemerken*, weil ich davon ausgehe, dass es vorher schon geschah, ich dem Phänomen aber keine Aufmerksamkeit schenkte. Insgesamt muss es mir hunderte Male widerfahren sein – nur kann es gar nicht oft genug geschehen, als dass es mich nicht mehr ergreifen würde, deswegen bin ich hier.«

»Erzählen Sie mir von ein paar mehr derartigen Situationen«, sagte Helene und zog mit den Zähnen die Kappe von einem Federhalter, was Hans als günstiges Zeichen deutete.

»Es kann überall passieren und zu jedem Zeitpunkt. Vor einer Woche bepflanzte ich den Garten und zog mir einen Schiefer ein – ich dachte: ich werde ihn mit der Metallzange ziehen müssen, und rappelte mich auf, als ich den Bauern hörte.«

»Das war, was er sagte? Genau in diesem Wortlaut, den Sie gedacht hatten?«

»*Ich werde ihn mit der Metallzange ziehen müssen*, ja. Nur hatte er auf einen Bolzen gezeigt, der unter den Schindeln des Dachs hervorragte.«

»Es kommt also manchmal zu Wechseln des Kontexts?«, fragte sie; ihre Hand flog emsig auf dem Papier hin und her. »Gibt es noch mehr Vorfälle, von denen Sie berichten können?«

»Manchmal ist es viel allgemeiner, aber eben doch so spezifisch, dass es kein Zufall sein kann.« Hans bemühte sich, anschauliche Beispiele zu finden; doch alles, was er sich auf der Fahrt zurechtgelegt hatte, schien nicht mehr recht zu passen. »Auf dem Weg zur Schule dachte ich einmal intensiv über die bevorstehende Schweineschlachtung nach, denn die Idee, die jungen Ferkel abzustechen, stieß mich ab. Da führte jemand auf der Asphaltstraße vor der Schule gegen jede Wahrscheinlichkeit eine Sau über den Weg. Es war wie in einem Traum – es ist immer wie in einem Traum.«

»Irreal?«

»Nein«, sagte Hans. »Eher wunderbar. Ein anderes Mal, als ich mir auf dem langen Fußmarsch hinunter in die Stadt eine Geschichte von einem verschwundenen Schiff ausdachte, kam ich an der städtischen Trafik vorbei und meinte, mein Herz müsse stehen bleiben: Draußen war die Schlagzeile vom vermissten Schiff Loodiana angeschlagen, das mit 175 Passagieren untergegangen war. Wieder andere Male und noch wesentlich häufiger berühren sich die Sätze wie Kettenglieder, die zwar aneinander anschließen, doch nicht identisch sind. Ich denke an die Grippe – und jemand glaubt, sich eine Verkühlung eingefangen zu haben, dabei ist es Hochsommer.«

Helene schloss schnalzend das Notizbuch.

»Gut, Hans Ranftler. Wieso suchen Sie nun meine Hilfe?«, fragte sie, und Hans sah an der Uhr hinter ihr, dass es schon nach zwölf war.

»Ihre Annonce habe ich im *Neuen Wiener Tagblatt* gesehen und –«, begann er verlegen.

»Nein, nein, nicht, wie Sie auf mich aufmerksam wurden. Ich formuliere meine Frage anders: Sie sind, vermute ich, unter einiger Gefahr und ohne Verdienst nach Wien gefahren. Quasi eine Weltreise. Hier in Wien werden Sie als Knecht auch kein Glück haben.«

»Das will ich auch keinesfalls je wieder. Ich bin bürgerlich aufgewachsen und möchte mich wieder –«, sagte Hans.

»Ja ja, papperlapapp, sparen Sie sich das auf. Was ich meine, ist, warum Ihnen jetzt siedend heiß einfällt, eine Analyse machen zu wollen. Sie kennen ja anscheinend Ihre Zustände seit jeher. Was quält Sie daran gerade jetzt so?«

»Ich verstehe nicht.« Natürlich verstand er sehr wohl. »Also gut, ich will ehrlich sein, das Leben am Hof hat mich nicht befriedigt. Ich dachte, Wien könnte eine Gelegenheit bieten, ganz neu anzufangen, und, sehen Sie, es ist das Einzige, was mir an meinem Dasein unmittelbar –«

»Was Ihnen bemerkenswert genug schien oder einzigartig? Ja, das berichten viele meiner Patienten.«

»Ist es zu wenig?«, fragte Hans. Er wurde ängstlich. »Ich bezahle Sie später, ich verspreche es, ich –«

»Ich bitte Sie, mich nicht misszuverstehen, Herr Ranftler« – sie hatte den Ansatz seiner Erklärung mit einer Handbewegung abgewürgt. »Aber wissen Sie, was eine Psychose ist?« So sehr Hans bis jetzt gehofft hatte, so tief fiel nun seine Zuversicht. »Ich will damit keinesfalls sagen, dass Sie an einer solchen leiden oder dass es Wahnvorstellungen sind, wovon Sie berichten. Ich bin auf Phänomene des geteilten Bewusstseins spezialisiert, das wissen Sie. Leider entpuppen sich jedoch die meisten Fälle, in denen Menschen mich kontaktieren, als nicht authentisch. Das liegt nicht am Betrugswillen der Patienten, sondern daran, dass die häufigste Differenzialdiagnose dem schizophrenen Formenkreis angehört. Auch in diesen Fällen, Herr Ranftler aus Tirol, denkt man, Stimmen hören zu können, die aus den Köpfen anderer tönen, oder dass man diese mit den eigenen Gedanken steuern kann.«

Hans wollte schon aufstehen und sich für die Torheit entschuldigen, sich in einer so unklaren Sache einer weltberühmten Forscherin anzuvertrauen. Doch als er sich erhob, befahl sie ihn mit ihrem Blick zurück in den Sessel.

»Wie dem auch sei. In einer vielleicht kleinen, aber umso bemerkenswerteren Anzahl von Fällen ereignen sich die Wunder des kollektiven Verstandes *tatsächlich*«, sagte sie und wedelte mit ihrem Zeigefinger. »Und deswegen werde ich Sie anhören, Herr Hans. Aber nicht heute.« Sie hatte seinen Namen phrasiert wie eine Sängerin und stand nun auf, um durch den Raum zu schnellen. Hans spürte ganz deutlich ihre unverbrauchte Kraft im Gegensatz zu seiner eigenen. Bei der Vorstellung, erst in einigen Tagen erledigen zu können, wofür er nach Wien gekommen war, fühlte sich sein Körper ganz taub an. Wohin mit sich bis dahin?

»Sie können morgen um 16.00 Uhr mit mir ein Erstgespräch führen, und dann werden wir gemeinsam herausfinden, was hinter Ihrem Gedankenecho wirklich steckt.«

»Gedankenecho?«

»Oder noch populärer sagt man jetzt eine *Serie*. Ich habe gehört, dass Paul Kammerer gerade an einem Buch zu diesem Thema schreibt.«

»Wer ist das?«, fragte Hans wie vom Donner gerührt.

Sie schritt jedoch, als würde die Frage sie gar nichts angehen, ans andere Ende des Zimmers und räumte in einer Kommode herum. »Kammerer ist ein stadtbekannter Biologe. Sie werden bald bemerken, dass Ihnen der Gedanke an das Seriale nicht als Erstes gekommen ist. Und nun bitte ich Sie, mir den jungen Mann, der draußen wartet, hereinzuschicken, wir haben uns schon um drei Minuten verspätet.«

Hans nickte. Er wusste nun, dass er nur eine einzige Nacht durchtauchen musste, ehe sich alles Übrige klären konnte. Eine Nacht – doch so leicht würde das gar nicht sein. Er war ja jetzt schon hundemüde, dass er hätte zu Boden fallen wollen; dabei müsste er sofort Geld verdienen. Vielleicht konnte er hinunter zum Donaukanal und um Gelegenheitsarbeit bitten. Kraft hatte er ja, und er wollte unbedingt zumindest einen symbolischen Betrag vorlegen.

Als er das Behandlungszimmer verließ, trudelte er fast in einen Knaben, der sich in der Zwischenzeit im Wartezimmer niedergelassen hatte.

»Achtung«, sagte er wie automatisch, und der andere, obwohl ja Hans sich bewegt hatte, zog devot die Beine an.

»Entschuldigung«, sagte der Knabe und stand auf, um ihn vorbeizulassen. Jetzt sah Hans, dass er sich geirrt hatte. Zwar war sein Gegenüber bleich wie die Wand, was den Gegensatz zu seinem eigenen sonnenbraunen Teint schmerzhaft hervorhob – doch war er sicherlich nicht jünger als er. Was den Eindruck seiner Schmächtigkeit verstärkte, war, dass er die blaue Offiziersuniform der k. u. k.-Armee – ein Schnitt, der für breite, ausgewachsene Militärmänner entworfen worden war – eine Nummer zu groß trug. Der Lederriemen eines Instrumentenkastens hielt die Jacke um den Brustkorb, nichts weiter. Der junge Mann drängte sich an ihm vorbei ins Behandlungszimmer, und die Tür fiel zu.

Auf dem Weg nach draußen kam Hans die Ausdünstung der Wände schon fast vertraut vor. Er setzte sich auf die Stiege, wo ihn Helene vorher aufgegriffen hatte, um sich seine Möglichkeiten vor Augen zu führen. Im Grunde blieb ihm nicht viel übrig. Er konnte weiter durch die Stadt streifen und sich nachts unter eine der Hecken rollen, die er im Burggarten gesehen hatte; aber er wusste, dass öffentliches Schlafen in Wien eine Strafsache war und man ohne Obdach sofort in sein Heimatbundesland abgeschoben wurde.

Er würde also eine weitere Nacht durchwachen müssen; und wenn er ohnehin wach war, war es auch einerlei, ob er arbeitete. Das Hauptstück, für das er überhaupt nach Wien gekommen war, war jedenfalls geleistet, und er gestattete sich, für wenigstens zehn Minuten auf der Stiege zu rasten, bevor er weiterzog.

Gerade hatte es sich Hans in derselben Position gemütlich gemacht wie vordem, als – und erneut, gerade bevor er wegzudämmern meinte – wieder eine Frauengestalt vor ihn trat.

»Entschuldigen Sie, Frau Cheresch, ich war so entsetzlich müde«, lallte er, doch als er die Augen öffnete, war es gar nicht Helene, die seinen Schlummer durchbrochen hatte.

»Bleib sitzen«, sagte eine junge Frau, die sich, noch ehe er etwas erwidern konnte, neben ihn auf die Stiege setzte. »Ich habe noch eine Stunde totzuschlagen.«

Mit großer Faszination sah Hans, dass sie vollkommen schön war. Keuchend hievte sie aus zwei Leinentaschen, die sie um die Schultern getragen hatte, einen gewaltigen Stapel Bücher auf ihren Rock und begann, ohne ein weiteres Wort zu sagen, Hieroglyphen auf einem Papierblock auszubreiten.

Was für eigenartige Frauen es in Wien gab! Sie achtete nicht darauf, wie er sie von der Seite aus anstarrte, so investiert war sie in ihre Arbeit; höchste Eile, ihr Impetus erinnerte ihn gleich an Helene.

»Was tust du da?«, fragte er da schon, ohne von seinem Verstand Einverständnis verlangt zu haben. Er wollte die Frage zurücknehmen, aber das war ja unmöglich – und zum Glück wandte sie sich ihm gleich mit der größten Selbstverständlichkeit zu.

»Ich bereite einen Vortrag für mein Rigorosum vor«, sagte sie, und wie in einem Automatismus flog ihre Hand noch für ein paar Zeilen weiter über das Papier.

»Ach!«, sagte Hans viel lauter, als er es eigentlich beabsichtigt hatte; er wollte sich auf keinen Fall anmerken lassen, dass er nicht die geringste Ahnung hatte, wovon die Rede war.

»Und du hattest gerade Therapie?«, fragte sie. »Nein, Helene hat die Praxis ja gerade erst geöffnet und jetzt ist Adam drin –«

»Ich bin noch gar kein Patient«, korrigierte Hans rasch. »Aber mit etwas Glück ab morgen, und nun wollte ich hier noch etwas ausrasten. Bitte, lass dich nicht stören.« Hans meinte, sich mit dieser Antwort vollends verdächtig gemacht zu haben, aber sie hatte ihm schon die Hand hingestreckt und schüttelte sie kräftig.

»Ich bin Klara.«

Die weich gelockten braunen Haare, die Festigkeit des Blicks, ihr Lächeln –

»Hans«, sagte er schnell, »und ich muss gleich der Richtigkeit halber hinzufügen, dass ich nicht weiß, was ein Rigorosum ist. Ich bin heute erst hier angekommen und sehe die Stadt zum ersten Mal.«

Hinter ihnen drängten sich währenddessen drei Männer aus der Tür, die, als hätten sie auf ein Hindernis wie Hans und Klara nur gewartet, resolut über sie stiegen, ohne innezuhalten. Hans zuckte zurück, als der eine ganz knapp neben sein Bein trat, aber wieder bestätigte sich sein Eindruck, dass in der Stadt wohl alle dieses Gewühl gewohnt sein mussten, denn auch Klara ließ sich von ihrem Gespräch gar nicht abhalten.

»Das Rigorosum ist eine mündliche Prüfung zur Erlangung des Doktortitels«, sagte sie. »Und ich werde morgen an der Universität Wien das Studium der Mathematik beenden.«

Hans wollte etwas von seiner ehrlichen Überwältigung in

eine Erwiderung stecken, doch scheinbar hatte sie es auf Bewunderung gar nicht angelegt.

»Ich hoffe mich nicht verkalkuliert zu haben mit meinem Thema, mein Kopf ist von den Studien so entsetzlich voll. Und zwar forsche ich zu Beweisen von Irrationalzahlen; und auch zu besonderen Verhältnissen dieser Zahlen.«

»Ach«, sagte Hans – was waren gleich Irrationalzahlen?

»Sie sind unendlich, manchmal transzendent und können doch von jedem Kind mit einem Dreieck gezeichnet werden.«

»Und haben denn diese Zahlen einen besonderen Namen?«, fragte Hans. Es wurde kurz still um sie, und Hans sah, dass er nicht eingeschüchtert zu sein brauchte – sie war genauso müde wie er.

»Das haben sie«, sagte sie langsam, ganz so, als müsste sie auch erst nachdenken. »Man nennt sie: Inkommensurable.«

»Die Inkommensurablen«, sagte Hans und musste sich konzentrieren, um sich nicht zu versprechen. »Und warum interessiert dich gerade das?«

»Mich fasziniert die Philosophie der Mathematik. Ich will ergründen, wie wir Zugang zu den Objekten haben, mit denen wir rechnen. Erkenntnistheoretisch. Es ist so seltsam, dass wir transzendente Zahlen sehen können.«

Sie räumte ihre Unterlagen wieder zurück in ihre Tasche.

»Allein die Zahlentheorie ist so kompliziert geworden, dass ein einzelner Mensch sie kaum noch zu überblicken vermag. Manche Gebiete sind derart esoterisch, dass zwei Menschen A und B sich in benachbarte Gebiete vertiefen können und dass A auf ein Ergebnis stößt, das im Feld Bs schon jahrelang bewiesen ist, ohne dass die beiden voneinander wissen.«

»Das klingt unfassbar kompliziert«, sagte Hans.

»Und so wäre die Mathematik ewig dazu verdammt, verlorene Resultate wiederzuentdecken, mit dauernd sich änderndem Personal und in unterschiedlichen Spezialgebieten, wenn es nicht Betrachtungen aus der Vogelperspektive gäbe. Menschen, die keine Spezialisten sind, sondern generelle Bewegungen studieren. Und im Irrationalen bin das – na eben ich. Und ein paar andere. Studierst du denn auch?«

»Oh nein, ich hab ja kaum die Pflichtschule absolviert«, sagte Hans rasch.

»Dafür drückst du dich aber reichlich gewählt aus, mein Lieber. Wobei, ich muss reden. In meiner Geburtsfamilie hat keiner auch nur die Volksschule fertig gemacht.«

»Ich lese wie manisch«, sagte er und zog wie zum Beweis die drei Bücher hervor, die er mitgebracht hatte.

»*Der Glöckner von Notre Dame*, schau an. Dann willst du die Matura hier nachmachen?«

»Gott nein«, rief er aus – es hatte erschrockener geklungen, als er beabsichtigte.

»Was hat dich dann nach Wien verschlagen?«, fragte Klara.

»Ich weiß es gar nicht wirklich«, gab Hans zu. »Ich würde eher sagen: Es hat mich von Tirol wegverschlagen. Dass ich eine Anzeige Helenes gesehen habe, war der Pfeil, der mir dabei die Richtung gegeben hat.«

»Schön ausgedrückt. Darf ich dir etwas sagen, das potenziell chauvinistisch klingt? Ich finde, du sprichst ein blütenreines Hochdeutsch für jemanden aus Tirol.« Hans spürte, wie er errötete und seine Brust anschwoll.

»Meinem Vater war es wichtig, dass ich mich gut ausdrücken konnte. Er hatte beim Holzexport mit Menschen aus aller Herren Länder zu tun. Er starb aber, als ich zehn war.«

»Das ist ja entsetzlich«, sagte Klara, die auf einmal ganz verlegen schien.

»Ach, es ist ja nicht so schlimm. Ich muss nur einen Ort zum Schlafen finden«, sagte er rasch.

»Das bekommen wir hin«, sagte Klara.

Hinter ihnen ächzte die Tür, und eine Welle des Geruchs, der ihn vorher so überwaschen hatte, schwappte wieder aus dem Zinshaus. Hans war aber noch so in Klara investiert, dass er kaum bemerkte, wie sich der Hagere, den er vorher im Warteraum versehentlich applaniert hatte, zwischen ihnen hindurchschlängelte und vor sie stellte.

»Einen wunderschönen Morgen, Genosse«, sagte Klara leichtherzig und bot dem Jungen aus einem silbernen Etui eine Zigarette an. »Du siehst aus, als wäre im Palais Jesenky seit drei Tagen Schmalhans Küchenmeister.«

Der andere steckte sich die Gibbson sofort mit steifen Fingern an. Hans versuchte mit aller Macht, sich an ihm zu stören, da er ihn und Klara ja im Gespräch unterbrochen hatte. Aber es gab an dem Burschen kaum etwas, wogegen Emotionen sich überhaupt richten konnten.

Zunächst einmal war er fast durchsichtig. Selbst, wie er so eine Handlänge von Hans entfernt stand, löste er sich gegen den flirrenden Hintergrund der Stadt auf. Seine bleiche Haut war gecremt, und alles Übrige an ihm schien nach hinten gekämmt. Er musste mindestens vier Jahre vor der Volljährigkeit sein, nicht älter als neunzehn – und doch hatte er sich mit allen Mitteln, die einem Menschen wie ihm zur Verfügung stehen mochten, bemüht, sich ein greisenhaftes Ansehen zu verleihen. Sogar einen Schnurrbart hatte er sich stehen lassen, der aber bestenfalls ein Flaum zu nennen war. Auf der Nase klemmte eine goldene Brille, über die hinwegschauend er hastig am Filter zog. Sie war mit Fensterglas vernickelt, das war für jeden Dummkopf ersichtlich, und wie der blaue lange Rock tat sie bloß ihr Übriges dazu, seine ohnehin bubenhaften Züge noch jugendlicher zu machen. Seine Hand zitterte so stark, dass die abgerauchte Asche zu Boden fiel, ohne abgeklopft werden zu müssen.

»Ist alles in Ordnung, Adam?«, fragte Klara und stand auf, um ihm den Instrumentenkasten abzunehmen, den er bei sich trug.

»Ich werde übermorgen eingezogen«, sagte er nach kurzem Schweigen und sah zu Boden. »Papá hat es mir beim Frühstück eröffnet.«

»Was?« Klara stand für einen Augenblick still wie eine Salzsäule, während glockenhell die elektrische Tram schrie.

»Der General hat Kopecek heute Morgen eine Depesche geschickt; ich soll gleich in Belgrad eingesetzt werden. Angeblich für die Vaterlandsehre, aber ich glaube, es ist mehr die Vaterehre, die zählt, Klara.« Seine Hand zitterte. »Mein Koffer ist gepackt. Ich habe mich gerade schon Helene ausgeschüttet. Übermorgen«, sagte er nochmals und zog am längst tabaklosen Filter.

Hans blinzelte. Hatte er sich geirrt? Doch: Der Jüngling war ein alter Mann, bloß ein mit sehr rosiger Haut bespannter – da erwiderte er auf einmal seinen Blick.

»Adam Jesenky.« Er streckte ihm die Hand hin.

»Zugführer Adam Graf Jesenky von Kezmarok«, sagte Klara, halb ironisch, halb ernst. »Seit zwei Jahren ruhender Feldwebel im dritten Kürassierregiment. Adam, ich habe Hans geneigtest auf der Straße aufgelesen, und er hat keinen Platz zum Schlafen. Was können wir da ausrichten?«

»Du bist ein Dragoner? Niemals!«, lachte Hans, ohne darauf zu achten, mit wie viel Zweifel in der Stimme das tönte. Adam aber lächelte nur müde und setzte sich zwischen die beiden auf die Stiegen.

»Nicht wirklich«, sagte er. »Ich war als Kadett in der Akademie in Mödling, weil mein Vater und mein Großvater und mein Urgroßvater Stabsführer im *Prinz Eugen* waren. Sicherlich die davor auch noch –« Er stützte den Kopf in die Hände.

»Natürlich kommt auch einmal in dieser Linie ein Mann, allein schon der Statistik wegen, der sich weniger für die Armee eignet. Ich selbst bin deswegen – bitte sich nicht zu amüsieren – auch nur Kapellmeister, sonst nichts. Aber es ist ja gleich; auch so wird man Offizier. Wenn man bis ins fünfundzwanzigste Lebensjahr noch unter den Lebenden weilt, jedenfalls.«

»Ach, halt zusammen«, sagte Klara derweil. »Was sich da zusammenbraut, ist ein Verteidigungskrieg, das weißt du genau. Ein Auflodern der Raufbolde und Marktschreier, mehr nicht.«

»Das bezweifle ich«, sagte Adam leise.

»Vor Weihnachten bist du wieder zu Hause und mit zehn Blechdeckeln dekoriert, auf denen die Meriten deiner Marsch-Märsche eingraviert sind.« Sie klang vollkommen gelassen, stand aber dennoch gleich auf und nahm Adam in den Arm.

»Ich bin übrigens Hans«, sagte er, bloß um die beiden zu unterbrechen, und uneingedenk der Redundanz, in der er Klaras Vorstellung nochmals wiederholte.

»Hans ist heute Nacht hier angekommen«, sagte Klara und packte sich in plötzlich aufkommender Eile zusammen. »Hat kein Dach über dem Kopf und nichts im Magen. Kann er derweil mit dir kommen? Bis ich bei Helene fertig bin.«

»Sicher«, sagte Adam, ohne zu zögern, so schnell sogar, dass Hans kaum Zeit hatte, überwältigt zu sein von dieser Wendung.

»Ich habe jetzt Therapie«, erklärte Klara.

Adam derweil hatte ganz selbstverständlich Hans' auf dem Boden liegenden Rucksack aufgelesen; überhaupt erweckte es den Anschein, sie wären alle schon alte Kameraden, und nichts bedürfe zwischen ihnen einer Erklärung.

»Du musst leider zu meiner Probe mitkommen; sie ist aber ganz unweit von hier. Dann gehen wir zu mir nach Hause, du kannst ein Bad nehmen oder Mittagsschlaf halten, es wird keiner da sein«, sagte er und drehte sich dann – als wäre ihm schlagartig etwas Entscheidendes eingefallen, noch einmal zu Klara um.

»Ach – ich hoffe, du bist mir nicht böse. Ich habe dich für heute Abend auch angekündigt.«

»Wofür?«, schrie sie die Treppe herunter; sie war schon halb im Stiegenhaus verschwunden.

»Palais Jesenky Familiendiner«, rief Adam mit französischem Akzent. »Mon Papá wird die ganze Militärgarde in unserem Speisezimmer arretieren, für den Fall, dass sein Sohn vom Gloria der Front nicht mehr heimkehrt. Um sie prae mortem zu einem Ritterkreuz zu nötigen.«

»Rand halten, hab ich gesagt, Jesenky. Ich komme. Aber das Risko, dass man mich wie vergangenen März aus der guten Gesellschaft herausoperieren wird, muss *ich* tragen.«

»Halb sieben.«

»Unsinn, ich hol euch später von der Probe ab und speib derweil schon ein paar Mal«, rief Klara noch, dann war sie verschwunden.

KAPITEL 2

ZWEITES STREICHQUARTETT OP. 10

»Da hinunter«, sagte Adam zu Hans, der, geschüttelt von der Geschwindigkeit der Ereignisse, Adam die Landesgerichtsstraße hinterherstolperte. Er fragte erst gar nicht, wohin er verbracht werden sollte – dieser Tag hatte ihn bisher stets vor vollendete Tatsachen gestellt. Er hatte das Gefühl, von etwas bewegt zu werden, das viel größer war als er selbst. Sein Leben lang hatte er keine Orchesterprobe gesehen oder war einem Adeligen begegnet; und nun hatte man vor ihm den Plan entrollt, er solle in einem Palais nächtigen. Mit hängendem Kopf hielt er sich im Schlagschatten des dünnen Knaben, die Sinne ganz vernebelt vor Nachdenken, wie es mit ihm nun weitergehen würde und ob er sich einfach entschuldigen sollte, um bis morgen stattdessen eine ehrliche Arbeit zu finden, die ihm etwas sagte.

»Klara und du, kennt ihr euch gut, oder –«, begann er, aber gleich war ihm der Gliedsatz entfahren, weil ihm die Gestalten, die sich um sie tummelten, die Aufmerksamkeit entzogen. Sie waren hinter der Universität vorbeigegangen, und die Menschen brachen in immer wieder neu erstarkenden Schwällen aus den Türen hervor. Große, melancholische Männer mit schwarzen Röcken, dann wieder fast kindlich aussehende Gestalten, die dennoch ernst die Aktenmappe unterm Arm trugen. Gleich hinterdrein liefen coleurtragende Uniformierte. Mitten am Tage trugen sie eine Fahne vor dem Munde und störten, miteinander raufend, stolz die öffentliche Ordnung.

»Wir kennen uns aus Helenes Praxis und sind seit Jahren Freunde«, antwortete Adam. Unter all den anderen jungen Menschen, die ein unsichtbarer Antrieb in Aufruhr hielt, schien er noch müder. Ein Asphaltjüngling, dachte Hans.

»Und steht ihr euch nahe?«, fragte er knapp. Unter den Studenten, die aus dem riesenhaft aufragenden Gebäude stießen, waren auch ein oder zwei Mädchen, die gleich von der heftig fortspringenden Masse weggetragen wurden. Es gab also mehrere Frauenzimmer, die hier studierten – Hans sah ihnen verwundert nach und bemerkte erst spät, dass ihn Adam amüsiert von der Seite begutachtete.

»Oh, daher bläst der Wind«, sagte er und strich sich die stark pomadierten Haare aus dem Gesicht. »Wir sind bloß Freunde. Oder vielleicht ist sogar Kameraden das richtige Wort dafür. Woran du denkst, daran habe ich natürlich auch zuerst gedacht. Wir beide sind aus Fleisch und Blut, nicht wahr?« Er stieß ihn jovial in die Flanke, aber es wirkte wie eine schlecht einstudierte Komödiennummer.

»Aber hör mir gut zu, mein Freund: Das ist von Klara nicht zu erwarten. Nicht für dich und nicht für mich. Sie ist anders.« Hans meinte, er hätte aus Adams Großstadtblick, der in einem Großstadtzwinkern geheime Botschaften verkapselt hielt, etwas lesen müssen; nur hatte er nicht die geringste Ahnung, was.

Befreundet waren sie also.

Hans dachte an die Frauen, die er aus Tirol kannte. Er legte seine Lebensverhältnisse auf die eine Waagschale: dass er in

Tirol mit fünf Frauen in einem Raume schlief, sich gemeinsam mit ihnen wusch, neben ihnen knieend das Feld bestellte und mit ihnen die Brosamen teilte, die der Bauer seinem Gefolge hinterließ. Auf das andere Maß platzierte er die Tatsache, dass er niemals auch nur eine Minute seiner Mußezeit mit einem Mädchen verbracht hatte, denn das wiederum war nicht vorgesehen. In größter Peinlichkeit war man am Hof darauf bedacht gewesen, dass zwei Individuen verschiedenen Geschlechts niemals einen Augenblick unbeaufsichtigt miteinander verbrachten. Wenn zwei sich etwa aus Zufall am Abort begegneten, war sogleich ein Älterer herbeigesprungen, um die Spannungen zu zerstreuen. Er trennte dann die Überraschten mit einem scherzhaften Spruch, der andeutete, etwas sei dabei zu geschehen. Man hielt die Zähne fest aufeinandergepresst, denn was dieses in Entwicklung befindliche Geschehen sei, wusste man gar nicht. Man wusste es wohl nicht einmal, wenn man schon fünf Wechselbälger produziert hatte. Weit davon entfernt, dass diese Parteinahme gegen alles Leibliche zur Eindämmung ihrer Triebe hätte beitragen mögen, sorgte die kollektive Altjüngferlichkeit eher dafür, dass man unablässig um das Verbotene herumfantasierte. Man lebte anhaltend in einer hitzigen Verschleierung der Gedanken. Es war unmöglich, einander ohne jene Überreiztheit zu begegnen; und wenn man das Verbotene schließlich versuchte, fiel man, ohne um Fähigkeiten des eigenen sowie Grenzen des anderen Körpers zu wissen, auf dem Heuboden ineinander. Man sagte: Ein Mann entlud sich. Eine Legion mit geschlossenen Augen gezeugter Kinder musste diskret entbunden werden und wurde schließlich vaterlos an den benachbarten Hof gesandt. So immerhin gingen die Knechte nie aus.

In keiner möglichen Welt, hatte Hans geglaubt, konnte ein junger Mann mit einer jungen Frau in einer solchen Arglosigkeit befreundet sein, dass er keine Scheu hatte, es auf der Straße zuzugeben. Miteinander Zeit zu verbringen: Was für ein Konzept! Der Ausdruck wühlte in ihm, doch nicht in Abscheu, sondern weil er die Vorstellung so schön fand, dass ihm seine Gedanken fortgaloppierten.

»Warum ist Klara in Therapie?«, fragte Hans, begierig, mehr herauszufinden.

»Klara ist nicht in Therapie«, sagte Adam und führte Hans an der Hand über die Straße in den Rathauspark, damit dieser nicht in eins der herbeipfeilenden Automobile geriet.

»Ich dachte, ihr wärt Patienten«, sagte Hans.

»Ich schon«, sagte Adam und wurde schlagartig ernst. »Klara ihrerseits ist Teil der Gesundung.«

»Welcher Gesundung?«, fragte Hans, von hinten gezogen wie ein Kind.

»Unser aller. Wir haben ja – das heißt, ich weiß gar nicht, was du hast. Aber es wird wohl auch über ein Beleidigungsneuroserl hinausgehen, sonst wärst du nicht bei Helene.« Gleich darauf, als hätte er etwas hochgradig Verfängliches geäußert, wurde er wieder still und zog sich die Krawatte enger um den Hals. Er ging ein paar Schritte, dachte augenscheinlich nach und musterte Hans eindringlich, als wollte er erst abschätzen, wie weit er sich vorwagen könne. Er deutete mit dem Kopf auf eine nahe Parkbank, und sie setzten sich. Dann lehnte sich Adam zurück und sah in den wolkenlosen Julihimmel.

»Willst du wissen, wer Helene wirklich ist?«

»Natürlich!«

»Gut. Helene Cheresch wurde von Johannes Rosenstein protegiert, sagt dir der Name etwas?« Dass Hans den Kopf schüttelte, beachtete er gar nicht; er hatte die Antwort wohl vorausgeahnt. »Rosenstein war ein namhafter Psychoanalytiker im vergangenen Jahrzehnt. Starb früh an einem Blutgerinnsel – da«, er deutete sich an die Schläfe. »Er war ein Traumdeuter, aber auf eine unkonventionelle Art. Rosenstein wurde schon während des Studiums auf einen medizinischen Bericht aus dem Lazarettspital in Prag aufmerksam, der von einem eigentümlichen Phänomen berichtete und ihm nicht mehr aus dem Kopf gehen wollte.«

Obwohl sie auf der anderen Seite des mächtigen Rathauses saßen, gischtete die Studentenschaft um sie hin, dass es Hans den Verstand verwirrte. Er hörte Fetzen von philosophischen Diskussionen, die er nicht verstand, und Witze, die, in kurzen Andeutungen erschöpft, gleich darauf ein Lachen heraufbeschworen. Eine ganze Lebensform trennte sie von ihm.

»Sind denn nicht eigentlich Ferien?«, fragte er verwirrt dazwischen.

»Fünf Patienten, die zu unterschiedlichen Zeiten aus dem Stadtviertel Josefov wegen ganz verschiedener Dinge eingeliefert worden waren, hatten denselben Traum gehabt. Alle waren im Schlaf die Moldau hinaufgewandert und hatten im Schilf nach etwas gesucht, ohne genau zu wissen, wonach. Die Suche war in allen Fällen geprägt von größter Furcht, von Verzweiflung fast. Bald lagen sie am Boden, bald krochen sie, die schönsten Sonntagsröcke voller Schlamm. Tränen, Schreie. Endlich griffen, wie durch Geisterhand geführt, ihre Hände in den Mulch und ertasteten etwas.« Er sah Hans eindringlich an. »Eier. Alle fünf fanden jeweils ein Ei.«

Hans war auf einmal wunderlich geworden. Zum ersten Mal hörte er einen anderen Menschen von den Dingen sprechen, die ihn seit Jahren umtrieben, Dinge, für die er sich selbst jeden Tag aufs Neue für verrückt erklärt hatte. Und nun hörte er, dass echte Wissenschaftler sich damit auseinandersetzten –

»Warum fragt man Patienten einer Klinik, was sie geträumt haben?«

»So genau bin ich nicht informiert. Manche haben wohl im Traum geschrien, andere waren am folgenden Tag so verstört, dass man der Sache auf den Grund gehen wollte«, sagte Adam. »Aus jedem der fünf Eier schlüpfte jedenfalls bald ein Tier. Eine Mischung aus Säuger, Insekt und Vogel. Laut ihren Beschreibungen hatte es einen Chitinleib mit Stacheln, darüber saß ein Hundekopf, und einen Schnabel hatte es auch. Ein schauriges Geschöpf. Kaum war es geschlüpft, warfen die Träumenden es voller Abscheu in den Fluss und flohen. Sie begriffen, dass ihnen eine Menschenmenge auf den Fersen war, schon hörte man Trommeln. Sie rannten also in Todesängsten, waren aber gleich eingekesselt, von einer plündernden Rotte umzingelt. Niederknüppelung, Schlachtgesänge – zuletzt wurden sie dorthin geworfen, wo sie auch das Schreckensgeschöpf versenkt hatten – auf die Buhnen der Moldau.«

Hans zuckte zusammen. Grob hatte einer der Burschen, die an ihnen vorbeidrängten, einen anderen in den Rücken gestoßen, doch der Getroffene richtete sich mit verzogenem Lachen die Kappe und ging weiter.

»Und was noch interessanter war: Man konnte nachvollziehen, an welche Abschnitte der Moldau die fünf in ihren Träumen gewandert waren – Fanfaren in der Ferne, ein kurzer Regenschauer und so weiter. Dabei startete jeder Einzelne von einem anderen Punkt aus! Hatte eine leicht andere Perspektive und handelte auch ein wenig anders, als er das Ei in Händen hielt. Natürlich, denn es waren ja andere Menschen. Die eine zerdrückte das Getier in Ungeduld. Eine weitere Frau brütete es zwischen ihren Brüsten aus. Ein Mann versteckte es in seinem Stiefel. Nur das Grauen beim Anblick der Kreatur war gleich. So kam Rosenstein rasch zu der Auffassung, dass das Eigentümliche nicht bloß die vergleichbaren Trauminhalte waren. Nein: Das Seltsame war, dass jeder nur eine *Version desselben Traums* gesehen hatte.«

»Und Klara war eine von ihnen?«, fragte Hans und gleich darauf: »Und woher weißt du das?« Sie standen auf und verließen den offenen Platz. Jetzt meinte er, alle Fragen nachholen zu müssen, die ihm vorher im Hals stecken geblieben waren.

»Woher ich das weiß? Da, wir gehen durch den Volksgarten« – er zeigte ins Grüne, wo die flimmernde Hitze zu versickern schien. »Nun, als Rosenstein 1908 einen Artikel über dieses Phänomen publizierte, setzte sich eine Gruppe von zwanzig Analytikern miteinander in Verbindung und begann, eine zentrale Datenbank an Träumen anzulegen, die so beschlagwortet wurde, dass man jegliche Überlappung sofort bemerken würde. Wöchentlich senden die Mitglieder dieses Zirkels per Brief Aufzeichnungen der Träume ihrer Patienten an ein zentrales Büro in der Schönlaterngasse.«

»In der wo?«

»Gleich hier im ersten Bezirk. Mittlerweile sind drei Sekretärinnen nur für diesen Zweck angestellt und filtern die wesentlichen Motive dieser kollektiven Ausgeburten. Diese werden gruppiert und symbolthcoretisch analysiert, gesetzt den Fall, man findet Überschneidungen.«

»Hast du schon einmal einen Traum eingereicht?«, fragte Hans.

»Das kann eine Privatperson gar nicht, sondern nur ein Analytiker. Helene hat dieses Projekt nach Rosensteins Tod zum Mittelpunkt ihres Lebens gemacht; jetzt sind es

250 Therapeuten, die regelmäßig Material liefern. Jedenfalls: Vor etwa drei Jahren kam man auf etwas ganz Erstaunliches. Nicht nur fünf Menschen in einem Spital am Rande des Reiches träumten dasselbe. Überall, in England, Italien, Deutschland, Preußen lodern die Menschen unter denselben Ideen. Leute, die einander niemals gesehen haben, träumen teilweise Nacht für Nacht dasselbe. Ein britischer Kollege von Helene hat dieses Phänomen vor einigen Jahren benannt, und der Name ist geblieben: Cluster.«

Er war Hans' Ohr, als er dies sagte, ganz nahe gekommen, als dürfte keines dieser kostbaren Worte danebentropfen. »Aus unbekannten Gründen konzentriert sich dieses Potenzial in unseren Kronländern. Warum, weiß keiner. Aber es ist, als wären wir monomane Träumer, Schlafwandler auch am Tage, die ihr Leben nur nachts wirklich annehmen, wenn die kontrollierte Vorstellung unserer imperialen Geschichtsfassade bröckelt.«

»Vielleicht ist es auch nur, weil sich bei uns die Analyse am stärksten entfaltet hat«, sagte Hans.

»Vielleicht«, sagte Adam. »Du hast gefragt, woher ich das weiß. Natürlich von Klara. Denn Klara sitzt an der Quelle.«

»Sie muss Helenes Lieblingspatientin sein«, sagte Hans und hoffte, dass nicht offensichtlich war, wie viel von seiner eigenen Neigung in dieses Urteil eingeflossen war.

»Du bist so naiv, Hans, aber auf eine geniale Art«, sagte Adam und lachte. »Du solltest das nicht zu häufig vor Außenstehenden erwähnen, gut? Nun ja. Ich schätze, es muss 1912 gewesen sein, als der Säkulumcluster Stück für Stück bekannt wurde. Der größte Verbund an Träumern aller Zeiten. Man nennt ihn auch den Cluster der Zehntausend.«

»Der Cluster der Zehntausend?«, wiederholte Hans. Es war ihm noch immer schwer begreiflich, dass ein Mensch in seinem Alter ganz leichtherzig von Dingen sprach, die ihn so lange gequält und erregt hatten.

»Zehntausend, ja. Ein Großteil der Träumer ist um die Jahrhundertwende geboren worden. Natürlich gibt's auch vereinzelt Alte unter ihnen.«

Ein Zeitungsbursch sprang aus einem Gespann, während sie die Bösendorferstraße überquerten – noch ehe der Schrei des Jungen erklang, hatten die Menschen die Zeitungen an sich gerissen.

»Und träumen denn jede Nacht all diese Menschen dasselbe?«, fragte Hans.

»Aber nein. Für solche rekurrierenden Nachterscheinungen haben verschiedene Menschen ganz unterschiedliche Talente. Manche nehmen am kollektiven Schlaf nur alle zwei Monate teil. Andere vielleicht einmal wöchentlich. Und dann – dann gibt es alle paar Jahre einen Maestro, einen Kapellmeister dieser ungeheuerlichen Symphonie aus Einzelwesen.«

»Klara«, sagte Hans.

»Du kannst dir das so vorstellen: Das Problem an diesen Netzen ist, dass sie zugleich höchst strukturiert und maximal verwirrt sind. Es gibt einen zentralen Schauplatz, der allen Träumen gemein ist; eine allgemeine Narration, die die Fäden ineinanderknüpft. Jeder träumt, wie ich vorhin erwähnte, ja nur von seiner begrenzten Perspektive her. Die Menschen treten in bestimmten Rollen auf, mitsamt ihren Eigenschaften, mitsamt ihren Limitierungen. Jeder beginnt den Traum anders. Manche schrecken nach fünf Minuten auf, andere sind stundenlang versunken in die immergleiche Tätigkeit, ohne ihren Ort je zu verlassen. Es gibt weiße Flecken auf dieser Landkarte des Unbewussten. Man kann nicht sagen, ob man manche nie wird füllen können, weil die

Leute zu arm sind für Psychoanalyse oder weil sie vielleicht in Shanghai leben.«

»Wovon handelt dieser Traum?«

»Die Träumer werden angehalten, sich nicht zu sehr darüber auszubreiten, und obwohl ich nicht behaupten kann, mich sonderlich erfolgreich davon abgehalten zu haben, in Klara zu dringen, kenne ich nur die Rudimente. Du musst mir übrigens versprechen, dass du ihr nie von unserem Gespräch erzählst.«

»Versprochen.«

Adam atmete schwer durch.

»Es geht um ein Dorf, in dem die Schlafenden zu Bewusstsein gelangen. Jeder in seinem Häuschen, in seiner kleinen Kaschemme. Trotz der vielen hundert Berichte ist es deswegen kein Leichtes, ein Gesamtbild zu erstellen, auf das man sich wissenschaftlich valide verlassen kann. Die Hoffnung ruht – und damit wären wir gerade bei der Sache –, schwörst du auch wirklich, nichts, gar nichts darüber zu sagen?«

»Ich habe doch schon geschworen«, sagte Hans begierig.

»Während alle anderen bloß ihren eigenen Part träumen, kann Klara eine ganz wesentliche Sache –«

»Zwischen den Perspektiven wechseln«, sagte Hans. Es war Adams Gedanke gewesen, den er gerade ausgesprochen hatte, das war ihm vollkommen bewusst.

»Woher weißt du das?« Adam schien getroffen.

»Es war aus dem Zusammenhang wahrscheinlich«, sagte Hans rasch. »Erzähl weiter.« Adam brauchte einen Moment, schien durch seine Erklärung aber besänftigt.

»Es wurde hundertfach überprüft. Klara träumt jede Nacht denselben Traum und kann zwischen den Personen hin- und herwechseln. Du musst wissen, dass alle anderen sofort aufwachen, wenn sie versuchen, ihren Posten zu verlassen.«

»Das ist ja unheimlich«, sagte Hans.

»Wahrhaft! Dieses Mädchen –« Adam hielt die Hände vor der Brust verschränkt und lachte Hans an, als hätte er Klara höchstpersönlich entworfen.

»Aber dieses Talent birgt auch Probleme. Zum einen gibt es andere Analytiker, die sie Helenes Zugriff entführen wollen. Zweitens die ganzen Verrückten, die glauben, ihre Seele würde gestohlen, wenn ein anderer ihre nocturnalen Visionen teilt. Helenes Tür wirst du ja gesehen haben. Sie redet mit niemandem darüber, aber ich weiß, dass es auch zu Tätlichkeiten gekommen ist. Einmal hat jemand Helene ein Buch gegen den Kopf geworfen, und sie hatte eine Platzwunde am Kopf. Hier –« Er deutete auf seine Stirn.

»Woher weißt du das, wenn sie mit niemandem darüber redet?« Kurz schien Adam verlegen, als würde er für seine Antwort nicht den rechten Zusammenhang finden.

»Ich habe auch meine Fähigkeiten, Hans«, sagte er und sprach dann rasch weiter, wie um sich dem Thema zu entziehen. »Bei Klara ist es aber fast noch schlimmer. Ein Kerl hat sich einmal mit einem Messer auf sie gestürzt, als sie aus der Universität kam, hast du ihre Wange gesehen?« Er deutete mit der Hand eine zischende Klinge an, die er über sein Gesicht zog.

»Wo überhaupt hat Helene sie gefunden? Wenn das doch so selten ist«, fragte Hans.

»Dort, wo sich heutzutage alle Umwälzung ereignet«, sagte Adam und lachte. »Na, im Suffragettenclub. Und jetzt komm, wir sind ohnehin zu spät.«

Hans hatte das Portal gar nicht bemerkt, vor dem ihr Flanieren geendet hatte. Prächtig glänzte wieder der Doppeladler herab: *k. u. k. Akademie für Musik und darstellende Kunst*, las er und wunderte sich aufs Neue, von welch unsäglicher Größe die Häuser in Wien waren.

Fast war er enttäuscht, dass sie dann doch noch einmal um die Ecke gingen, um das Gebäude durch einen Seiteneingang zu betreten. Dutzendschaften junger Menschen, die unter Ächzen und Stöhnen Instrumentenkoffer hinter sich herwuchteten, quälten sich ihnen entgegen. Man sah ihnen ihre wohlhabende Abkunft an; wie sie ihre federnden Schritte die Stiegen hinab beschleunigten, als hätten ihre Beine noch nie auf Wurzelwegen ihr Gleichgewicht finden müssen. Als wären sie nie im pampigen Schnee ausgerutscht; hätten nie körperliche Arbeit geleistet – so schien schon ein kleiner Geigenkoffer eine ungewohnte Last.

Andere hatten sich in Gelegenheitsgruppen organisiert und ihre elastischen Körper auf Stiegensimse gefaltet, wie um eine präraffaelitische Studie hinzuwerfen. Hier waren im Gegensatz zur Hauptuniversität auch viele Studentinnen zugegen. Junge Frauen gestikulierten mit Zeitungen und Partituren.

Auch hier begegnete man sich also so, dachte Hans.

»Was ist das hier? Ein Debütantensalon?«, flüsterte Hans.

»Unsinn. Die Probebühne der Musikakademie«, sagte Adam. »Ich habe jetzt zwei Stunden lang Probe im Hauptsaal. Sofern dich das Gekreische meiner Kameraden nicht stört, kannst du es dir zwischen den Sitzreihen in den Logen bequem machen. Du musst ja vor Müdigkeit umfallen.« Sie liefen über weiche rote Teppiche die Stiegen hinauf. Durch die Wände oszillierten feine Stimmungen. Es war so leise – und wenn man doch etwas hörte, so gerade das Richtige.

»Ach, und eines noch«, sagte Adam, und das Kränkliche schimmerte wieder durch seine Züge. »Wenn du heute Abend beim Essen mit meiner Familie bist, würde ich dich darum bitten, nicht zu erwähnen, dass wir hier waren. Mein Vater glaubt, ich würde dieser Tage bei Manövern in Maria Enzersdorf mein militärisches Rüstzeug polieren. Wenn sich heute der ganze Stab bei uns einfindet, wäre es etwas ungünstig, diese Fiktion zu zerstören. Verstehst du?«

»Natürlich«, sagte er. Hans war zwar erfreut über die Tatsache, dass er beim heutigen Diner quasi schon zum Inventar gezählt wurde, verstand aber nicht, dass Adam den Besuch dieser pompösen Institution geheim halten musste.

Sie traten in ein Séparée abseits der Bühne, und einige Musiker sahen von ihren Partituren auf. Es waren keine gehässigen Blicke, sondern neugierige, die den fast zwei Meter großen Mensch in Lederhosen in Augenschein nahmen.

Adam und Hans grüßten leise, und sie legten ab. Samttiefer Flor an Wänden und Böden, und der Geruch noch dunkler. Eine permanente, unbelebte Sauberkeit, wie sie nur von chemisch gereinigten Geweben verursacht werden konnte, sorgte dafür, dass die Eigengerüche des Holzes, der Stoffe, selbst der eisernen Notenständer auf eine Weise in den Vordergrund traten, die in einem Wohnhaus unter lauter Fleischlichkeit begraben worden wären. Konzertgeruch. Zuschauergeruch – Kölsch. Adam öffnete den Kasten und nahm sein Instrument heraus.

»Du spielst Bratsche«, sagte Hans und kam näher.

»Dass du das erkennst, adelt dich«, sagte Adam. »Die meisten meiner Freunde, selbst die in der Militärkapelle, würden es nicht differenzieren können. Dort spiele ich übrigens Klarinette. Ein scheußliches Instrument, und erst die Märsche –«

»Darf ich sie angreifen?«, fragte Hans.

Er hatte nie feineres Handwerk gesehen. Der Drang bezwang seine Schüchternheit, er musste die Zargen befühlen, die Schnecke, den Klangkörper.

»Ich liebe auch die Klarinette«, sagte Hans. »Als ich ein Kind war, machten mein Vater und ich oft Hausmusik. Das ist natürlich gar nicht das Gleiche wie das hier, ganz simpel, wirklich bäurisch«, korrigierte er schnell. »Ich habe Gitarre gespielt.«

»Die Leute auf dem Land spielen oft natürlicher und freier als die steifen Herrschaften hier«, sagte Adam, der mit eingeschliffener Selbstverständlichkeit den Bogen begutachtete.

»Der Vikar hat mir Notenlesen beigebracht«, fuhr Hans fort. »Und auch mein Vater spielte die Trompete, weißt du – Aber das ist lange her, eine wirkliche Ewigkeit.« Und er zog seine Hände zurück und vergrub sie tief in den Hosentaschen.

»Du hast mit deinem Vater gespielt?«, fragte Adam und ließ die Arme sinken.

»Sehr oft sogar«, sagte Hans und trat ein paar Schritte vom Instrument weg. Die Tür zum Bühnenraum war bereits offen.

»Ja ja, schau dich ruhig um, nur nicht schüchtern sein«, rief Adam ihm zu.

Hans' Herz synkopierte, als aus den drei Stüfchen des Orchestergrabens heraus sich der rote Kessel des Theaters über ihn erhob. Er versuchte, daran zu denken, dass dies eines der schlichteren Häuser der Stadt war. Das Burgtheater müsste einen fast zerreißen. Er würde irgendwann ins Burgtheater gehen, wiederholte er innerlich. Dann stieg er die kleine Treppe hoch, stolperte, und im Abfangen berührten die Finger den Teppich des leeren Saals. So weich – und auch die Lichter weich und der Klang: als wartete der Raum die ganze Zeit auf etwas, womit er sich ansättigen konnte. Reines Gefäß, bloße Nichtpräsenz. Er schaute in den gleißenden, runden Deckenluster. Dann rief er kurz und kräftig in den Raum.

»Ha!«, schrie er, und es befriedigte ihn noch mehr, als er erwartet hatte, dass kein Echo kam. Stattdessen hallte – als wäre seine Stimme von den Flächen in tausend Refraktionen zerkämmt worden – Lachen durch den Saal. Hans fuhr herum: Auf der Bühne saßen drei junge Männer und eine Frau, die Hans' seltsames Gebaren verfolgt hatten. Die Instrumente hielten sie schon zur Probe bereit.

»Das ist Hans, ein Freund von mir«, sagte Adam, der kistenteufelartig seinen Kopf aus einer Klappe in der Mitte der Bühne gelüpft hatte.

»Hans«, sagte Hans und lief schnell auf die Empore, um den seltsamen Eindruck von gerade eben zu beseitigen. Er gab den anderen reihum die Hand.

»Hans, das ist mein Ensemble« – biegsam stemmte sich Adam durch die Auslassung hoch – »hier haben wir im Uhrzeigersinn Heinrich Bunic, Robert Federmaier und Fritz von Ferstel. Und das hier ist Lena. Lena Spreitzer, Sopran.« Hans sah reihum alle möglichst verbindlich an.

»Freut mich.« Bunic, dem er als Letztes die Hand gab, war der Einzige, der sich erhob. Es brauchte nicht viel, um zu erkennen, dass auch seine Familie vom Hof begünstigt war – Hans hatte das ins Sakko eingelassene Wappen entdeckt.

»Wir besprechen gerade diesen Kniefall und haben auf dich gewartet, Jesenky, damit du uns cisleithanischem Pack die Augen öffnen kannst.« Bunic, der die Zeitung Adam im Reden zu Füßen geworfen hatte, war strohblond, dünn und auf fade Weise aufgeregt.

Anders als Adam schien er seine Jugend nicht nur anzunehmen, sondern geradezu ostentativ zur Schau zu stellen. Er hatte das Hemd fast bis zur Brust aufgeknöpft und die zerraufte Krawatte wie eine Anspielung darum hingelegt; man sah aber wohl, dass er die Draperie lange geübt haben musste.

Im Knopfloch hatte er eine weiße Nelke stecken, die ihm jetzt, da er die Zeitung wieder aufhob und die Beine schwunghaft und theatralisch überschlug, zu Boden fiel.

»29. Juli, Budapest: Auf die Huldigungsdepesche, die der Bürgermeister Dr. Baresz namens der hauptstädtischen Bürgerschaft gesandt hatte –«

»Ach, du lieber Gott.« Adam riss ein loses Rosshaar aus seinem Bogen.

»– seine apostolische Majestät nahm die Begeisterung und den warmen Ausbruch der Treue der Budapester Bürgerschaft gerührt zur Kenntnis und dankt für das Bekenntnis und die Geschlossenheit in Zeiten des Kriegs.«

»Unsinn, Unsinn, Unsinn«, sagte Federmaier, ein Student mit gedrungener Statur, der sicherlich fünf Jahre älter als die anderen war und den, schon während Bunic vorgelesen hatte, ein innerer Druck von vorn nach hinten hatte schaukeln lassen. Er schien seine Worte mühsam herbeizutragen wie ein Bauarbeiter, der das Aufstellen einer Mauer lange vorbereiten muss. »Ich verstehe nicht, warum wir uns überhaupt unter solchen Bedingungen hier treffen. Die Hälfte meiner Kameraden ist in den Straßen unterwegs, und wir sitzen hier, um uns auf ein Konzert vorzubereiten, von dem wir wissen, dass es nie mehr stattfinden wird. Es ist wie –«, er ballte die Hände zu Fäusten, »in einer Kulisse unterwegs zu sein, wo alles aus Papiermaché ist.«

»Du Poet«, sagte Adam kalt. Bunic hob die Zeitung wieder hoch und las weiter.

»Schon seit Langem hat ein hartnäckiger und hasserfüllter Feind unsere Grenzen beunruhigt und uns trotz aller langmütigen Friedensliebe zu Schutzmaßnahmen gezwungen, die nicht nur den Völkern unserer Monarchie schwere Opfer auferlegen. – Noch mehr, er hat in seinem Inneren verbrecherische Agitationen geduldet, die auf unser Reich übergegriffen haben.«

»Dreck!«, sagte Federmaier. »Und ich verstehe nicht, dass ihr beide, ich meine, dass das euch beide nicht in die Raserei –« Er gestikulierte in Richtung von Adam und Bunic.

»Wer bitte sind denn wir beide?«, fragte Adam enerviert und peitschte den anderen die Partituren auf die Notenständer. *Zweites Streichquartett*, las Hans von Hand aufs Deckblatt gekritzelt. *Von Arnold Schönberg.* Er versuchte, das peinliche Schweigen zu ignorieren, in dem es keiner über die Lippen brachte, den Satz zu vollenden: *ihr Slawen.*

»Na, ist ja egal«, sagte Federmaier trotzig und setzte sich endlich.

»Fast hätt ich's vergessen, ich habe vorgestern die Jeritza auf der Straße gesehen«, begann Ferstel, offenbar um die Stimmung aufzulockern. »Ich war bei Jelinek im Salon. Er trimmt mir die Haare, und ich erwähne ganz beiläufig, dass man ja im Griensteidl oft die Thiemings sehen kann, und dass ich einmal mit Helene Tisch an Tisch gesessen bin, kurz vor der Aufführung des *Hamlet*. Und dann hab ich gesagt, dass dort auch die Jeritza oft verkehrt, was ich aber gar nicht wissen konnte. Ich wollte ihn nur locken, versteht ihr?«

Ferstel war jemand, der sich an seinen eigenen Sätzen überstolperte – dem die Worte aus seinem Mund vorausliefen, sodass sein Gesicht sich über das, was er doch eigentlich selbst schon wissen müsste, erst Sekunden später aufhellte. Auch er war adelig, natürlich war er adelig, alle waren sie adelig, dachte Hans.

»Und *er*, also Jelinek, sagt ganz ruhig: Nein, die Jeritza ist nach der Volkstheaterprobe meist im Korb. Bitte, es aber nicht weiterzuverbreiten. Ich hab ganz kalt getan –«

»Sollen wir spielen?«, fragte Adam ungeduldig.

»Ja ja, ich wollte es euch ja nur gesagt haben«, schloss Ferstel.

Obwohl über solche Lappalien berichtet wurde, warf sich im Raum doch ein Zittern um, bemerkte Hans. Es war eine stille Gewaltsamkeit, mit der sie alle an ihren Instrumenten fuhrwerkten, zurückschreckend vor einer zentrums- und namenlosen Kluft.

»Ich schätze, dass die Theater diesen Herbst sowieso geschlossen bleiben, was interessiert uns da die Jeritza?«, sagte Federmaier nach langer Unterbrechung zu Ferstel, der schon die Geige an der Wange hielt. Jetzt wusste Hans auf einmal, warum sich Federmaier so gegen die anderen abhob. Der Grund war eben derselbe, aus dem er den Mantel für die Probe anbehalten hatte. Ganz oben, am fleischigen Hals, sah man, dass sein Hemd abgetragen und ungewaschen war, man sah es, wenn er sich bewegte.

»Was spielt ihr denn?«, beeilte sich Hans zu fragen, um die Spannung zu durchbrechen, und zu seiner großen Überraschung wurde nun die junge Frau, die zuvor im Abseits ihre Stimmübungen abgehalten hatte, aktiv.

»Schönberg«, sagte sie und faltete die Haare zu einem Knoten, ehe sie mit den Armen zu kreisen begann, als würde sie sich für Leibesertüchtigungen bereit machen.

»Ist es denn so – körperlich?«

»Das ist es wohl. Eines der innovativsten Stücke unserer Zeit.«

»Oder zumindest das Einzige, das uns aus dem Berliner Musikalienhandel zugeschickt wurde, sodass wir auch endlich einmal ein wirklich *neues* Stück spielen können«, sagte Adam.

»An neue Kompositionen zu kommen, ist in dieser Stadt manchmal aufwendiger, als ein Kilo Kokain am Graben zu besorgen.« Sie zog ihre Schuhe aus.

»Gedichte von Stefan George sind darin enthalten. Hast du von George gehört?«, sagte Bunic – er hatte das Instrument wieder eingespannt. Hans nickte, obwohl ihm der Name nicht das Geringste sagte.

»Haben wir's, meine Herren?«, fragte Spreitzer schließlich, die barfuß über die Bühne lief, wie um die Dynamik, die sie gleich musikalisch umzusetzen plante, mit ihrem Körper einzuleiten.

Sowie Hans hinab in den Zuschauerraum stieg und sich in einen der Sessel in den mittleren Rängen niederließ, spürte er die Müdigkeit über sich zusammenschlagen. Vielleicht würde er wirklich den Rat von Adam befolgen und sich zwischen den Reihen ein Bett bereiten. Er faltete seine zweite Hose zu einem Polster und streckte sich auf dem Mantel aus, den er auf den Boden geworfen hatte. So machte er es sich schon zum Schlafen bequem, als der eröffnende fis-Moll-Akkord ihn wieder hochfahren ließ.

Als Arnold Schönbergs zweites Streichquartett op. 10 am 21.12.1908 im Wiener Musikverein uraufgeführt wurde, kam es im Saal zu Tumulten, die von der Morgenausgabe der *Berliner Zeitung* später als »großer Skandal, der zu Tätlichkeiten auszuarten drohte« bezeichnet wurden. Das war natürlich eine Übertreibung, die dem erlebnishungrigen Wiener Konzertpublikum schmeicheln sollte – und dennoch entfaltete sich da eine Auseinandersetzung, die in die Annalen eingehen sollte.

Es hatte, schon während der Entfaltung des Kopfsatzes, dessen melodisch-rhythmische Struktur noch weitgehend der musikalischen *lingua franca* des Publikums entsprach, vereinzeltes Lachen und ostentatives Husten eingesetzt. Dass die Jugend demonstrativ über diesen Affront hinwegapplaudierte, ärgerte Hans Liebstöckl, den im Parkett sitzenden Kritiker des *Illustrierten Wiener Extrablatts*, sehr. Am nächsten Tag würde er einen konspirativen Auflauf der »Schönberg-Gemeinde« monieren, »der bekanntlich auch die Mahler-Clique angehört«. Der Komponist Schönberg selbst sei im Publikum sitzend gar mit einem Stock bewaffnet gewesen, munkelten einige Medien im wenige Tage darauf einsetzenden Pressesturm.

Während sich das an zweiter Stelle stehende Scherzo seinem Höhepunkt näherte – das heißt, gerade als die humoristisch und zugleich tieftodtraurige Melodie »Oh du lieber Augustin« ertönte –, setzte das Lachen, Zischen und Niesen wieder ein, diesmal mit gesteigerter Heftigkeit. »Hier hat nur noch ein Instrument gefehlt: ein Hund, dem man auf den Schwanz tritt. Dies Instrument lieferte dann der Gesangspart, für den sich Frau Gutheil-Schoder opferte«, bemerkte ein unbekannter Rezensent im *Wiener Brief*.

Eben jene Sopranistin Marie Gutheil-Schoder war es auch, die die beiden Gedichte »Entrückung« und »Litanei« vortrug, oszillierend zwischen tiefer Melancholie und einem visionären Blick auf extraterrestrische Erfahrungen. Schönbergs zweites Streichquartett ist seine einzige Komposition, die als instrumentales Werk in klassischer Tradition beginnt, nur um durch zwei Vokalsätze – im Widerspruch gegen die Gattung – zu schließen.

Das am Streichquartett als außerkosmisch Empfundene war sicherlich nicht die einzige Komponente, die die Wiener Bourgeoisie irritierte, die vier Jahre zuvor *Verklärte Nacht* noch enthusiasmiert entgegengenommen hatte. Nein – es war nicht die Innovation allein, es war: dass diese Erfindungen gegen ein gewisses, fast greifbar in der Luft liegendes völkisches Empfinden zu verstoßen schienen.

Vielleicht war das *Deutsche Volksblatt* diesbezüglich am ehrlichsten, wenn es tags darauf schrieb: »Es war nichts naheliegender, als daß ein ausgesprochen antisemitisches Blatt wie das unsrige, das sich von seiner Gründung an stets ehrlich und offen als solches bekannt hat, auch in Fragen der internationalen Musik von liberalen Kreisen bekämpft wurde, obwohl es sich gerade in dieser Hinsicht, wie wir glauben, stets größter Mäßigung beflissen hat.«

Der springende Punkt war aber keinesfalls der beständig vorwärtsschreitende Antisemitismus allein. Was die Menschen an diesem Montag vollends auf die Barrikaden ihrer Logen trieb, war die leise Ahnung, hier versuche ein Mensch, die von der Geschichte so köstlich verzuckerte Musikstadt Wien von dem zu entfernen, was ihr das Kostbarste war: von ihrer Vergangenheit.

Gegen halb neun näherte sich der Aufruhr im Bösendorfersaal seinem Höhepunkt, während »Entrückung«, ein Adagio in dreiteiliger Form, gespielt wurde. Da waren Worte, aber sie konnten weder erklären noch beschreiben, was man hörte.

Ich fühle luft von anderem planeten.
Mir blassen durch das dunkel die gesichter
Die freundlich eben noch sich zu mir drehten.

Die verkrustete Abonnement-Gerontokratie musste an diesem Abend damit in eins kommen, dass sie keine Begriffe für dieses Geschehen hatte – dass die Sprache sich ihrem Zugriff ganz ungeniert entzog. Also warf man der Komposition, da man sie selbst nicht in eine Form brachte, Formlosigkeit vor. Auch Paul Stauber, Rezensent der *Theaterzeitung*, musste sich immerhin selbst nicht die Blöße geben, etwas nicht zu verstehen, wenn er stattdessen konstatierte:

»Trotzdem sich drei Schönbergianer dieser Aufgabe unterzogen, ist es ihnen nicht gelungen, den Beweis zu erbringen, daß dieses ›Quartett‹ mehr als ein Thema, ein wirkliches, greifbares Thema enthält. Was sonst an Notenbeispielen darin produziert wird, sind Themenfüllsel. Motivbrocken unbedeutendster Art.«

Für den distinguierten Konzertbesucher machte es also den Eindruck, Schönberg sei geschlagen worden. Auch dessen Freund Anton von Webern riet ihm in einem Brief fünf Tage später, nun die Zähne zusammenzubeißen, um zu zeigen, dass er sich von diesen *Schweinen* nicht einschüchtern ließe.

Doch waren eben nicht alle Schweine.

Weberns Brief fuhr fort: »Der ›vornehme‹ Teil des Publikums hat opponiert ... Na also, wenn die Jugend dafür ist und die Greise im Parquett dagegen.«

Tatsächlich: Oben auf den Stehplätzen und Billigrängen wurden die Dinge anders gewertet. Begeistert applaudierend, hatten die jugendlichen Schönbergjünger, die sich in nicht allzu geringer Zahl eingefunden hatten, gegen die Musikbourgeoisie opponiert. Für sie wurde, Konzert für Konzert, etwas vollstreckt, das niemals wieder rückgängig gemacht werden konnte. Das steife Gewand der alten Welt wurde als erstes in der Kunst zerschnitten.

Dieses Konzert würde der Auftakt zu einer ganzen Reihe sich stetig steigernder Empörungen sein, die sich schließlich in dem entluden, was als *Watschenkonzert* in die Wiener Geschichte eingegangen war. Alban Bergs und Alexander von Zemlinskys Werke hatten am schneidend kalten Abend des 31. März 1913 eine solche Entrüstung beim Publikum ausgelöst, dass es zu Handgreiflichkeiten der Zuhörer untereinander kam. Während des zweiten von Zemlinskys *Sechs Gesängen nach Gedichten von Maurice Maeterlinck op. 13,* aus denen jedoch nur vier gespielt wurden, waren vereinzelt Zwischenrufe zu hören gewesen. Aber erst Alban Bergs *Fünf Orchesterlieder nach Ansichtskartentexten von Peter Altenberg op. 4* ließen die Lage eskalieren. Adam und Klara, die sich damals zu einem Kampf um die wenigen Stehkarten hinreißen hatten lassen, beobachteten halb lachend, halb entsetzt, wie sich die Menschen im Parterre in einer Art Satisfaktionsparodie die Zylinder von den Köpfen fegten. Adam suchte nach seinem Freund Laszlo Voskoboynik, der im Parkett saß. Er fand ihn schließlich zu ihm hinauflächeln. Er wie auch Adam wussten wohl, dass das Haareraufen und Geschrei ihre Sache weiterbrachten als eine lauwarme Aburteilung im Feuilleton.

Ihre Sache, das klang gerade konspirativ genug.

Die Jugendlichen in Universität und Konservatorium trafen sich in Grüppchen. Sie verschickten an ihre Kollegen in Berlin und München Partituren und erhielten im Gegenzug, was diese sich hatten beschaffen können. Täglich schaute man im Musikalienhandel vorbei oder griff Mitschriften von Privatissima ab. Man versuchte sich, man musizierte, man ahmte nach, und mit jedem Tag, der verging, wurden die Orte, an denen man dies tat, größer und öffentlicher.

Es war dabei keinesfalls so, dass Schönberg – und auch nicht Strauß oder Berg oder Busoni – dass also diese Männer den Wandel als messianische Figuren *verursacht* hätten. Etwas hatte für Jahrzehnte in der Luft gelegen, ohne dass man den Finger darauf hätte legen können; war in einer unsteten Suchbewegung aus der Musik in die bildende Kunst – in Cézannes *reines Schauen* – mäandert und hatte sich in Alfred Jarrys frühen Stücken literarisch materialisiert.

Das Neue – wenn denn dieser Begriff je mehr als eine Plattitüde war – lag nicht vorrangig in seinen Produzenten. Nein: Es vollzog Wanderbewegungen, weil es auch die Rezipienten waren, in denen es gärte. Das Abstrakte wurde greifbar, weil es sich als das *innere Prinzip des Menschen* zu erkennen gab. Dies erkannte auch Kandinsky, indem er die Sinne als ein produktives Vermögen beschrieb: eine Fähigkeit nämlich, geistige oder abstrakte Prinzipien in der alltäglichen, materiellen Welt zu verorten.

Genau dieser Sinn für das Inkommensurable hatte sich in den Jugendlichen manifestiert, die während jener visionären Konzerte applaudiert hatten. Schönberg, erwiesenermaßen ohne Stock, musste dies gespürt haben.

Der Komponist schrieb 1909 in seinem Versuch über den Kunsteindruck:

»Es liegt also die Wirkung, die ein Kunstwerk ausübt, nur zum Theil an diesem selbst. Vielmehr scheint das Kunstwerk bloß der äußere Anlaß zu sein, der jene Kräfte weckt, deren Wirken wir, wenn sie sich mit den vom Kunstwerk ausgehenden vermählen, als Kunsteindruck empfinden; jene Kräfte, die latent im Beschauer vorhanden sind, in derselben Intensität, in derselben Spannung, in der sie explodieren (...) Die Intensität eines Kunsteindruckes hängt also ab von der Fähigkeit des Beschauers: zu empfangen, indem er giebt.«

Adam und Klara, denen diese Einsicht fehlte, war nach dem Ende des Watschenkonzerts so materiell zumute wie nie zuvor. Obwohl Adam erst sechzehn, Klara siebzehn Jahre alt gewesen waren, hatte man ihnen im Café Adami ohne nachzufragen einen Cognac eingeschenkt. Im Traum wäre ihnen nicht eingefallen, *wo* der Ort jener Revolution war, die sie im Saal gespürt hatten: in ihren flatterhaften, branntweinschweren Gedanken.

Als das Streichquartett op. 10 in einem finalen fis-Moll-Akkord endete, war Hans wieder hellwach.

Das Stück hatte geklungen, als hätte jemand die Tonbeziehungen mit einem Schraubenschlüssel gelockert – und mit ihnen die architektonischen Gesetze des Universums. Irgendwelche Griechen, erinnerte sich Hans den Vikar vor Jahren einmal sagen gehört zu haben, hatten die Harmonien der Saiten mit den Harmonien der Welt für deckungsgleich erklärt. Hier waren sie auseinandergefallen.

Und doch war alles vollständig kohärent gewesen. Wie der gespannte Leib der Sängerin mit den Instrumenten resoniert hatte; nicht als Mensch, sondern als Schwingkörper. Und immer, wenn man meinte, ein Konzept greifen zu können, hatte der Komponist schon eilends in die Auflösung gedrängt. Es passte kein einzelner Begriff darauf.

Adam war der Letzte, der sich – schwer atmend – aus der postkoitalen Umklammerung der Haltebögen befreite. Mit einiger Faszination bemerkte Hans, dass er gänzlich verändert wirkte; und nicht nur durch Farbe und Anstrengung, sondern durch eine Bestimmtheit, die er während des Streichquartetts erlangt haben musste. Er sprang auch gleich auf und trat vor Bunic, der schweißnass war.

»Es war gut, was wir letztes Mal besprochen haben«, sagte Adam – ein bloßes Vorspiel zum *aber* –, »aber versuchen wir doch, wenn wir hier im dritten Satz vom dreifachen Fortissimo wieder herabkommen, den Schwung mitzunehmen – Schwung, nicht Druck.«

»So?«, fragte Bunic und spielte eine abwärtsgleitende Tonfolge, die für Hans vorhin im Gesang der Sopranistin ertrunken war.

»Ja ja, aber sieh zu, dass du nicht langsamer wirst. Behalte das Tempo, nur reiz den Ton bis zum Schluss aus.« Was für eine Spannkraft jetzt in Adam war –

»Und du, Richard, hast das Ende zwar wirklich fantastisch gespielt, aber wenn hier langsam auslaufend steht, dann musst du das Legato zerfließen lassen, indem der ganze Bogen auf den Saiten bleibt.«

»Was auch immer«, sagte Federmaier, legte dann aber seine Violine ans Kinn und band die Noten ineinander, wie ihm aufgetragen worden war. Makellos.

»Gut, hervorragend! Ferstel, du hast wirklich ausgezeichnet geübt!«

»Was soll man denn abends machen, wenn die Oper zuhat?« Er lächelte.

»Aber du kannst noch« – Adam hob die Hände, wie um etwas Ephemeres zu fassen – »wenn das Sforzato hier ins Piano spiccato geht, das ist ein schwieriger Übergang, ich weiß – dann lass den Arm locker, lass ihn hängen und leg die drei darauf folgenden Takte als Abspiel an, so –« Immer spielten die Angesprochenen die Passagen in höchster Präzision, wenn Adam seine Anmerkungen vorgebracht hatte. Dieser hielt in diesen Momenten die Augen geschlossen und spürte dem sich verflüchtigenden Ton nach, der in den Wänden des Saals verschwand. Aber jetzt fiel es Hans auf: Sobald die letzten Schwingungen verklungen waren, regte sich etwas auf der Bühne, und jemand bemühte sich, wieder zu spielen.

Die Stille wurde ihnen schneller unerträglich, als man es sich zu erklären vermochte. Sie nestelten und drehten sinnlos ihre Körper wie Schläfer, die ihre Lagen ändern.

»Sollen wir denn nochmal? Jetzt gleich?«, fragte die Sopranistin, während Adam über die letzte Korrektur nachzudenken schien.

»Einen Moment, ich überlege gerade, was wir verändern könnten«, sagte er.

»Heiß ist es hier – unerträglich, ich fiebere schon der Sommerfrische entgegen«, platzte es aus Bunic, und er öffnete einen Knopf an seinem Hemd.

»Schlimm, oder?«, bestätigte Ferstel.

»Wir spielen das ganze Stück noch einmal, aber diesmal zusammen – zusammener!«, sagte Adam endlich. »Versuchen wir doch das: Jeder konzentriert sich auf das, was die Person rechts von ihm tut, und stellt sich vor, er sei es, der dessen Hände führe –«

»Wollen wir vorher etwas trinken?«, fragte Ferstel.

»Nein, danach bitte, es ist jetzt Probenzeit«, sagte die Sopranistin.

»Ja, Probenzeit«, wiederholte Ferstel müde.

»Ist ja gut, ist ja gut.« Federmaier wischte sich mit einem Taschentuch den Schweiß von der Stirn.

Alle hoben wieder die Instrumente, aber niemand war mehr ganz bei der Sache, das sah Hans.

»Beginnen wir doch bitte«, sagte Bunic eisern.

»Ich kann mich so schlecht konzentrieren«, darauf Federmaier, der sich noch einmal streckte und ausschüttelte. »Es ist so laut draußen, einen Moment.«

Dabei war es totenstill, dachte Hans, und auch wenn sein Sensorium sicherlich weniger geeicht war, konnte Adam doch sicherlich keinen Tumult hören? Für eine weitere Minute unternahmen alle noch einen Versuch, ihre Glieder zu entspannen und ruhig durchzuatmen.

»Jetzt oder nie, meine Herren, bald kommt ja schon die

nächste Partie«, sagte Lena Spreitzer, die ihre Leibesertüchtigungen im hinteren Bereich der Bühne fortgeführt hatte.

»Wir haben über eine Stunde übrig, wir sind ja erst zwanzig Minuten hier«, sagte Adam mit Blick auf die Uhr. Das verwunderte sogar Hans – auch er hatte das Gefühl, es müsse mindestens eine Stunde vergangen sein. Niemand erwiderte etwas auf Adams Ermahnung, und bald hatte sich eine immer unangenehmer werdende Stille im Raum breit gemacht.

»Was für Turnübungen machst du da?«, fand Hans schließlich die Entschlossenheit zu fragen, um die allgemeine Spannung zu zerschlagen.

»Eurythmie«, rief Spreitzer und korkenzieherte armrudernd im Kreis. »Das ist nach neuesten Erkenntnissen der Körperlehre eine Vereinheitlichung von Weltengeist und Individuum. Man kann damit sehr komplexe Gedanken ausdrücken. Ich tanze mit meiner Gruppe das Evangelium nach Johannes. Nächste Woche ist Aufführung.«

»Ich verstehe«, log Hans.

»Nächste Woche«, sagte Bunic leise und schnaubte.

»Was denn?«, fragte Spreitzer und schlug ein Rad.

»Nächste Woche tanzt gar niemand mehr irgendwas, das ist auch der Grund, warum ich glaube, dass wir für heute Feierabend machen können.« Bunics Krawatte fiel zu Boden, als er sich hinabbeugte, um nach seinem Geigenkasten zu greifen. Er hatte versucht, es locker und launig zu sagen, aber es war nicht recht gelungen.

»Danke Bunic, genau dasselbe wollte ich auch sagen. Ich bin viel zu zerstreut, um nochmal zu spielen«, sagte Federmaier und legte sein Instrument gleichfalls in seinen Koffer. »Der erste Durchgang war ja auch nicht schlecht, oder?«

»Ich würde unbedingt einen zweiten versuchen«, rief die Spreitzerin aus dem Abseits.

»Was redet ihr? Natürlich spielen wir noch einmal!«, sagte Adam.

»Reg dich ab, Adam«, sagte Bunic und lehnte sich zurück. »Man muss ja nicht jeden Tag ein Ei legen.«

»Ihr wollt doch nicht wirklich die Probe abbrechen? Bunic – Herrgottnocheins, was ist in euch gefahren?« Der Ton, den dieser schmale Körper zustande brachte – herrisch fast.

»Gar nichts ist in uns gefahren«, sagte Bunic und griff nach seiner Krawatte, die er sich wieder stramm um den Hals legte. »Ich sehe nur den Sinn nicht, weil wir ja ohnehin nicht auftreten werden. Ich bin nur gekommen, um euch nicht hängen zu lassen.«

»Ging mir ganz ähnlich«, sagte Ferstel verlegen.

»Was soll das heißen, bitte?«, fragte Adam. Hans schauderte: Auf einmal schienen die jungen Männer wie verpanzert.

»Du weißt genau, was das heißt, Adam. Ab morgen ist es aus mit unseren Quartetten. Professor Kremslehner hat uns gestern in Instrumentalkunde dazu ermahnt, dass die Nation jetzt vor der Kunst kommt.«

»Was soll das heißen?«, fragte Spreitzer.

»Na was schon! Dass wir uns melden, dass wir unser Scherflein beitragen.«

»Das ist ja scheußlich«, sagte sie. »Und steht ihm auch gar nicht zu.«

»Ist doch egal, was ihm zusteht. Die Dinge überschlagen sich eben. Es wird nächste Woche keinen Universitätsbetrieb mehr geben, das sage ich euch!«

Seine Hände – zu Fäusten geballter Druck.

»Bunic hat recht«, sagte Federmaier, nahm aber dennoch, ganz ohne Anlass, wieder sein Instrument zur Hand.

»Ach kommt schon, Männer« – Ferstel bemühte sich, versöhnlich zu klingen. »Spielen wir halt noch einmal. Was sollen wir denn auch sonst tun?«

Lange Zeit sagte niemand etwas, während man sich der Form halber wieder in die Quartettstellung brachte.

»Gut – und jetzt etwas sanfter und empathischer.« Adam schloss die Augen, und für einen Moment herrschte wieder vollkommene Stille. Als Hans schon erwartete, dass gleich tatsächlich Musik erklingen würde, entlud sich die Spannung auf einen Schlag.

»Du willst, dass wir spielen wie Frauen«, sagte Federmaier ohne jeden Anlass. Es hatte gar nicht wütend geklungen – vielmehr wirkten seine Züge auf einmal kindlich.

»Was?«, fragte Adam.

»Im Pizzicato willst du, dass wir – ich meine«, Federmaier stand auf und überdeckte die Aufweichung wieder, »dass ich mich gerade nicht konzentrieren kann, habe ich gesagt.« Offenkundig hatte er mitten im Satz vergessen, worüber er seinen Unmut kundtat.

»Aber Richard, bitte, wir müssen doch um Gottes willen die Fehler bereinigen.« Adam bemühte sich sichtlich, möglichst ruhig zu bleiben.

Hans schien es, als tanzten all diese nervösen Charaktere auf Hochseilen über einem Abgrund, den man spürte, selbst wenn niemand etwas Verfängliches sagte. Nur dieses leichte Schwanken –

»Wofür probt ihr denn?«, fragte er unverfänglich.

»In sechs Wochen beginnt der internationale Friedenskongress«, sagte Ferstel, »und der Wiener Hotelierverband wird Gäste aus aller Welt begrüßen, denen wir im Hotel Imperial vorspielen werden.«

»Friedenskongress.« Federmaier spuckte das Wort beinahe aus.

»Was denn?«, fragte Ferstel.

»Hoch lebe dein Optimismus, Fritz, aber ich bezweifle, dass es dazu kommen wird. Es wird überhaupt die ganze schöngeistige Kunstscheiße nichts mehr bringen«, stimmte Bunic zu.

»I wo«, sagte Ferstel unpassend leichtherzig und griff in seine Brusttasche, aus der er hinter einem akkurat gefalteten Seidentuch eine schmale Zigarre hervorzog. »Ihr seid von den katholischen Krawallern vollkommen verhuscht. Im Dezember machen die Theater wieder auf, und wer hat dann kein Abonnement? Hm? Dann wird euch der Ärger einholen«, sagte er paffend.

»Das grenzt an Wahn.« Federmaier stieß die Hände immer wieder in die leeren Hosentaschen. »Nichts wird stattfinden, nichts, denn wir sind die Stellprobe eines – eines –«

»Hofmannsthal schreibt an einem neuen Lustspiel«, sagte Ferstel, als hätte er vom Gesagten gar nichts bemerkt. »Das würde er doch nicht machen, wenn im Herbst nicht die Theater offen wären. Eben!«

»– einer neuen Gesellschaftsordnung, die uns die Notwendigkeit einer Werteumkehr anzeigt. Nikolaus von Schebeko sitzt in seiner verfluchten Nobelbotschaft in der Reisnerstraße, und wir zermartern uns die Köpfe über ein Pizzicato.«

Das Unheimliche war, dass Federmaier einen Diskurs mit sich selbst zu unterhalten schien. Niemand hatte etwas gesagt, doch er drehte sich um und redete weiter.

»Auf der anderen Seite hat es ja auch sein Gutes. Es ist jetzt endlich möglich, Stand und Rasse zu ignorieren, wenn uns die Größe einer Idee vereint.«

»Wenn du dich melden willst«, sagte Adam, »dann bitte nach dem 15. September. Natürlich werden wir auftreten. Und jetzt proben wir weiter.«

Hans ging auf, dass Adam selbst wirr redete – wollte er denn nicht morgen einrücken?

»Proben?«, sagte Federmaier, der plötzlich laut wurde. »Also als Untaugliche und Staatskrüppel weiter unsere Stückchen spielen, während andere ihren Mann stehen!«

»Federmaier hat recht«, sagte nun auch Bunic. »Ich war gestern am Westbahnhof, um ein Buch für meine Schwester abzuholen, und der ganze Bahnhof glich einer Kaserne. Einer Kaserne! Junge, Alte, Böhmen, Deutsche. Alle melden sich. Ich hätte meinen Geigenkasten wegschmeißen mögen.«

»Schreit doch nicht so«, sagte die Spreitzer, die nun zu turnen aufgehört hatte.

»Ich hab's euch noch gar nicht erzählt, aber wir fahren nach Marienbad. Und ratet mal – Herrowitz meinte, dass auch die Käthe Dorsch dieses Jahr dort urlauben soll! Wegen der Karolinaquelle.«

Ferstel schien die Spannungen gar nicht zu achten. Ganz weich waren seine Augen geworden, als würde er auf etwas Fernes hinschauen.

»Ach, halt doch den Rand mit deinem Marienbad«, schrie Federmaier nun ganz unverhohlen. »Wir reden doch nicht über unsere Sommerpläne, sondern über die Weltgeschichte. Ihr könnt ruhig weiter für dieses vergreiste Kaiserreich Belustigungen walzern.«

»Wie redest du mit deinen Freunden?« Spreitzer hatte sich vor die anderen auf den Boden gesetzt, um dem Gespräch zu lauschen.

»Ihr wollt also wirklich wegen der Politik nicht mehr proben.« Adam warf seinen Bogen wütend hin. Das herrliche Holz, dachte Hans.

»Entschuldigung, Lisa. Aber erinnert ihr euch noch an letzten Jänner? Als der *Parsifal* gegeben wurde?«

»So senil sind wir auch nicht, dass wir uns daran nicht erinnern. Und? Deswegen schreist du hier so herum?«, sagte Adam.

»Ich habe mich um 23 Uhr angestellt, um 22 Stunden später einen Stehplatz zu ergattern. Wir standen von der Kärntnerstraße bis über die Walfischgasse. Zwischendurch kam die Polizei und kontrollierte, dass keiner schlief, ehe man uns um sieben Uhr in den beheizten Kassensaal ließ. Meine Beine waren wie abgestorben, als ich das Billett löste. Ich hätte zusammenbrechen mögen auf den Rängen, und doch habe ich, als die Ouvertüre begann, gedacht, ich würde schweben. Ihr versteht nicht, wie sich schweben anfühlt, weil ihr die Gravitation nicht kennt.«

»Oh, jetzt wird's poetisch«, sagte Adam zynisch, aber Hans hatte es begriffen.

»Hör für einen Moment einmal zu, du Schnösel. Ihr kennt die Gravitation nicht, weil ihr eure Tickets an der Abendkassa reserviert vorfandet. Ich habe immer geglaubt, die Musik würde mich fliegen lassen. Und was hat mir das Schweben eingebracht? Nichts! Den Aufprall auf dem Boden.«

»Was hat denn das mit dem Krieg zu tun?«, zischte Adam.

»Was hat denn der Krieg mit dem Krieg zu tun?«, schoss Federmaier so heftig zurück, dass Frage auf Frage kollidierte.

Hans hatte derweil verstanden, was den anderen vier ihrer Herkunft wegen entgehen musste. Federmaier war das Stück nicht weniger wichtig. Die Geige war nicht weniger Instrument seines ureigensten Ausdruckswillens – sie war es ihm, wenn überhaupt, tausendmal *mehr.* Er hatte seinen Alltag von Kindesbeinen an beschneiden und veredeln müssen – sparte noch immer am Rock, worüber andere hinter seinem Rücken tuschelten, und entschuldigte sich mit fadenscheinigen Verspinnungen, wenn seine Kameraden ins Kaffeehaus gingen. Er hatte so viel härter für dieses Leben kämpfen müssen, und gerade deswegen war an die Front gerufen zu werden eine ungleich größere Vernichtung seiner selbst.

»Er hat recht«, sagte nun auch Bunic. »Was richtet die Musik aus, wenn es wirklich hart auf hart kommt!«

»Alles!«, schrie Adam, dass einem das Blut in den Adern gefror.

»Werdet nicht laut, bitte. Spielen wir doch einfach das Stück noch ein zweites Mal mitsamt den Modifikationen«, sagte Ferstel flehend.

»Sicherlich nicht«, zischte Bunic.

»Und dann gehen wir ins Kaffeehaus, und ich gebe einen Einspänner aus; es ist ja auch wirklich noch sehr früh, da ist es ja wie bestellt, gereizt hier anzukommen.«

Federmaier hörte ihm nicht mehr zu. Er hatte die Fäuste in den Rocktaschen vergraben und pendelte über die Bühne, wie um sich für einen Angriff bereit zu machen, der noch keinen Anlass gefunden hatte.

»Verstehst du denn nicht?«, sagte er wieder – nur an wen war dieses Du gerichtet? »Wir müssen dann an die Rassen auch gar nicht mehr denken. Und auch nicht an die Klassen. Das ist die größte aller Chancen, unter dem Doppeladler endlich vereint zu gehen.« Er sprach mehr zu sich selbst –

»Du bist momentan der Einzige, der die Rassenfrage überhaupt aufs Tapet bringt«, sagte Adam. Der kostbare Bogen, der sicherlich mit Araberrosshaar oder Lipizzanerschweif bespannt war, wirkte auf einmal wie ein Schlagstock, der sich in loser Hand wiegte.

»Oder wir gehen gleich ins Schwarze Kameel, sie haben dort heute Perlhuhnleber, ich biete es nochmals an, es geht alles auf meine Rechnung«, fuhr Ferstel ungebrochen fort.

»Leute, Leute, Leute – ist das gerade nötig? Wir eskalieren hier ein wenig« – dass Spreitzer aufgestanden war und Adam die Hand auf die Schulter gelegt hatte, schien ihn überraschenderweise zu beruhigen. »Nun gut, vielleicht waren wir alle etwas zu gereizt«, sagte er.

»Männer, ich mache einen Versöhnungsvorschlag. Ich würde sehr dafür votieren, dass wir uns einigermaßen zivilisieren und das Stück, um dessen Probe willen wir diesen Saal angemietet haben, jetzt bitte noch einmal spielen«, sagte Bunic und bemühte sich zu lächeln.

»Ja, Bunic, dir kann es ja sowieso egal sein«, sagte Federmaier, der sich durch die Ruhe der anderen merkwürdigerweise noch mehr in die Enge getrieben sah.

»Was soll denn das heißen?«, fragte Bunic, dessen Gesicht auf einmal ganz leer war.

»Als Kroate!«, schrie Federmaier förmlich heraus.

»Ach, das ist sie also – deine Erübrigung der Rassenfrage«, sagte Spreitzer, aber Bunic war schon aufgestanden.

»Wollen wir uns denn nicht beruhigen, das führt ja zum Duell«, greinte Ferstel hinter seiner Violine hervor.

»Ich fühle mich als katholischer Kroate mehr als alles andere verpflichtet, für die Krone einzustehen«, sagte er. »Und was dich emporkriechenden Kretin dazu anficht, das Gegenteil zu glauben, das würde mich interessieren.«

Hans zitterte. Wo gerade noch ein weicher, liebenswerter Knabe gestanden hatte, befand sich nun ein Mann, in eine eiserne Robe geschlüpft für ein Vaterland, das ihm ganz plastisch vor Augen stand.

»Dann red halt nicht so!«, sagte Federmaier und öffnete seine Ärmelknöpfe.

»Denkst du wirklich, dass ich hier mit den anderen verharren werde, wenn der Kaiser ruft, du geistiges Lumpenproletariat? Meine Familie hat seiner Majestät gedient, da bestellte die deine noch die Mostviertler Schlammfelder.«

»Was ist in euch gefahren, jetzt setzt euch doch«, sagte Adam, offensichtlich verblüfft über diese plötzliche Wandlung, denn Bunic war so nahe an Federmaier herangetreten, dass sich ihre Lider im Blinzeln hätten berühren können. Auch Hans glaubte, sich für die Schlichtung einer Handgreiflichkeit bereit machen zu müssen, und kletterte schon über die Sitzreihen nach vorne.

»Meine Herren, beruhigen wir uns doch«, sagte Ferstel leise und stieß Adam an, aber Bunic und Federmaier hörten und sahen nichts anderes als einander.

»Gehen wir nach draußen, wenn du darauf beharrst, und ich zeige dir, wer von uns beiden ein Mann ist.« – Selbst Bunics burschenhafte Gestalt war aufgeschwollen, dachte Hans, wie konnten diese Knaben eine solche Metamorphose durchlaufen?

»Halt«, sagte Adam und stellte sich mit plötzlicher Entschlossenheit zwischen die beiden. »Seid ihr von allen guten Geistern verlassen? Wir spielen jetzt das Stück, und ihr reißt euch gefälligst zusammen.«

»Zur Seite, Jesenky«, sagte Bunic mit zusammengepressten Zähnen, da Adam sich an den Instrumentenkästen der beiden festhielt, um sie am Gehen zu hindern.

»Spielen wir bitte – spielen wir bitte noch einmal das Stück. Ich bitte euch. Es tut mir leid, wenn ich mit meiner Kritik zu anspruchsvoll war.«

Das hatte fast etwas Flehentliches an sich, und dabei konnte außer Hans niemand verstehen, was ihn anfocht. Von allen Anwesenden war er der Einzige, der übermorgen einrücken musste – der es wirklich *musste*, und hier und jetzt war die vielleicht letzte Gelegenheit seines Lebens, die Musik zu spielen, die ihm am Herzen lag. Sowie ihm das klar geworden war, stand Hans auf.

»Ich würde das Stück auch gerne noch einmal hören«, sagte er und kletterte auf die Bühne, aber Bunic und Federmaier waren längst gehbereit und rissen ihre Instrumente aus Adams Händen.

»Bunic, wir sind doch Freunde, denkt doch noch einmal nach.« Und obwohl er das sagte, machte sich auch Ferstel bereit, mit nach draußen zu gehen.

»Nicht mehr, wenn jemand die Integrität meiner Familie und meines Volkes infrage stellt«, sagte Bunic und sprang die Stiegen herab, sodass er und Federmaier schon fast die Tür erreicht hatten. Die Gruppe war, mitsamt der Spreitzerin, die sich im Windschatten der anderen hielt, schon im Begriff, den Knauf zu drehen, als eine eisige Stimme die Saaldämpfung durchschnitt.

»Wenn du so kaisertreu und kriegsbeflissen bist, Bunic, beantworte mir doch folgende Frage. Hat deine Familie nicht vielmehr ein trialistisches Modell im Sinn?« Hans war inmitten der Hitze kalt geworden. Es war Adam, der von der Bühne aus gesprochen hatte. Er hatte den anderen den Rücken zugewandt und ließ den Kopf hängen; bewegungslos. Statuenhaft.

»Was?« Bunic drehte sich starr um. Er war kalkweiß. »Was willst du da andeuten?«

»Hat denn dein Vater nicht 1904 Gelder an die Bauernpartei verliehen? Damit sie gegen den kroatisch-ungarischen Ausgleich votieren? So weit kann es mit der Kaisertreue nicht mehr sein.«

Dann drehte er sich um: Adams Antlitz war vor Hass entstellt.

»Woher weißt du das, du Teufel?«, zischte Bunic, der auf die Bühne zurückgestürmt war, korrigierte sich aber sofort. »Das ist eine Lüge, und du weißt es.« Wie Hans schauderte es ihn vor Adam; er berührte ihn nur kurz und zog dann seine Hand zurück.

»Bist du etwa nicht vergangenen Sommer neben deinem Vater gesessen, im Burggarten, als er dir leise eingeflüstert hat, dass die Machtstellung Ungarns in der Donaumonarchie gebrochen werden muss, durch ein eigenständiges kroatisches Vaterland?«

Bunic trat einen Schritt zurück, hielt sich am Stuhl fest und verlagerte sein Gewicht von einem Fuß auf den anderen, wie um zu prüfen, ob der Boden ihn noch trüge. Hans und alle anderen hielten den Atem an. Dann, von einem plötzlichen Entschluss gepackt, lief er an und schleuderte Adam seine Faust ins Gesicht. Bis auf den Schlag und das scharfe Einatmen der Umstehenden war das vollkommen lautlos vor sich gegangen – Adam selbst hatte keinen Ton von sich gegeben, obwohl aus seiner Nase einen Augenblick später das Blut schoss.

Hans hechtete auf die Empore. Es machte einen staunen, wie sich der schmale Körper seines Freundes in Abwehrstellung begab, wie er auf Bunic zutrat und mit der Führhand eine elegante Finte schlug; unter der Führhand hindurch traf ein rechter Haken Bunic hart am Kinn. Derweil war Federmaier schon auf die Bühne zurückgelaufen – zögerte aber ähnlich wie Hans und wahrscheinlich unschlüssig, wem er eigentlich beistehen wollte.

Bunic warf sich rittlings auf Adam, der sich jedoch sofort entwand. Hans musste lachen – dieser vielleicht fünfzig Kilo schwere Adam war ein teuflischer Kämpfer, ein echter Armeemann.

»Jetzt hört doch auf, ihr haut euch ja ganz kaputt!«, greinte Ferstel, der ins Abseits entlaufen war.

Hans wollte erst nicht eingreifen, um die Mannesehre seines Freundes nicht zu verletzen. Adam schleuderte seine Linke und Bunic wehrte ab – da fiel Hans' Blick auf Federmaier, der das Geschehen bislang wie gelähmt beobachtet hatte. Mit jedem Schlag, der traf – und meist von Adams Seite – kehrte ein wenig von der Aggression zurück, mit der Federmaier vorhin das Duell gefordert hatte; und dann auf einmal kippte etwas.

In aller Ruhe zog sich Federmaier den Rock aus. Sein Feinrippunterhemd war abgetragen, und seine Faszien, die einunzwanzig Jahre lang jeden Ausbruch unterdrückt hatten, zitterten wahrnehmbar – Hans beobachtete es mit erwachender Faszination. Federmaier wischte sich den Schweißfilm, der sich über sein Gesicht gelegt hatte, hastig ab. Dann nahm er Anlauf und schlug Adam seinen Geigenkasten gegen die Stirn. Der hatte sich gerade in Deckungsposition vor Bunic gebracht und war nicht weniger überrascht als Federmaier selbst, als er schlagartig zu Boden ging. Alles geschah wie in Zeitlupe und doch überstürzt. Hans war verwirrt, Bunic verblüfft, Adam ohnmächtig, und Spreitzer schrie – und alles durcheinander.

Dann, wie gepackt, schlug Federmaier drei, vier Mal auf Adam hin. Er trat nach dem Reichen, dem Bonzen –

Das Blut drängte Adam unter das Augenlid, melierte seine Lippe blau und rann endlich aus der malträtierten Nase, als Hans Ranftler mit einer Kraft, die alle den Atem anhalten ließ, blindlings die Notenständer aus dem Weg räumte, um Federmaier überkopf gestemmt fortzuschleudern. Noch bevor er Adam wieder auf die Beine hieven konnte, traf ihn schwer und misstönend etwas am Ohr – es war das Violoncello, das nun Bunic gegen ihn geschwungen hatte und das von der Wucht des Aufpralls noch immer nachklang. Hans blieb stehen – doch wandten sich ihm nun beide Kombattanten geschlossen zu.

Eine Übermacht, gegen die er beide Hände vors Gesicht halten musste: Ein Hieb traf ihn in den Magen. Er schob sich rücklings fort, stolperte aber über einen Notenständer und schlug kopfüber aufs Parkett. Er sah Bunic schon mit erhobener Faust vor sich stehen und wähnte alles verloren, da wurde ein Stuhl durch die Luft geschwungen und streckte den Angreifenden zu Boden.

Hans traute seinen Augen nicht: Es war Klara, die den Schlag geführt hatte und die gleich gegen Federmaier nachsetzte. Dünn und drahtig war sie, und es war nicht ihre Kraft, sondern die jähe Materialisierung, die ihren Gegner überrumpelte. Federmaier ließ die Hände sinken.

»Was ist los?«, fragte Klara ruhig und warf den Sessel hin. »Angst, dich eins zu eins zu stellen?«

»Ich schlag doch keine Frau«, sagte dieser, ganz offen derangiert, und nahm die willkommene Gelegenheit wahr, sich abzuwenden und die auf den Boden gefallene Krawatte zu suchen, als wäre das sein größtes Problem. Auch Bunic, der sich plötzlich fürchterlich zu schämen schien, strich sich die Frisur zurecht, als wäre alles nur aus Versehen geschehen.

»Es ist doch nichts Besonderes daran«, sagte Bunic wütend; ein Blutfleck prangte auf seinem zerrauften Hemd.

Hans überwand seine Stasis und kroch zu Adam hinüber, der langsam wieder zu Bewusstsein kam. Ferstel hatte ihm überflüssigerweise schon etwas Cognac eingeflößt.

»Raus hier mit ihm; wenn jemand diesen Schlamassel bemerkt, fliegt er von der Uni«, zischte Klara. Hans, der Adam in seinen Mantel schlug wie einen auf dem Bazar erstandenen Teppich, warf ihn sich über die Schulter. Unter den neugierigen Blicken der anderen Studenten gelangten sie nach draußen.

Auch unter freiem Himmel war die Luft schwer von der Sonne. Hans legte Adam auf eine Parkbank und schob ihm seinen Sack unter den Nacken.

»Na, wieder unter den Lebenden?« Klara tätschelte Adams Wange. »Du ungeheuerlich dummer, in dich selbst verstiegener Mensch. Da kommst du frisch aus der Therapie, in der man dir deine Faxen aus dem Hirn holt, und von allen Leuten auf der Welt schlägst du dich ausgerechnet mit Robert Federmaier. Da, schau dich an –« Sie hatte einen Taschenspiegel aus ihrer Mappe gezogen, der Adam die Verheerung seines eigenen Gesichts zeigte.

»Mein Vater wird mich ermorden«, sagte Adam schlagartig ausgenüchtert.

»Deswegen sanieren wir dich jetzt und schminken dich abends wie eine frisch eingeschulte Kokotte im Freudenhaus. Hans, kannst du Adam bis auf die Freyung tragen?«

»Selbstverständlich!«, erwiderte dieser.

»Aber nein, ich kann doch gehen.« – Dass Adam aufstand, enttäuschte Hans, denn obwohl er nicht wusste, wo die Freyung war, hätte er gerne seine Kraft demonstriert. Jetzt konnte er ihn nur ganz sanft stützen, während sie sich vorsichtig über den Ring in die Walfischgasse begaben.

Die Stadt, die am Morgen noch im Schlummer gelegen hatte, schien wie verwandelt. Links und rechts waren aus den Steinwänden die Sitzgarnituren der Schanigärten geplatzt. Eine Unmenge von Menschen in den schönsten Sonntagsgewändern spazierten umher. Es herrschte Aufregung. Zeitungen lagen zu Haufen getürmt auf den Kaffeehaustischen – eine Ausgabe jedes Blattes –, und einige Leute liefen zwischen den Lokalen hin und her, um an den Tischen multiple Konversationen zu führen wie geübte Simultanschachmeister.

Hans wunderte sich über den Habitus, mit dem die Menschen sich hier im öffentlichen Raum eingerichtet hatten: Als hätten sie einen Nebenwohnsitz auf der Straße installiert, lagen Toilettzeug, Schreibutensilien und halbe Bibliotheken auf den Tischen. Unablässig kamen – scheinbar, weil jeder auf der Straße noch eine Unzahl Bekannte auflas – noch weitere Sitzgelegenheiten dazu, indem man die Kellner anwies, Stühle von drinnen hinauszutragen. Die ganze Stadt war ein schwirrendes, hastiges Lokal.

Ein Geiger stand am Eck des Café Griensteidl und spielte für die anwachsenden Massen. Er fiel Hans besonders auf, weil er im Erheben der zierlichen Melodie, die er seinem Instrument entlockte, die Augen die ganze Zeit geschlossen hielt, als würde er die Menschenströme gar nicht bemerken. Als spielte er nur für sich.

Da hob Adam zum ersten Mal, seit sie losgegangen waren, den Kopf, und ein Lächeln zeigte sich auf seinen blau geprügelten Lippen.

»Strawinsky«, sagte er.

Adam Graf von Jesenky war sechs Jahre alt, als er sich, in einer Baumkrone sitzend, die Bratsche von seinem Vater ertrotzte.

Der Junge, der schon mit drei Jahren de jure zum Hauptmann einer Kompanie gemacht worden war, dem sein Erzeuger vorstand, hatte seit er laufen konnte jede seiner wachen Stunden in militärischer Ausbildung verbracht. So wusste seine Mutter, Eliszka Mariska Jesenky, gerufen Lissa, nicht, woher der Bub die seltsame Idee nahm, Kammermusik machen zu wollen. Es war ja gar keine Zeit dazu.

Nachts um drei von Pistolenschüssen geweckt, war das Kind gewöhnt, zu den Trommelschlägen der zwölften Militärkapelle zu marschieren, bis der Morgen graute. Auch wenn die Eltern diese ihre eigene Erziehung zuweilen als unmenschlich empfanden – oder sagen wir, obwohl sich unter ihrem bis zur Unkenntlichkeit entstellten Gefühlsleben zuweilen eine gewisse Regung Raum verschaffte –, glaubten sie doch, einem höheren Zweck zu dienen.

Meist war der Knabe verkühlt. Sein Vater erhoffte sich, ihn durch die Exerzierübungen im Winter abhärten zu können.

Graf Jesenky wusste wohl, dass Adams Schwestern ihm in ungesehenen Momenten gewärmte Ziegel hinaus auf den Hof brachten. *Er ist ja kaum im Schulalter,* hatten die beiden gesagt, ihre Weichheit aber kurz später über dem Knie der Gräfin widerrufen. Adam lernte von acht Uhr morgens bis fünf Uhr abends militärische Strategien auswendig. Seine Erzieher hatten einen sonders auf ihn abgestimmten Unterricht erdacht, der sowohl in den Inhalten als auch in der Härte für ein Volksschulkind ungeeignet war: heruntergebrochene Manöver, Schießübungen mit Platzpatronen, das Polieren einer ungeladenen Waffe – halbhohe Schützengräben, die es zu überspringen galt. Adam hatte zum ersten Mal mit drei Jahren eine Uniform getragen. Deren übergroße Schöße lagen auf dem Foto, das anlässlich des fünfzigsten Thronjubiläums des Kaisers entstanden war, drei Mal gerafft auf.

Zwar kam seine Mutter Lissa selbst aus einer langgedienten Militärfamilie, doch wunderte sie sich oft, mit welchem Gleichmut das eigentlich sensible Kind die Erziehung hinnahm. Er war innerlich wie tot. Ein Leuchten in seinen Augen tauchte nur auf, wenn die Mußestunde zwischen acht und neun Uhr abends auf das Malen eines Bildes fiel oder die Kammermusik im Salon der Kinskys angehört wurde. Den Morgen darauf wurde Adam wieder von Pistolenschüssen geweckt.

Ein stoisches Kind, hatten seine Erzieher, hatten Mutter und Vater stolz gedacht. Letzterer hatte sich schon auf die Inkarnation des zukünftigen Generalstabschefs eingestellt, als Adams Erzieherin Adele von Seiberg ein verhängnisvoller Vorschlag entkam.

Schon fast zu unweltlich sei das Kind, zu fern von seinen Mitmenschen. Während die Familie auf Sommerfrische in Marienbad weile, würde es sein Schaden nicht sein, wenigstens das örtliche Theater zu frequentieren, wo gerade jetzt im Juli etliche Vehikel der sinnlichen Verfeinerung zu konsumieren seien. Das hatte selbst der Graf eingesehen.

Man hatte Adam auf einen Stapel Bücher setzen müssen, damit sein Kopf über die Balustrade der Loge reichte. Doch schon als die Instrumentalisten des Stadttheaters zu stimmen begannen, sprang er auf die Beine, dass man ihn am Hemd halten musste, um ihn vor dem Absturz zu bewahren.

Gegeben wurde die frisch für Orchester gesetzte *Pavane pour une infante défunte* von Maurice Ravel; das Tanzlied einer toten Infantin, das einen unendlichen Raum in Adam öffnete. Er bemerkte, wie etwas in seinem Körper sich entwirrte und etwas anderes verfilzter wurde. Er erkannte einen Teppich unter diese Klänge gelegt, der die Zeit selbst repräsentierte. Fast meinte er sich verloren, doch wurde ihm die Bratsche zu einer Konstante, die ihn – hell über allem schwebend – durch die Wirrnis leitete.

Dafür hatte er weder Worte noch eine ordnende Kraft. Alles brandete in diffusen Umwälzungen über ihn, sodass er es einmal hier spürte, einmal dort; einmal sein Kopf nach rechts schnellte, einmal nach links, und dann waren sechs Minuten vorüber, und die Musik endete.

»Weiter!«, schrie Adam, schrie der sechsjährige Knabe mit den schillernd goldenen Knöpfen der Dragoner am Hals, doch seine Aufforderung war unhörbar im Applaus versunken, und die Gouvernante hatte ihn unwirsch am Genick gepackt. Nachts lag er wach und hörte den Schlägen der Kirchturmuhr zu. Er war ein Kind, das nie ein Bedürfnis über das hinaus geäußert hatte, was ihm von seinen Eltern zugestanden wurde, also dachte er an den nächsten Tag wie an ein Tribunal.

Als er wie immer um fünf geweckt wurde, hatte er kaum eine Stunde geschlafen. Er bestand darauf, gebadet zu werden, und erschien um Punkt sieben am Familientisch, wo seine beiden Schwestern und die Eltern gerade frühstückten.

In festen, unbeirrbaren Worten verlangte er eine Bratsche.

Er hatte noch nicht ausgesprochen, als sein Vater, die Augen nicht von der Reichspost nehmend, seinen Wunsch in einem einzigen Wort abschmetterte: Keinesfalls. Keine Begründung, keine Ornamentierung dieses Weltengerichts: Denn die Welt, der da der Prozess gemacht wurde, war so klein, so fragil, dass es zu ihrer Niederschlagung nicht viel bedurfte.

»Was muss ich erfüllen, um mir ein Instrument zu verdienen?«, hatte Adam in seinem förmlichsten Tonfall gefragt. Denn das immerhin wusste er, dass es zum Verdienst eines Abzeichens nur die Abarbeitung eines festgelegten Kriterienkatalogs brauchte.

»Nichts«, sagte der Vater, nun langsam sichtlich gestört von der Unterbrechung seiner kargen Freizeit.

»Wie?«, fragte Adam verwirrt. »Mutter?«

»Du hast ja gar keine Zeit«, sagte diese gleich und wandte sich, da sie im selben Moment sah, dass die Butter auf dem Teller des Vaters sich dem Ende zuneigte, dem Dienstmädchen zu. Der Impuls der Stunde hatte sich verflüchtigt.

Aber zum ersten Mal in seinem jungen Leben war Adam nicht davon konsolidiert.

»Ich bin im Mecséry Park«, hatte er gesagt, und diese Aussage ausschließlich an seine Schwestern gerichtet, ehe er aus der Wohnung lief, so schnell ihn seine Beine trugen. An einem der vielen Heilbrunnen hinter dem Haus begegneten einander mehrere Schotterwege in einem kleinen Grünstreifen. Mit der Geschicklichkeit des an vielen Kriegsspielen, an Hürdenläufen und Abhärtungsmaßnahmen Geschulten erklomm Adam eine Buche, streckte seine hundertzehn Zentimeter nach oben, zog sich höher und dann noch und dann noch einmal. Dort, aus etwa zehn Metern Entfernung, bemerkte ihn gleich ein promenierendes Paar – ein Prokurist und seine Gattin, die nach ihrem Mann Frau Prokurist genannt wurde. Man rief zu ihm hinüber und fragte, was er dort oben vorhabe. Ein so auffallend hagerer Knabe würde einen solchen Sturz kaum überleben, oder? Diese Frage hatte das Prokuristenpaar an einen Wachmann gerichtet, der Adams Eltern vom Sehen kannte.

Nach etwa einer halben Stunde fegte seine Mutter mitsamt des Schwesternduos in den Park. Sie stieß dabei allerlei Verwünschungen aus, als sie das besorgniserregende Bild ihres Jüngsten erblickte, um den sich Spaziergänger scharten wie um ein Marienwunder.

Wenn es etwas gab, was die Jesenkys nicht ertrugen, dann war es unrühmliche Aufmerksamkeit. Selbst die zufällig Vorbeikommenden versuchten jetzt mit Gesten und Worten, Adam zum Heruntersteigen zu bewegen. So verging eine

Stunde, während derer die Gräfin mithilfe eines Boten ihren Mann alarmierte.

Als Adam sich am frühen Mittag aus seiner Jacke ein Polster rollte, um sich wohnlich einzurichten, konnte man sich nicht mehr davon abhalten, nach der Feuerwehr zu rufen, deren Kommen die peinlich berührten Jesenkys knapp verhinderten. Gegen vier Uhr hatte die Novität der Situation sich abgenützt.

Adam verbrachte die Nacht in eine Astgabel eingespannt und erwachte – selbst überrascht von der kätzischen Umklammerung im Schlaf – mit dem Abdruck der Rinde auf seinem Gesicht. Alle paar Stunden kamen seine Schwestern oder einige der Flaneure vom Vormittag und wurden vom Umstand alarmiert, dass Adam sich weigerte, auch nur einen Schluck Wasser von ihnen anzunehmen. So ging es weiter, bis es ein zweites Mal dämmerte. Adam war trotz der Jahreszeit durchgefroren bis auf die Knochen, und er hatte Hunger. Gleichzeitig aber – das spürte er – war dieser eine Trotz notwendig, überlebensnotwendig, wenn er das Erwachsenenalter erreichen wollte. Mit diesen Gedanken nickte er wieder ein.

Was seinen Vater bewegte, ihm am dritten Morgen entgegenzukommen, war nicht sein Mitgefühl. Es war die Sorge um den Ruf einer Familie, die nicht für ein Kind mit wahnhaften Anschauungen bekannt werden wollte.

Adam erwachte frühmorgens von der Stimme seines Vaters.

»Dieses eine Mal sollst du deinen Willen haben«, sagte sein Vater mehr zu sich selbst als zu ihm. »Morgen kaufe ich dir eine Bratsche. Danach wirst du für immer gehorchen.«

KAPITEL 3

AN MEINE VÖLKER!

Hans kam es vor wie eine überstandene Weltreise, als die drei den Prachtplatz der Freyung mit Adams Versehrtenkörper auf den Schultern endlich überquert hatten. Gelbe Barockfassaden standen in der Sonne wie geschmückte Pfingstochsen.

Gegenüber dem Bankverein betraten sie endlich das kühle Palais Jesenky. Das war im ersten Augenblick fast eine Unterwältigung: Hans hatte sich einen Palast vorgestellt, in dem einem die Diener mit Kratzfüßen entgegensprängen. Stattdessen gingen sie nun die Stiegen eines dreistöckigen Hauses empor, das in Hans' Augen nicht maßgeblich beeindruckender als das Haus war, in dem sich Helenes Praxis befand. Die Böden waren aus Stein und die Aufgänge unangenehm niedrig, als wollte das Gebäude einen auf ungemütliche Art daran gemahnen, seine Demut nicht zu verlieren.

Im Mittelstock traten sie an eine breite Flügeltür. Statt einen Schlüssel zu ziehen, klopfte Adam vier Mal gegen die Pforte, stellte sich sofort auf seine eigenen Beine und wischte sich das verkrustete Blut vom Mund. Eine ältere Dame öffnete die Tür – schwarze Schürze, weiße Spitzen –, und selbst Hans erkannte, dass es sich um eine Köchin städtischer Prägung handeln musste. Adams fahrigen Gesten nach zu urteilen, hatte Hans erwartet, sie würde ihn abstrafen oder –

vollkommen zu Recht, wie Hans im Übrigen fand – zur Rede stellen, wen er sich da eingetreten hatte. Stattdessen aber wich sie vor ihm zurück wie vor der Präsenz eines Prinzen. Hans sah ungläubig an Adams Elendssilhouette hinab, als die Frau einen echten Hofknicks verübte und sie eilends ins Innere geleitete. Aber sie knickste nicht nur vor Adam – auch vor ihm, vor Hans beugte sie sich. Und mit einem wunderbaren Schlag wurde ihm klar, dass er vielleicht gestern noch ein Knecht gewesen war – jetzt nicht mehr.

In der Wohnung angekommen, war auf einmal alles wie im Märchen: Das mittelalterliche Stiegenhaus war nur ein verhüllender Vorhof zum Olymp gewesen, der sich in den Wohnräumen entfaltete. Altes Geld zeige sich nicht ohne Widerstand, sagte man – es verbarg sich hinter schweren Stoffen und duckte sich in Spitzenwinkel, es lehnte sich tief in die Droschken, um von der Straße aus uneinsehbar seine Wege gehen zu können.

Während sie Adam nachgingen, eröffneten sich immer neue Räume, die in immer kühneren Entfaltungen sich preisgaben: ein Salon mit Konzertflügel und Deckenfresko voller lustiger Wölkchen – ein Esszimmer, an dessen Tafel dreißig oder mehr Menschen passen mussten; und unter welchen Köstlichkeiten sie sich täglich bog, das konnte Hans sich nur vage vorstellen. Dann traten sie in ein Zimmer, dessen gesamter Boden von einem ungeheuerlich kostbar scheinenden Teppich bedeckt war, während von minzgrünen Wänden sich ein prächtiger Schreibtisch abhob.

»Das ist ein Osmane«, sagte Klara, die seinen Blick bemerkt hatte, und zeigte auf den Boden. Aber es ging alles so schnell: Eine goldgeschmückte Treppe, die mit rotem Teppichstoff beschlagen war, führte sie nach oben. Hatte das Haus sich von außen nicht ausgesprochen niedrig gegen die anderen Fronten ausgenommen? Eine Porträtgalerie, deren Antlitze wohl Adams Vorfahren sein mussten, zog sich die Wand empor: Offiziere, alle. Ernste und trotz der sicherlich schmeichelhaft ausgeführten Gemälde eher kleine Männer, die, von den Kanonenschüssen im Hintergrund unbeeindruckt, die Hände ans Revers legten. Hans konnte nicht anders, als sich von diesem Anblick erhoben zu fühlen: *Völkerschlacht zu Leipzig* stand unter dem Bild eines Mannes mit Perücke, der auf einem steigenden Rappen vor dem Schlachtfeld abgebildet war. Vage Ahnungen von Heldentum und Opferwillen, die er gespürt hatte, wenn ihm als Kind *Prinz Eugen, der edle Ritter* vorgelesen wurde, verbanden sich mit den Konterfeis junger Männer, die teils Rüstungen trugen, teils moderne Waffenröcke. *Milan Jesenky mit Ulanenregiment.* Hans legte sacht eine Hand auf einen der Rahmen. Bildererzählungen von Türkenbelagerung und Vielvölkerarmee, ungarischen Husaren und der pragmatischen Sanktion der Unteilbarkeit aller habsburgischen Erblande sausten ihm um die Ohren, und er fühlte eine Sehnsucht, deren Referenz er nicht fand.

»Was machst du, Hans? Komm mit.« Er fuhr herum und lief Klara hinterher den Gang herab. Ab und an sah ein Diener aus einem der Zimmer, wurde aber in seinem Bedürfnis, sich erbötig zu machen, gleich wieder weggetrieben – und zwar durch den Anblick von Adams desolatem Zustand. Solche Indisponiertheiten zu bemerken, schickte sich offenkundig für den Hofstaat nicht. Endlich stieß Klara mit der Außenkante des Fußes eine Tür auf, und sie traten in Adams Schlafgemach.

»Leg dich für einen Moment aufs Bett, ich lass dir ein Bad ein«, sagte sie und bettete den hörbar aufstöhnenden Adam auf ein dunkelgrünes Kanapee, ehe sie davonlief. Hans versuchte, sich möglichst unauffällig umzusehen, um nicht preiszugeben, wie neugierig ihn der Dekor des Zimmers machte. Das Mobiliar war zusammengestellt wie ein Rebusrätsel; gänzlich unzusammenhängend, aber in abstrakter Weise doch auch kohärent.

Da war der Hausrat selbst – »Ein Louis-XVI-Schreibtisch«, sagte Klara zu Hans, da sie für einen Moment zurückgekommen war, nur um sofort wieder aus der Tür zu fliegen. Daneben stand ein Bett mit glänzenden Musterungen, das wie ein Boot geformt war – dann eben das Liegemöbel, auf dem Adam niedergestreckt war, und einige Tischchen aus Glas mit geschnitzten Beinen. Das Inventar konnte man gar nicht so lange anschauen, dass man es verstanden hätte. Es war alles geschmückt wie in einer Kapelle – mit Schnörkelchen und Ornament und Pilaster – und zur selben Zeit, ohne dass man es hätte lokalisieren können, stützte alles den Eindruck einer Kaserne. Das war ein wirkliches Wunder, denn wie konnte sich unter Zierdecken und Stickpolstern die Idee eines Feldbettes so durchsetzen, dass man fürchtete, sich beim Niederlegen den Rücken zu brechen? An den Wänden, eingefasst in dicke Zierrahmen, hingen Schauspielerinnenfotos, die wohl von den Verkaufsständchen am Bühnenausgang stammten und von denen manch eines eine Signatur trug, sowie die Plakate verschiedenster Veranstaltungen. *Der Rosenkavalier. Oper von Richard Strauss*, las er. *Uraufführung. Königliches Opernhaus Dresden 1911.* Die Distanz, die Adam für seine Passion zurücklegte, war wirklich bemerkenswert. So sorgfältig die Theaterreliquien gepflegt waren, so sehr wurden sie durch den Raum selbst niedergedrückt. Dieses Zimmer war vor allem anderen eine Soldatenbude, das war, wohin man sich auch wandte, nicht zu übersehen. An einer langen Eisenstange waren Adams Uniformen aufgereiht und mit eisernen Schildern in ihrer Tausendteiligkeit markiert: *Paradeadjustierung* las Hans – blaue Hose, dunkelblauer Rock mit beigem Kragen und blauem Korbhut. *Marschadjustierung*, stumpfer diesmal und mit Feldkappe darüber. *Reituniform* – kaisergelbes Bändchen. *Feldtornister, Ausgehtschako* und ein *Korbschläger* in goldenen Tragriemen. *Schuluniform, Traueruniform, Offiziersrock, Feldbluse.*

Jeder Tag Anlass für ein neues Zeremoniell; jede Lebensäußerung in den Formalismus eines Militärkörpers gefasst. Hans trat an eines der Bücherregale heran, und ein weiteres Mal eröffnete sich eine ganz andere Welt – Hugo von Hofmannsthal, Rainer Maria Rilke, Strindberg, Gerhart Hauptmann – keiner der Namen sagte ihm etwas. Er zog aufs Geratewohl einen Band heraus: *Stefan George: Pilgerfahrten*, las er und blätterte ins Buch hinein.

So hat ihn nicht ein strahlenpfeil betrogen:
Die mit der geissel eng aus eis geflochten
Von jedem pfad zu bannen ihn vermochten
Die winde lau nun um die stirn ihm bogen.

Scheußlich, dachte Hans und stellte den Band wieder zurück in der Hoffnung, Adam möge die rasche Aburteilung nicht bemerkt haben. Als er sich umdrehte, lag sein Freund mit geschlossenen Augen gegen die Wand gekrümmt.

»Ist alles in Ordnung?«, fragte Hans und beugte sich über ihn.

»Ja, es geht mir ganz wunderbar«, sagte Adam, der mit erheblicher Mühe ein Lächeln zustande brachte, und drehte sich um.

»Wer ist denn das?«, fragte Hans und zeigte auf eines der Portraitfotos, weil er meinte, es könne von Vorteil sein, Adam abzulenken. Tatsächlich kehrte auch gleich etwas Farbe in sein Gesicht zurück.

»Oh, das ist Louise Dumont«, sagte Adam. »Sie ist Schauspielerin, und was für eine! Gelernte Weißnäherin aus einer Arbeiterfamilie. Hat sich binnen weniger Jahre zur Burgschauspielerin entwickelt und in Düsseldorf ihr eigenes Theater gegründet.«

»Kennst du denn diese Leute persönlich?«, fragte Hans.

»Ich habe sie tatsächlich einmal getroffen, ja«, sagte Adam. »Im Café Griensteidl, im Rahmen des Jungen Wiener Kunstvereins.«

»Junger Wiener Kunstverein –«

»Das klingt viel pompöser, als es ist. In Wirklichkeit haben ich und ein paar Freunde aus dem Schottenstift wöchentliche Treffen veranstaltet, bei denen wir nach zwei Cognac, Nietzsche diskutierend, nach Hause gewankt sind. Ich weiß selbst nicht, warum sich uns fünfzig andere angeschlossen haben.«

»Fünfzig!«, rief Hans aus.

»Sch! Fünfzig was?«, fragte Klara beim Hereinkommen, ging aber, ohne auf eine Antwort zu warten, sofort zu Adam und begann, ihn zu Hans' großem Entsetzen auszuziehen. Er wandte sich wie automatisch um, wusste aber gleichzeitig, dass es dafür ja gar keinen Grund gab, weil es ja nicht Klara war, die sich entkleidete, und sah wieder zurück. Ihm wurde das Ausmaß von Adams Wunden bewusst. Großflächig war sein Oberkörper mit blauen Flecken überschüttet, die in den Zwischenräumen der Rippen, auf seinem Nacken und dort, wo die Hüftknochen am deutlichsten hervorstachen, die Spuren ihrer Einblutungen hinterlassen hatten. Nur die schwere dunkle Hose hatte verhindert, dass das schwere Hämatom am unteren Bauch sichtbar gewesen war.

»Gib mir eins«, sagte er zu Klara, die ein Taschentuch in

ein Jodtigelchen getaucht hatte, um die Läsionen zu reinigen, und fing an, die tieferen Schnitte zu bearbeiten.

»Es scheint, du hast Ahnung von diesen Dingen«, sagte sie wieder in diesem Tonfall – diesem neckenden, zur Hetzjagd reizenden Tonfall.

»Es vergeht auf dem Hof kein Tag, an dem sich nicht jemand Blessuren zuzöge, ihr Städter kennt das ja gar nicht«, sagte er keck.

»Ja ja, das ist wohl wahr«, antwortete Klara. Adam hatte die Augen geschlossen – wahrscheinlich, wie Hans von seinen eigenen Begegnungen mit dem scharfen Jod wusste, um keine Schmerzensäußerungen zuzulassen.

»So, das Bad sollte eingelaufen sein«, sagte Klara schließlich. »In einer halben Stunde hole ich dich aus der Wanne. Wir legen dir Eiswürfel aufs Gesicht und behandeln es ein wenig mit Heparin, damit dein blaues Auge verschwindet, bevor dein Vater die Bühne betritt.«

»Ist das Bad von selbst eingelaufen?« Hans hob so sachte wie möglich Adam, der sich an seinem Hals festhielt, Klara kam hinzu. Die beiden stützten ihn und halfen ihm in ein marmornes Bad, in dessen Mitte eine blütenweiße Wanne stand. Was für eine Pracht. Dann ließen sie Adam, von dem Hans hoffte, er möge in der Wanne bloß nicht einschlafen und ertrinken, im Schaum zurück und setzten sich – selbst ganz ausgezehrt – zurück aufs Kanapee.

»Das muss ja eine schöne Überraschung für dich gewesen sein«, sagte Hans.

»Ach, ich bin da recht robust. Es ist nicht so, als hätte sich Adam zum ersten Mal geprügelt.« Sie schüttelte ein Kissen auf. »Aber ist auch alles in Ordnung mit dir, Hans Ranftler?« Sie legte sich auf den Rücken. »Ich denke, nach allem, was dir heute widerfahren ist, solltest du dich ins Bett legen und die Zeit für einen Mittagsschlaf nutzen. Wenn du das Ehepaar Jesenky in einigen Stunden kennenzulernen gezwungen bist, wirst du für jedes bisschen Erholung dankbar sein, mit dem du dich gewappnet hast.«

»So schlimm?«, fragte Hans und ließ sich zurücksinken; sie hatte recht, er fühlte sich wie zerschlagen.

»Schlimmer«, antwortete sie. »Ich werde auch kurz Mittagsschlaf halten, wenn es dich nicht stört.« Und so lagen sie nebeneinander hingestreckt. Hans schloss die Augen, er fühlte sich schon schwer und zum Fortdriften bereit, als ein Gedanke seinen Körper wieder in die Senkrechte beförderte.

»Klara«, stieß er aus. »Was war das eigentlich vorhin?«

»Was war was?«, fragte sie leise.

»Etwas ist in Adam gefahren, vorhin in der Probe.« Er saß kerzengerade.

»In ihn gefahren?«, wiederholte Klara.

»Der Grund, na, der Grund, dass die Prügelei losging, war Adam selbst. Es ist etwas in ihn gefahren«, sagte Hans wieder, denn so sehr er sich geistig verrenkte, er konnte keinen besseren Ausdruck dafür finden.

»Jetzt drück dich doch konkreter aus«, ermahnte Klara.

»Es ist ja gar nichts«, sagte Hans verlegen. »Das Gespräch fiel auf allerlei politische Umwälzungen, das war nicht das Eigentümliche«, sagte er und atmete mühsam. »Vielmehr war es, als könnte er in den anderen schauen, als hätte er in Bunic geblickt.« Er hörte selbst, wie eigenartig das klang. »In sein Gedächtnis, in die unmöglichsten seiner Geheimnisse. Solche nämlich, die diesem selbst erst in jenem Moment mit Klarheit vorschwebten; Adam legte sie in Stücke, sezierte sie. Aber das war nicht das Schlimme –«, ergänzte Hans hastig. »Seine Gehässigkeit war es.«

Ein Schaudern rührte an ihn – mit viel größerem Grauen als in der wirklichen Situation sah er Adam vor sich. Klara warf sich im Umdrehen aufs Kanapee, dass es ihn förmlich aushob.

»Schau dich doch einmal um«, sagte Klara. »Er hatte schon immer Probleme mit seinen Aggressionen. Würdest du auch, wenn sich deine ganze Existenz an den Heldentaten eines Grafen Radetzky oder Schwarzenberg aufhängt und du dabei jede Leidenschaft dem Gehorchen unterordnen musst. Das mit dem Durchleuchten von Leuten ist aber noch einmal etwas anderes. Es ist Adams Malaise. Mailaise ist ein Leiden –«

»Ich weiß, was Malaise bedeutet«, sagte Hans. »Glaub nicht, dass ich kein Leser bin, nur weil ich auf einem Hof malochen musste. Es schien aber eher eine Fähigkeit zu sein als ein Leiden.«

»Wie man's nimmt. Er hat fremde Erinnerungen.«

»Du sagst das, als wäre es eine Alltagserscheinung.«

»Na, da musst du mich entschuldigen, eine Zeit lang hatten wir eine Art Jour fixe mit einer ganzen Kollektion von Helenes Patienten, und Adam war davon wirklich noch der harmloseste.«

»Leiser, er hört uns doch.«

»Ach, wir reden ja unablässig darüber.« Ohne das Gewicht sonderlich zu achten, das das Thema für Hans hatte, drehte sich Klara auf den Bauch, als wollte sie schlafen, sprach aber gleich weiter. »Bei Adam ist die Angelegenheit – ja, übrigens, wir bezeichnen unsere Fähigkeiten öffentlich als *Angelegenheiten,* um keine Aufmerksamkeit auf uns zu ziehen –«

»Wegen der Angriffe, nicht?«

»– wesentlich früher ausgebrochen als bei mir. Mit sieben vielleicht oder mit acht, mittlere Volksschulzeit. Er hat einmal erzählt, dass es bei ihm begann, als er sich eines Tages weigerte, mit seinem Ausbildner auf den Kahlenberg zu gehen, und behauptete, es sei eine ungünstige Position, weil die Buren sich dort besser auskennen würden. Da keiner wusste, was das sollte, hat man ihn anscheinend befragt. Und dabei kam heraus, dass er der Meinung war, genau dort an einem Gefecht teilgenommen zu haben, ein paar Tage zuvor. Er konnte die Waffen genau aufzählen, sehr spezifische Modelle, vollkommen unmöglich zu erraten. Flintenmarken. Vorderladertypen, was weiß ich. Und dann entdeckte man, dass Adam jedes Fort in Heidelberg aufzählen konnte –«

»Es gab aber doch keinen Krieg in Heidelberg?«

»Nein, Heidelberg in Südafrika«, tönte es aus den Polstern.

»Das macht noch viel weniger Sinn.«

Sie wälzte sich zerknautscht zu ihm hin. Ein paar Strähnen hingen verschwitzt in ihr Gesicht, und ein feiner Film hatte sich auf ihrem Hals gebildet; über ihrem Schlüsselbein, über ihrem Ausschnitt.

»Man hat also eruiert, dass Adam Erinnerungen an Gefechte auf der ganzen Welt hat und dass er – wie in einem Akt der Absorption – die Reminiszenzen seines Vaters an den ersten Burenkrieg in sich verkapselt trug.«

»Vielleicht hatte er aber doch einfach dessen Erzählungen zugehört?«, fragte Hans und stand auf, damit Klara seine Blicke nicht bemerkte.

»Natürlich, das war die einfachste Erklärung, und die eigentliche Geschichte beginnt auch erst dort, wo Adams Erzählungen von der wirklichen Version der Dinge abwichen. Das ist ja auch bei wissenschaftlicher Modellbildung so. Wenn eine Theorie etwas am Empirischen klären kann – langweile ich dich?«

»Keinesfalls!« Er stellte das Buch zurück, das er wie in einer Übersprungshandlung hervorgezogen hatte.

»Da waren Dinge an Adams Erklärungen, die plausibler waren als das, was in den Historienbüchern steht. Man prüfte ihn. Adams Vater ließ einen befreundeten Offizier der britischen Armee einladen und erkundigte sich nach einigen landschaftlichen Gegebenheiten in Praetoria, die sein Sohn behauptet hatte.«

»Und?«

»Na, sie stimmten.«

»Im Grunde hat er also etwas ganz Ähnliches wie ich«, sagte Hans und berührte eine der schimmernden Medaillen an der Wand. *Einsatzmedaille der Landesverteidigung.*

»Was genau du hast, vermag ich nicht zu beurteilen, aber es ist etwas äußerst Merkwürdiges, das unser Adam kann. Er weiß diese Dinge nicht einfach, sie werden ihm nicht zugetragen. Er *erinnert* sich wirklich an sie. Sie sind Teil seiner Identität, seiner Genese. Verstörend, nicht? Kann es einen da wundern, dass er sich prügelt?«

»Wie, er erinnert sich, selbst dort gewesen zu sein? Ich meine – das kann er ja nicht, denn er war es ja nicht.«

»Na ja«, sagte Klara und gab Hans ein Zeichen, er solle seine Stimme senken – denn nun hörte man, wie es im Badezimmer rumorte. »Zuweilen erinnert sich Adam auch an das Tagespolitische, wenn du verstehst; als Aleksandar Obrenović 1903 ermordet wurde – das war eine seiner lebhaftesten Erinnerungen.«

»Als Mörder?«

»Als Obrenović«, flüsterte sie. »Seine Familie hat ein – wie soll man sagen – zweischneidiges Verhältnis zu diesen Zuständen. Auf der einen Seite muss Adam unter Todesandrohung davon schweigen, dass ein Jesenky sich wegen psychischer Zustände in analytische Behandlung begeben muss. Auf der anderen Seite – das sage ich dir jetzt im Vertrauen –

auf der anderen Seite jedenfalls verschwindet Adam immer wieder für mehrere Tage bis Wochen. Er verrät mir manchmal, dass einige der Offiziere ihn im Beisein seines Vaters eindringlich über seine Reminiszenzen befragen.«

»Das heißt, sie benutzen ...?«

»Leise«, sagte Klara. Jetzt hatte auch Hans deutlich die Schritte vernommen, und gleich schwang die Zimmertür auf. Nur war es eine Dienstfrau, die in den Raum eilte, nicht Adam selbst. In ihrer Hand trug sie ein Tablett, auf dem sich Backwerk und Kaffee befanden, überdies Besteck, von dem Hans argwöhnte, dass es sich um echtes Silber handeln könnte.

»Auf Geheiß von Herrn Adam.«

Das war die Frau, die ihnen vorher die Tür geöffnet hatte. Hans sah auf die Hände der Köchin. Sie sprachen davon, dass sie ein Leben lang malocht hatten – hielten Vorträge vom Kartoffelsackschleppen und dozierten über hundert kleine Schnitte und Verbrennungen, wenn – ja, wenn man nur die Sprache der Schwielen verstand. Und wie sie erst dastand! Wie viele Dienstbotinnen hatte er in seinem Leben an gerade dieser Haltung zu identifizieren gelernt – an diesem gebeugten Gebrochensein, das daraus folgte, wenn man den Daseinsraum, der einem zugewiesen wurde, niemals verlassen durfte. Die Pein im Rücken, die Blässe des Gesichts. Und gerade so wie er sie, erkannte auch die Köchin *seinen* Stand. Verdutzt und überwältigt sahen sie einander einen Augenblick an – ihresgleichen, doch er seltsamerweise nun auf der anderen Seite der Verhältnisse.

Und mit einem Mal begriff Hans, wie glücklich die Fügungen des heutigen Tages wirklich gewesen waren.

»Bringen Sie noch Milch«, befahl er der Frau und sah mit Verzückung, wie sie auf der Stelle hinauseilte.

Nur einen Moment später kam Adam durch die Tür. Er sah noch desolater aus als zuvor, da das Badewasser die Bindegewebe aufgeweicht und dunkel durchtränkt hatte.

»Komm her«, sagte Klara und drehte ihre Tasche um, aus der eine ganze Hauswirtschaft fiel: Schminkutensilien, Büchlein, Stifte, Döschen, Lupen, Zimmer, Küche, Kabinett.

»Zu Diensten«, sagte die alte Köchin, die mit der Milch wiedergekommen war.

»Dahin«, wies Adam die Dienstfrau an; und alles simultan, während Hans sich einen Krapfen in den Mund geschoben hatte und Klara mit Handpuder die Einblutungen auf Adams Stirn übertünchte.

»Das Bad ist jetzt frei«, sagte Adam unter den heftigen Pinselstößen Klaras, die das Kolorit wie auf eine nackte Hausfassade auftrug. »Handtuch liegt dort, nimm dir aus dem Schränkchen, was du brauchst. Ach ja, und das kommt freilich mit« – er entwand sich der Schminkung und zog aus der Kommode einen Stapel Kleider hervor.

Es war Zeit, sich für das erste *Diner* seines Lebens bereitzumachen, und wenn er sich beeilte, hatte er vielleicht noch Gelegenheit, sich auf dem Diwan auszustrecken.

Er ging ins Bad und legte die kostbaren Stoffe, die er erst nach einer ausgiebigen Waschung anfassen wollte, ab, dann setzte er sich auf einen Holzschemel, in Erwartung, jemand würde kommen, um heißes Wasser zu bringen.

Das Interieur konnte es jedenfalls mit jedem türkischen Badehaus aufnehmen. Allein die Wanne war größer als der Weintrester, in dem fünf Mägde jeden Herbst die Maische säuberten. Am Rand der Wanne standen aufgereiht ein Dutzend gläserne Fläschchen. Was für Cremes und Wässerchen sich darin auch befinden mochten, er würde sie gleich ausprobieren, eins nach dem anderen.

Noch immer war kein Wasser gebracht worden. Hans überlegte, wie es wohl wäre, eine Kleinigkeit aus dem Badezimmer zu entwenden oder einen der Löffel in Adams Raum einzustecken, doch angeekelt von sich selbst verwarf er sie sofort wieder und betrachtete sich selbst in dem riesigen Spiegel an der gegenüberliegenden Seite. Ja, so schlecht war es um ihn nicht bestellt, das Schicksal schien ihn entschädigen zu wollen.

Da fiel ihm ein Apparat über der Lavur ins Auge, auf der »Junkers Gasbadeofen« stand. Ihm fiel ein, dass er von einem solchen Gerät schon einmal in der Zeitung gelesen hatte – es heizte das Wasser auf. Vorsichtig drehte er an einem der Hebel und zu seinem vollkommenen Entzücken schoss brühend heißes Wasser direkt aus der Wand! Rasch zog er sich aus und tauchte in die Wanne, wenngleich die Temperatur schwer zu regulieren war und er immer wieder einen Aufschrei unterdrücken musste. Aus jedem der kleinen Glasfläschchen schüttete er ein wenig in sein alchemistisches Gebräu, das ungeheuerlich zu schäumen und wallen anfing. Den Schmutz von Reise und Stallhosen abschabend, ließ sich Hans noch einmal von seiner Position überwältigen. Er lachte über sich selbst, wie er da inmitten marmorner Einlegearbeiten saß. Tausendfach zurückgeworfenes Licht drang aus dem Luster, und er fühlte sich, als wäre das Universum in die glücklichste Konfiguration gefallen.

Nachdem er sich, so wie er meinte, dass es richtig sein müsse, mit einem Öl die Haut eingerieben, mit einem anderen die Haare gewaschen und mit einem dritten seine Bartansätze angeschäumt hatte, begann er, sich mit einer bereitliegenden Klinge zu rasieren. Er hatte seit Jahren nicht ganz für sich und ohne Zeitdruck ein Bad nehmen können.

Wenn es ihm zu kalt erschien, so ließ er einfach ein wenig

warmes Wasser nach, und in diesem Wohlgefühl dachte er an Klara.

Es waren halb verdämmerte, leicht erotische Szenen, die seine von der Zärtlichkeit des Wassers empfänglich gewordenen Hautflächen überschauderten. Seine Gedanken schweiften in Szenen ab, die ihm sein Bewusstsein ganz automatisch hinspülte, während er so hingestreckt dalag.

Er stellte sich vor, wie sie beide in einem der Zelte, auf denen Hans manchmal in den Wochen der Mahd geschlafen hatte, vor einem feinen Nieselregen Schutz suchten. Wie die Härchen auf ihren Armen, der Flaum auf den Bäuchen und im Nacken sich aufstellten. So döste und dämmerte Hans, dachte an Klara und doch auch nicht.

Als er sich schließlich aus dem Wasser erhob, fühlte er sich wie neugeboren. Auf einmal war er wie versessen darauf, die Kleidung anzulegen. Zuoberst war da ein weicher Hausanzug aus Flanell mitsamt einem Paar Frotteepantoffeln, die ihm an einem heißen Julitag nicht opportun schienen. Aber vielleicht schlief man bei den feinen Leuten eben so, weil man es nicht gewohnt war, sich allzu viel zu bewegen.

Darunter fand Hans einen Anzug in Dunkelgrau, der ihm fast die Sprache verschlug. Es war ein feines, dünnes Merinosakko mit dazu passender Hose. Ein weißes Hemd und eine Seidenweste und Socken. Ja, allein diese Socken waren des Staunens wert! Alles war so gut wie ungetragen. Er konnte nicht widerstehen hineinzuschlüpfen – knöpfte die Weste zu, band sich die Krawatte, raffte das Einstecktuch und sah in den Spiegel. Er staunte sich selbst an wie Aschenputtel am Abend des Balls, auch wenn die Kleidung ein wenig zu eng war und vor allem die Hose eine Handbreit zu kurz. Dann entkleidete er sich wieder und schlüpfte in das Schlafgewand, um den Anzug nicht zu zerknittern.

Als er Adams Zimmer betrat, hatten die anderen beiden sich auf Bett und Kanapee zusammengerollt. Zu seiner großen Erleichterung hatten sie das Tablett mit Spezereien in seiner Absenz nicht leer gegessen.

»Nein Hans, komm hierher«, sagte Adam träge, als dieser Anstalten machte, sich auf den Boden zu legen, und rollte sich ganz gegen die Wand, um ihm Platz zu machen.

»Jetzt rasten wir aber wirklich«, sagte Klara mit vom Schlaf ganz schwerer Stimme.

»Gute Nacht«, antwortete Hans, obwohl es helllichter Tag war.

Kaum hatte er sich kommod positioniert, da begann ihn schon die Hitze, die unbarmherzig durch die halb geschlossenen Fensterläden drang, zu stören. Er legte sich ein Kissen auf den Kopf, um wenigstens das gleißende Licht nicht sehen zu müssen. Auf seiner Haut hatte sich ein feuchter Schweißfilm gebildet, der ihn ärgerte, obschon ihn die Müdigkeit mächtig abwärts drängte. Er hielt also die Augen fest geschlossen und versuchte, sich wogende Felder und andere klischierte Ruheszenen vor die Seele zu stellen, aber draußen vor dem Fenster brauste hörbar das Leben, und er konnte sich nicht entziehen.

Jemand pries schreiend das neue Extrablatt der *Freien Presse* an – die zweite Ausgabe, seit Hans vor sechs Stunden angekommen war! Er konnte nicht anders, als sich die malmende Druckpresse vorzustellen, die Tag und Nacht von einem Heer aus Reportern gefüttert wurde. Er drehte und wälzte sich, angestachelt vom Hupen der Automobile, die in seinem Halbschlaf Kautschukstreifen auf den Bettlaken zu hinterlassen schienen. Unablässig prallten Gruppen von Menschen lautstark auf andere und riefen sich Dinge zu. Hans war es, als würden sie sich an ihn wenden, ehe sie sich in einem nie endenden Nieseln von Worten wieder auflösten. Die Hitze hatte ihn immer noch nicht losgelassen – eine schwelende Agitation, die hereindrang, bis sein Herz raste und er die Decke von sich warf –

»Ich kann nicht schlafen«, entfuhr es Adam, »Ich auch nicht«, sagte Klara und »Ich ebenso wenig« schließlich Hans. Alle drei saßen sie kerzengerade.

»Ich hol die Zeitung«, sagte Klara, die sowieso voll bekleidet im Bett gelegen hatte.

»Und ich bitte Therese, Kaffee zu machen«, fügte Adam hinzu, der genau den gleichen Schlafanzug anhatte wie Hans selbst.

Auf einer unweit vom Bett hängenden Wanduhr konnte Hans sehen, dass es auf vier Uhr nachmittags zuging. Draußen machte die Sonne gar keine Anstalten, sinken zu wollen, und das Licht lag sämig auf Hans' Beinen.

Er hätte schwören können, dass keine Minute vergangen war, da flog Klara wieder zur Tür herein. In Händen hatte sie nicht etwa *eine* Zeitung, sondern einen ganzen Stapel von Blättern, die sie auf dem Bett verteilt hatte, noch ehe Adam zurückgekehrt war.

»Das alles ist heute erschienen?«, fragte Hans.

»Das ist alles zusätzlich zu allem, was erschienen ist, erschienen«, sagte Klara. »Extrablatt – hört euch das an: *Wir treten entschlossen für die ethische Kultur des Abendlandes ein, gegen den Wortbruch. Einer gemeingefährlichen Hetz- und Wühlarbeit soll ein Ende gesetzt, das bösartige und verleumderische Unkraut gejätet werden.*« Statt aber weiterzulesen, schlug Klara – kaum dass sie zehn Sekunden in die Zeitung geschaut hatte – dieselbe wieder zu und warf sie in Hans' Richtung, indessen Adam sich an den verbleibenden Ausgaben gütlich tat.

Wiener Bilder hieß das Organ, in das Hans blickte, und dem

Namen entsprechend handelte es sich um eine Art Album, in dem Fotografien Kante an Kante Zeugnis von den Geschehnissen aus der ganzen Welt gaben. Es handelte sich um Aufnahmen vom selben Tag. Wann hatte der Fotograf überhaupt Zeit finden können, sich seinen Weg durch die Menschenaufläufe zu bahnen? Wann und mit welchen Mitteln war er in die Redaktion zurückgeeilt? Wie hatten die Schwungräder der Logistik ineinandergreifen können? Wie schnell hatte die Druckerpresse sich in Bewegung setzen müssen? Wann hatte der Zeitungsverkäufer noch Gelegenheit gefunden, den Stapel zu verkaufen, während die druckerschwarze Munition schon auf die Massen abgefeuert werden musste?

Die erste Abbildung zeigte eine Kundgebung vor dem Kriegsministerium. Dunkel gekleidete Menschen hatten sich in Scharen versammelt, als wäre nach einem Monat erneut die Staatstrauer um den toten Thronfolger ausgerufen worden. Der Habitus hingegen hatte von stiller Einkehr gar nichts an sich. Mütter hoben ihre lachenden Kinder über die Köpfe – man wollte die Soldaten, die die Steyr-Arsenale leer räumten, mit Hurra verabschieden. Während er das sah, befiel Hans ganz unerwartet die Furcht, einen monumentalen Moment verpasst zu haben.

»Die seit Jahrzehnten wie ein Gespenst des Grauens vor uns stand, die alles in den Strudel des Verderbens hinabziehende Weltkatastrophe beginnt vor unseren erstarrten Blicken ihre Schrecken zu entfalten.«

»Was?«, fragte Hans, der von Klaras Worten aus seinen Gedanken getragen wurde.

»Die *Arbeiter-Zeitung* hat den gesunden Verstand noch nicht gänzlich abgelegt«, sagte sie und nahm doch schon wieder das nächste Blatt zur Hand.

»Klara ist Sozialistin. Asquith will erst am Montag vor

dem Unterhaus sprechen. Sie haben eine Kundgebung in der Rotenturmstraße geplant«, sagte Adam, als wären all diese Feststellungen Teil einer einzigen Geschichte. Vielleicht waren sie es, Hans hatte nur eine vage Ahnung davon, wer Asquith war.

»Rumänien hat bisher keine eindeutig dreibundfreundliche Haltung eingenommen. Dafür wurde gestern die allgemeine Mobilmachung in der Schweiz beschlossen«, las Klara schon aus dem nächsten Medium vor.

Hans konnte sich, so oft er versuchte, etwas zur Diskussion beizutragen, nicht von den Wiener Bildern lösen. Die Fotografien hatten etwas Magisches für ihn: Wie die jungen Männer so auf dem Trottoir saßen, Brote und Bierflaschen und ein geschnürtes Bündel auf den Schultern, als würde es sie nichts kosten, sich von allem zu lösen, was ihr Leben bisher ausgemacht hatte. Der eine hielt eine Gitarre in Händen; der andere ein einzelnes Buch. Keiner trug mehr als einen schmalen Feldtornister. Ein Neubeginn.

»Diese Dummköpfe«, sagte Klara, die Hans schon länger über die Schultern geschaut haben musste.

»Entschuldigung«, sagte Hans, als wäre er selbst dort abgebildet, und zog die Hände zurück.

»Sei nicht so voreilig« – Adam war aufgestanden und nähergekommen – »wenn sie deine Werte nicht teilen, so gehört dennoch ein gewisser Mut dazu, sich freiwillig zu melden. Als Ziviler. Es ist dann schon eine Form von Idealismus.«

»Dass ihr mit 25 wählen dürft, mit 21 einen Hausstand gründen, aber man im Schottenstift die Gymnasiasten rekrutiert – das ist der Abgrund, Adam.«

»Vielleicht ein fehlgeleiteter, aber –«

»Von uns will ich gar nicht sprechen.«

»Von uns was?«, fragte Hans.

»Von uns Frauen natürlich. Unsere Sache ist wieder fünfzig Jahre zurückgeworfen – denkst du, es werden die höheren Töchter sein, die den Aufrufen folgen, an der Front die blutigen Glieder der Soldaten zu verbinden und in den Großküchen die Versorgung zu stemmen? Die unbezahlte Arbeit in den Munitionsfabriken leisten? Auslassen wie die Säue werden sie die Arbeiterklasse.« Jetzt war sie so in Rage geraten, dass sie ans Fenster schritt, als wollte sie eine Proklamation auf die Straße brüllen.

»Ich finde es ja auch nicht richtig –«, sagte Adam und hob die Hände, wie um einen Schlag abzufangen.

»Nicht richtig, nicht richtig. Die Welt steht in Flammen, Menschenmassen werden sterben, und die Leute reagieren, als sähen sie einen spannenden Film, ein Unterhaltungsstück, wo man zur Zerstreuung die Partei eines Darstellers ergreift.«

»So beruhig dich doch.«

Ganz unten auf der Seite, die noch immer aufgeschlagen auf Hans' Knien lag, war eine Karte zu sehen, auf der sich durchbrochene Linien zu einem Knäuel überkreuzten: Kragujevac, Novi Pazar, Gacko, Zwornik, Pirot. Gestrichelte Geraden, die Eisenbahnlinien symbolisierten, durchgezogene von Flüssen. Ein chaotisches Schachbrett, auf dem nicht ersichtlich war, wo sich die Felder befanden oder welche der topografischen Figurationen zur selben Farbe gehörten. Noch mehr faszinierte Hans eine Abbildung auf der nächsten Seite, auf der eine Gruppe Jugendlicher zu sehen war, die innerhalb eines Menschenmeers ein förmliches Lager aufgeschlagen hatte. Links und rechts ragten die Bäume einer Allee auf – Warten auf den russischen Botschafter Unter den Linden. Also war es in Berlin dasselbe, dachte er. Er forschte in ihren Gesichtern – suchte zu ergründen, was ihn so aufrührte an den bürgerlichen Bubenvisagen.

Zwei Tage zuvor, als das Munkeln darüber, was in der Hauptstadt geschah, sogar Tirol erreichte, hatte der Bauer alle zu sich in den Innenhof gerufen. Sechs Mägde, drei Knechte neben ihm und des Herren fünf eigene Kinder, nebst Großeltern und zwei Neffen – zwanzig Kostgänger. Die Kühle des Vierkanthofs war nach dem langen Beackern des Felds in der Julihitze so erfrischend, dass Hans hätte einschlafen können. Faule Vogelschwärme segelten mit den heißen Aufwinden, und ihr Kreischen wurde in alle Richtungen vertragen wie die Rede des Bauern selbst.

»– produzieren ab jetzt nur mehr für den Eigenbedarf. Der Krieg ist da.« Dann begann der Herr jeden einzeln zu sich zu rufen, um Anweisungen zu geben, knapp und verschwörerisch.

Der Weg vor dem Haupttor war voller Kies; er müsste ihn fegen, oder er würde nachts bei seinem Entschwinden Geräusche machen – die Stalltür ölen, dachte Hans, als ihn der Herr plötzlich hart an der Schulter packte.

Er und der älteste Sohn des Bauern – Joseph hieß er, wie sein Vater – bekamen den Auftrag, die Pferde zu verstecken. Mit Weidenruten hatten sie am darauffolgenden Nachmittag das Dach für eine Art Unterstand geflochten, den sie schließlich auf einer Waldlichtung mit Latten einfassten. Als sie sich Würste und einen Laib Brot für die Jause holten, hatten sie selbst fast nicht zurückgefunden, so gut versteckt war ihr Werk – der Schutzbau, der drei Wallache und fünf Stuten vor ihrer Einrückung als Kriegspferde bewahren sollte.

Die anderen hatten derweil die Ernte verborgen, Gemüse eingekocht und es vergraben, Hans war das egal. Es war *ihre* Ernte, er würde keinen Bissen mehr davon essen. Allein die Pferde kümmerten ihn; der starke Friese Poldi und die einjährige Stute Matti, die sanft wie ein kleines Menschenkind war, wenn sie ihm aus der Hand fraß. Lotte und ihr Fohlen Wicki – Hans hatte ihnen allen Namen gegeben. Tag und Nacht hatte er für die letzten sieben Jahre streng darüber gewacht, dass niemand die Tiere grob behandelte. Einmal hatte er sogar einen anderen Knecht verdroschen, als dieser den Wallach Friedrich mit einem Stock schlug. Jetzt grasten die Tiere ein Stück von ihnen entfernt in friedlicher Unwissenheit. Ihr Maul ertastete die Oberflächen, ehe sie mit virtuosen Zwirbelbewegungen das Gras entwurzelten. Wie sie die Lippen bleckten – wie sie flehmten, wenn ein intensiver Geruch über die wogenden Grasflächen fegte.

Auf einmal sah Joseph ihn eindringlich an.

»Was denn?«, fragte Hans wie ertappt, die Wurst gerade halb in den Mund gesteckt.

»Wirst du dich melden?«, fragte Joseph.

»Bitte was?« Hans gleißte das Licht des Sommertages in den Augen.

»Ich schon. Wenn du es wissen willst, ich habe es bereits getan. Ich hab gesehen, dass du heute Morgen eine Glasflasche und einen Laib Brot in deinen Seesack gesteckt hast. Ich verrat dich nicht, keine Sorge.«

Zum ersten Mal, seit die beiden sich kannten, legte Joseph – Joseph, der sich immer an seiner Portion gütlich getan hatte; Joseph, der Hans in brütender Hitze die Latrine ausleeren ließ und selbst währenddessen melken ging; Joseph, der spottete, wenn Hans in seinen alten Sachen in die Kirche ging – ihm brüderlich den Arm um die Schultern.

»Ja ja, ich rücke ein«, sagte Hans zerstreut und entwand sich der Bruderumarmung.

»Ich bin zu den Schützen gegangen«, sagte Joseph. »Es geht mir ja vor allem um Tirol. Hör zu, Hans, du musst schwören, dass du es niemandem erzählst, gut?«

»Ich schwöre.« Das Wasser schnalzte, als Hans einen Stein in den Bach warf.

Ihm war nicht klar, warum Joseph das gerade ihm erzählte. Aber er hatte geschworen.

»Vater würde mich am Fressgitter festbinden, wenn er es wüsste. Aber wir können uns nicht ewig mit unseren Vorräten verschanzen. Ich will dorthin, wo etwas geschieht. Wozu sonst das alles? Mein Großvater war Bauer hier und davor sein Vater und dessen Vater. Ich will – etwas anderes. Verstehst du mich?«

Hans war aufgestanden, um weiter mit Drähten die Zaunlatten aneinanderzubinden. Er mied Josephs Blick – und erst als dieser ebenfalls wieder die Streben ergriff, wagte er zu sagen: »Ich verstehe.«

Jetzt konnte er kaum glauben, dass das alles erst vorgestern gewesen war.

Aus der *Neuen Freien Presse*, die er in der Hand hielt, starrte ihm das Gesicht Josephs in hundertfacher Ausfertigung entgegen: In Hemd und Dreiteiler gekleidete junge Männer, die sich ihre weißen Musterungssträuße auf die Hüte gesteckt hatten wie schüchterne Bräute. Hochzeiterinnen des Krieges. Die Schuhe geputzt und in Sonntagskleidung wirkten sie mit ihren Flaumschnauzern und den Zigaretten wie Kinder, die sich die Männlichkeit als Rüstung angelegt hatten. Hans sah sie an, als könnte er unter ihnen die Silhouetten der Knaben noch erkennen, da klingelte es vor der Tür, und das Zimmermädchen kam wieder herein.

»Meine Herrschaften«, sagte sie und machte einen Knicks. »Die Gäste sind gerade angekommen.«

So pünktlich ereigneten sich hier die Dinge: Es schlug die Wanduhr geradewegs fünf, da wurden Hans, Adam und Klara in einen fertig dekorierten Speisesaal geführt. Eine mehrere Meter lange Tafel, an der zehn Sessel zum Platznehmen fortgerückt standen, bildete das einzige Mobiliar; ein an der Oberfläche einfach gegliederter Raum also. Der Blick wurde aber sofort hineingerissen in immer kompliziertere Details.

»Wie heißt das?«, fragte Hans Klara und zeigte auf den Boden.

»Gobelinteppiche«, sagte sie leise.

Gobelinteppiche – sie lagen unter der Garnitur und hingen an den Wänden, ihre geometrischen Arabesken lockten das Auge in ihre eigene, angetäuschte Räumlichkeit. Die Wände dahinter waren leicht als Stellagen zu enttarnen: Türen- und Tellergeklapper zeigte an, dass es überall Schleichwege geben musste, damit das Dienstpersonal die Versorgungsgüter für die Gesellschaft einliefern konnte. Selbige hatte sich schon teilweise eingefunden und zunächst die Form dreier Damen angenommen, die Hans, Klara und Adam begrüßten.

»Die Gattinnen«, stellte ein Diener vor. Die Frauen machten keine Anstalten, von den Bänken aufzustehen, die sie wie Sanddünen umschlossen. Wozu auch? Diese *Gattinnen* waren durch das Volumen ihrer Röcke in die Stühle eingespannt und rührten sich nicht.

»Darf ich vorstellen?«, Adam lächelte gezwungen, »Hans Ranftler und Klara Nemec.« Hinter den Rankenornamenten klapperte es, Klara verschwand hinter einem Regal, Hans hatte alle Orientierungspunkte verloren. »Das hier sind die Gräfinnen von Drašković, von Haggenberg und von Rasković. Die zugehörigen Herren beeilen sich anscheinend nicht genügend.«

Hans vergaß die Namen schon beim ersten Hören; sein

Gehör, das an Wiener Klänge sowieso nicht gewohnt war, entgleiste durch die slawischen Namen vollends. Adam hingegen war auf einmal in die parfümierte Rüstung des Charmeurs geschmeidet. Hans versuchte, sich möglichst rar zu machen, als er die Herren nahen hörte – er wollte, er durfte auf keinen Fall etwas gefragt werden.

»Darf ich vorstellen?«, sagte Adam wieder – »Hermann Kövess von Köveshazar« – den Rest verstand Hans nicht. Vielleicht etwas mit Infanterie und Hauptmann – die Titel waren überhaupt in einer Art aneinandergereiht, dass man den Anschluss verpassen musste. Ein ältlicher Mensch verneigte sich. Er trug einen in der Mitte geteilten Backenbart und einen Scheitel, der wie mit der Axt gezogen war.

»General Hermann von Haggenberg«, sagte Adam. Diesmal streckte jemand die Hand aus, und Hans, der schon seine reichen wollte, bemerkte erst im letzten Moment, dass die Geste Adams Mutter gegolten hatte, woraufhin er unter größter Peinlichkeit ertragen musste, dass sein sinnloser Arm wie ein hervorragender Pfahl in den Raum ragte. Der Backenbartmann beendete sie zum Glück, indem er auch die seine ergriff.

»Führer zweier Korps in der dritten generaladjustierten Frankendragonerarmee« – das war, was er zu hören meinte – aber auf wen bezogen? Jetzt verneigte sich einer, der kahl rasiert war und, gemessen an allen anderen, von doppeltem Umfang. Die Pferde mussten ja zusammenbrechen, dachte Hans, und dann die Paradeadjustierung, mit hundert wie Schuppen übereinandergelappten Auszeichnungen! Unter diesen Eindrücken vergaß er natürlich auch den Namen des Mannes sofort. Das Einzige für Hans klar Wahrnehmbare war, dass die Männer vollkommen indifferent dagegen waren, *wem* sie vorgestellt wurden – dass sie sich mit einer Standardlethargie beugten, die vor den Kaiser ebenso gepasst hätte wie vor einen Heiligenstock. Unablässig wurden ihre Namen von irgendjemandem in den Raum hineingerufen; ein weißes Rauschen, mit dem sie offenbar zu leben gelernt hatten. Hans, dem alles immer mehr zu einem Farbwirbel verrann, überlegte, sich sofort auf die Toilette zu entschuldigen, trudelte aber in drei Männer, die, ins Gespräch versunken, die Nachhut bildeten.

»– sind die Abensberger schon gegen zehn Uhr mit drei Gämsen zurückgekommen, so gut erholt haben sich die Bestände.« Da waren noch zwei vom Kaliber Militärführer, die Brust behängt mit kaisergelben Goldgespinsten. Hans setzte sich sofort wieder auf seinen Stuhl nieder. Einer stach für ihn besonders heraus. Er war im Gegensatz zu den anderen, wenn schon nicht außergewöhnlich groß, so doch kompakter; und wenn Hans etwas zweifelsfrei erkennen konnte, dann einen von der Arbeit geformten Menschen. Dieser eine war kein Bürgerlicher –

Adam verbeugte sich erst vor dem Ältesten der drei.

»Darf ich vorstellen: Beim Wiener Korps als General mein direkter Vorgesetzter: Richard« – Rikovic? Rakolic? Reudocic?

»Was sich angesichts der Lage nicht mehr ausgehen wird, aber ich schätze, dass es kommendes Frühjahr, wenn alles nach Plan verläuft, am Langbathsee wieder möglich sein wird, Ihnen zu Ihrem Fasan zu verhelfen«, fuhr dieser unbeirrt fort, ohne den Gruß zu erwidern.

»Und das ist –«, sagte Adam und zeigte auf den Letzten, dessen Namen Hans sehnlich erwartete. Da glitt eine hochgewachsene Frau hinter der Stellwand hervor.

»Dein Vater ist im Gespräch, sei doch bitte etwas leiser.«

Sofort erkannte Hans in ihr Adams Mutter, vor allem da dieser die Stimme senkte und zu flüstern begann.

»Alexander von Ambros« – also doch ein *von* – »er ist ganz schnell Fähnrich geworden und weiß alles Mögliche über Polen. Kusch! Mein Vater!« Adam salutierte, und eine unfassbare Steifigkeit fuhr in ihn wie der Wind in ein Betttuch.

Auch wenn Hans wusste, dass es umgekehrt war, schien der Vater wie aus dem Gesicht des Sohnes geschnitten. Im Gegensatz zu jenem aber war er von jener kraftvollen Sehnigkeit, die manch Dünnem durch fortdauernde Askese eignet. Ohne den Finger auf einen Grund dafür legen zu können, erfüllte Hans eine ungeheure Ehrfurcht vor diesem Mann. Er hatte *Präsenz* – und doch war er ein Vater, der es im Vorbeigehen nicht verpasste, Adams Revers zu richten.

Die Herren setzten sich zu ihren Gattinnen. Wie beim Memory erkannte man gleich, wer zu wem gehörte, und es begann ein eigentümliches Zeremoniell des Tischrückens, denn mehrere herbeigekommene Dienstmädchen adjustierten gleichzeitig die Fauteuils. Hans beschloss, in jeder Situation die unauffälligere Variante von dem zu tun, was Adam und Klara unternehmen würden.

»– ich habe drei Münsterländer, und sie sind mit den Fasanen dort nicht zurande gekommen«, sagte Radovik – Raczevic – Redikiz, »so viel allein zur Größe dieser Tiere.«

»Mögen die Herren doch nicht dauernd vom Kriege sprechen«, sagte die zugehörige Dame. »Wir langweilen uns sonst so schrecklich.«

»Entschuldigen Sie vielmals«, sagte Vater Jesenky, dem anderen helfend, »aber es ging bloß um die Hetzjagden in Bayern. Wir waren heute den ganzen Tag hinter verschlossenen Türen an Verhandlungen; man beginnt, sich nach Zerstreuung zu sehnen.«

Hans hörte nicht weiter zu. Er lehnte sich zurück und versuchte sich zu entspannen, indem er sich mit dem Raum vertrauter machte.

Die Tapete allein war ein Ramasuri. Motive, die man offenkundig aus allen Erdteilen zusammengeschleppt hatte, waren ausgestellt, aber natürlich spielte der Orient die herausragendste Rolle. Gertenschlanke, porzellanweiße Frauen lagen ohnmächtig vor einer Nargileh in einem türkischen Bad – daneben spielte ein gebräunter Hirtenknabe auf einer Elfenbeinflöte. Im Gürtel hatte er einen gewaltigen, sicherlich zentnerschweren Stab, der – das wusste Hans aus eigener Erfahrung – das Einfangen der Tiere vollkommen unmöglich gemacht hätte. Zudem hatte man als Modell offenkundig alpine Steinschafe verwendet, während im Hintergrund Männer mit Turban über Sanddünen wanderten –

»Hans, die Suppe« – Klara, die plötzlich wieder neben ihm aufgetaucht war, riss ihn aus seinen Gedanken.

»Ja«, sagte Hans wie aus der Pistole geschossen.

»Nein, *welche*?« – er war nicht der Einzige, dem die Anwesenheit der Bedienerinnen entgangen war, die hinter ihnen die Bestellungen entgegennahmen.

»Ich bedaure es, die Herren im Gespräch zu unterbrechen, aber wir müssen um die Wünsche für die Vorspeisen bitten«, erinnerte auch Adams Mutter die Herrengruppe, die sich direkt nach der Beteuerung, das Gespräch zu öffnen, ins nächste Spezialinteresse verpanzert hatte.

»Freilich. Dann eine Entensuppe«, sagte der Dünnere mit dem Backenbart und wandte sich väterlich Adam zu. »Du rückst ja morgen schon ein, nicht wahr?«

»Korrekt«, sagte sein Vater, ehe Adam selbst etwas sagen konnte. »Wir müssen noch einige letzte Vorkehrungen treffen. Dafür marschiert er dann schon als Offizier.«

»Jetzt ist das Theresianum also schon Vergangenheit für

dich?«, sagte der Backenbartmann träumerisch. »Ich selbst wurde 58 von der Alma Mater entlassen und bin dann gleich in den Feldzug von Solferino. Das war eine Zeit wie keine andere, man hatte mit den herrlichsten jungen Menschen zu tun, die in einer Weise miteinander verbrüdert waren, die das zivile Leben nicht hervorzubringen versteht.«

»Ach geh«, sagte seine Gattin; es war unmöglich zu sagen, ob es als Widerspruch oder Zustimmung gemeint war.

»– denn es gab ja damals weder Automobile noch moderne Kommunikation. Die Gesellschaft war nicht von jener Hast und Spezialisierung wie heute. Man war wochenlang mit seinen Kameraden in einem Isolationslager. Sobald die Wege der Boten abgeschnitten wurden, musste bar jeden Wissens, ob man nicht schon verloren war, weitergemacht werden. Genau das hat uns zu Männern geformt. Man war durchmischt und hatte ein Gemälde vom Kaiserreich vor sich; der Bauersbub saß neben dem Aristokratensohn. Der, der im Zivilen ein Schuster gewesen war, flickte die Schuhe des Hofratssprösslings. So war das; es einte einen das, was größer und gleich an einem war. Kameradschaft.«

Und dennoch, dachte Hans, wo war der Schuster wohl jetzt?

»Natürlich ruft uns jetzt die Weltgeschichte lauter als damals, das muss man zugeben. Was wir damals ausgefochten haben, waren – nicht weniger ernste – aber doch überschaubare Gefechte«, sagte der Dicke lachend und setzte sich einen Zwicker auf die Nase.

»So ganz anders ist es nicht, auch wenn es natürlich vollständig verschiedene Dinge sind«, insistierte der Backenbartmann, der sich von der Unterbrechung seiner Fantasie heftig ins Unrecht gesetzt fühlte. »Vielleicht sind die Launen der einzelnen Völker nicht so zeitgleich über uns hereingebrochen, aber es waren sehr ernste und sehr heilige Gefechte, die wir ausgefochten haben.«

»Es findet jetzt sozusagen ein Wechsel der Sphäre statt, und die ganze Nation pubertiert« – der Zwicker fiel dem Beleibteren zu Boden; es scherte ihn nicht.

Hans fand es sehr schwierig, den Reden und ihren Bezügen zu folgen.

»In jedem Falle – genießt noch das Essen, meine jungen Herren, im Felde wird's etwas karg werden. Aber auf die schönste Art!«

Mit Grauen hatte Hans bemerkt, dass die Rede auch an ihn adressiert war. Man nahm also an, er werde einrücken.

»Wohl gesprochen! Und dann holt euch euer Scherflein Ehre«, mischte sich der unaussprechliche Radicic ein. »Wir haben den ganzen Tag darüber geredet – und ich bitte zu entschuldigen, dass wir hier aus taktischen Gründen keine Spezifika anbieten können –, in welcher Geschwindigkeit sich dieser Krieg überschlagen wird. Zu Weihnachten wird Serbien vernichtet und Russland von seiner Tollheit kuriert sein. Die Slawen werden sich neu ordnen müssen und eine Generation vom Krieg geschwängerter Männer ein neualtes Reich begründen. Also: Prescht vor, lasst euch zu Taten hinreißen!«

»Nicht alle Slawen werden sich ordnen müssen«, sagte der Dicke und stemmte sich aus der Umarmung des Sessels. »Bitte nicht zu verallgemeinern. Es hat heute und gestern und auch schon die letzten Tage Solidaritätsbekundungen der kroatischen, bosniakischen und slowenischen Bevölkerung gegeben. In meinem Heimatdorf zum Beispiel.«

Hans betete die ganze Zeit über, dass er bloß nichts gefragt würde oder auf seine Motivation hin überprüft, die ja überhaupt nicht existierte. Er wusste selbstverständlich von der

Ermordung des Thronfolgers durch den serbischen Fanatiker Gavrilo Princip, und auch die russische Schirmherrschaft war ihm dank der Zeitung ein Begriff. Ab da aber büßte er jede Einsicht im Dickicht der französischen und englischen Eitelkeiten, der belgischen Grenzen und Schweizer Neutralitäten ein.

»Hans«, flüsterte Adam, der die leere Miene seines Freundes bemerkt hatte. »Wir sitzen hier mit dem Krisenstab der Militärkanzlei, der den ganzen Tag mit dem Kaiser den Angriff Belgiens verhandelt hat.«

Mit dem Kaiser. Hans erbleichte.

»Jetzt verraten Sie uns doch ein wenig mehr über die geheimen Pläne«, bat eine der Gattinnen und raschelte mit den Röcken wie ein Windspiel.

»Conrad hat auf der Basis einer Analyse des Kriegs von 1870 die tragende Strategie entwickelt, der wir folgen werden.« Der Dicke tauchte rücklings zurück ins Polstermeer. »Und das ist kein Geheimwissen, sondern kann der Öffentlichkeit auch kommuniziert werden. Es geht, kurz gesagt, um den bedingungslosen Angriff. Offensive im Großen, Aggression im Kleinen. Und zwar blitzschnell in die Länder einlaufend. Noch im August muss Russland gelähmt werden. Bevor überhaupt zehn Prozent der Dortigen mobil gemacht sind –«

»Davor steht aber freilich noch Serbien«, sagte Adam endlich. Hans sah der Miene seines Freundes an, dass er für diesen Einwurf seine ganze Entschlossenheit mobilisiert hatte. »Ein Königreich, das etwa zehn Mal so viel Erfahrung im Feld hat wie wir und wild entschlossen ist, für seine Länder einzustehen. Ich meine das ganz ohne Wertung.«

»Du, mein Lieber, warst überhaupt noch gar nicht im Felde und weißt nicht, wovon du dozierst«, sagte sein Vater scharf.

»Lassen Sie den Buben ruhig reden«, warf der Backenbärtige ein, dem man aber schon ansah, dass er Adams Aussage ebenfalls für einen Irrtum hielt.

»Das ist ja auch eine Analyse, Vater, und keine persönliche Meinung. Ich beziehe mich auf die Rüstungsberichte von vergangenem Jahr.«

Die Antwort schien den Männern Schwierigkeiten zu bereiten.

»Natürlich, wir sprechen ja nicht von einem einfachen Gegner«, sagte Radkocic schließlich milde.

»Es geht darum, sagt Conrad, den Feind rasch und rücksichtslos niederzuwerfen oder mental zu zerrütten, indem man ihm schnell schwere Verluste zufügt. Deswegen wird unsere Armee mit der größten Brutalität vorgehen müssen. Es hört sich paradox an, aber das ist sogar im Sinne unserer Gegner. Um ihnen spätere Verluste zu ersparen, eilt man gleich mit den schwersten Waffen herbei – was denn? Das ist kein Geheimnis«, fuhr der Väterliche seine Frau an, die ihn beim Einstopfen der Serviette vorwurfsvoll angesehen hatte.

»Ich habe Radewitz davon sprechen hören«, schnitt Adam in die Pause, »dass wir die seit Jahren geplante Modernisierung, die man dieses Jahr hätte organisieren wollen, noch vor dem Einzug durchführen könnte – was ist, Vater? – ich sage doch nur, dass die Kadetten auf der Seite Russlands moderner und in besserer Ausrüstung –«

»Das reicht«, sagte Adams Vater schlicht.

»Es ist keine Kritik –« Adam sah zu Boden, wie einer, dem etwas furchtbar Peinliches widerfahren war.

»Das weiß der Krisenstab der Armee besser, danke, Adam.« Es war ein Befehl.

»Man kann sich leicht irren, was die Serben betrifft«,

sprang Radcicic ein, der sich scheinbar darauf besonnen hatte, dem ganzen Konflikt auszuweichen. »Ich rechne nicht damit, dass wir auf großen Widerstand treffen. Der Serbe an sich ist ein brutaler Übeltäter, das ist schon allein daran zu bemessen, dass nach einem Königsmord in den eigenen Reihen ein weiterer an einem fremden Volk passiert. Er ist aber zu konzertiertem Planen und zu Disziplin außerstande. Der Serbe hat sich nämlich als Einzelgänger enttarnt. Sämtlich Eigenschaften, die einem positiven Kriegsausgang entgegenstehen. Er unterscheidet sich also ganz maßgeblich von *unseren* Slawen.«

»Es ist überhaupt jeder Slawe eine jeweils andere Angelegenheit«, sagte Ambros und beließ es bei dieser mystischen Aussage.

»Fakt ist, das habe ich aus verlässlichen Quellen, dass sich die Tschechen und Kroaten, auch die entsprechenden Rumänen« – was war ein entsprechender Rumäne?, fragte sich Hans, als der Dicke kurz innehielt – »bereits heute Freiwillige einberufen haben, um ihre Kaisertreue zu beweisen. Sicherlich haben wir noch kleine Probleme, die man auch lösen sollte, bevor wir losziehen, da gebe ich dem jungen Jesenky schon recht« – das hatte ganz versöhnlich geklungen.

»Welche denn?«, fragte eine der Gattinnen begierig.

»Die Hundert-Wort-Problematik zum Beispiel«, erklärte Rulovic bedenklich. »Die Truppen aus den Kronländern, die ja leider zu großen Teilen des Deutschen nicht mächtig sind, werden momentan nur hundert Termini gelehrt, anhand derer die gesamte Kommunikation unter den verschiedenen Regimentern vonstattengeht. Man kann sich vorstellen, dass das für komplexere Manöver bereits ein Hindernis darstellt.«

»Eine Unmöglichkeit«, sagte Ambros.

»Ich denke eher, dass das eine Frage der Motivation ist,

denn ich selbst habe schon mit vier Jahren das Deutsche begierig in mich zu saugen begonnen, im Gedanken daran, dass meine Karriere sich im österreichischen Kulturkreis entfalten wird.« Dieser Mensch war der deutscheste Slowene, den er jemals gesehen hatte, dachte Hans, während eine der Farbe nach unbestimmbare Suppe sich in seinen Teller ergoss.

»Vielleicht ist das der Zweck des Krieges per se«, sagte Adams Mutter. »Diese Begeisterung, die auf uns alle niedergegangen ist – ich habe dergleichen in meinem Leben noch nicht gesehen. Heute Morgen haben sich vor dem Kriegsministerium wieder Hunderte versammelt – ganz spontan war das, ich habe es vom Gespann aus gesehen.«

»Der Krieg ist der Grund der Begeisterung, die Begeisterung ist der Grund des Kriegs«, sagte Klara mit leichtem Spott, doch ganz ernster Miene. Hans fand es deplatziert, denn immerhin hatte Adams Mutter, im Gegensatz zu den anderen anwesenden Damen, es gewagt, einen eigenen Gedanken auszusprechen. So widersinnig fand Hans ihn im Übrigen gar nicht.

»Es hat ja etwas fast Mythisches an sich«, sagte der Dicke, der die Bemerkung ganz aufrichtig zu nehmen schien. »Diese Brüderlichkeit, die auch Haggenberg vorher beschrieben hat – die Kameradschaft der Front, die eine ganze Nation ergreift und damit von der Milchfrau bis zum Fiaker für alle zugänglich wird. Eine Geradlinigkeit der Seele, wie mit dem Lineal gezogen.«

»Herrlich formuliert«, sagte seine Gattin mit gewohnheitsmäßiger Bewunderung.

Haggenberg, verfestigte Hans derweil innerlich: der Mann mit dem Backenbart.

»Zum ersten Mal wird begreiflich, was deutsche Brüderlichkeit von der eitlen, falschen *fraternité* unterscheidet«, fuhr dieser fort. »Schlichtweg alles. Die Distinktion ist, dass unsere Kultur aus einem heiligen Pflichtbedürfnis heraus entsteht, versus einer Zivilisation griechisch-römischen Typus, der um seiner selbst willen den Fortschritt fetischisiert –«

»Und Gleichheit mit Gleichmacherei verwechselt. Während bei uns jeder an seiner Position zu dienen gewillt ist«, fügte Jesenky hinzu.

»So ist es!«

Hans griff, erleichtert, dass alle zu beschäftigt mit der Diskussion waren, um ihn eines Blickes zu würdigen, zum Brot und tauchte es in die Suppe, da er die anderen dabei beobachtet hatte, dass sie dasselbe taten. Aber kaum hatte er einen Bissen getan, wurde von hinten schon wieder ab- und gleich neuerlich aufserviert.

»Ich denke dennoch, dass Wilhelm es hier leichter hat als wir«, sagte Ambros. »Weil speziell im Deutschen, im protestantischen Element die Pflichttreue nochmals ganz anders angelegt ist. Und dann hat man Luther und Friedrich den Großen, auf die man sich berufen kann, das bietet eine gewisse Kontinuität in der Widerlegung des Barbarischen und der *décadence*.«

Für die Pflicht meinte Hans sowohl Gefühl als auch Achtung zu haben. Doch es war auch schwer zusammenzubringen, wie man die Völker von Dante und Mallarmé als barbarisch bezeichnen konnte. Aber es wurden hier ja wahrlich andere Dinge als Literatur oder das neueste Operettchen verhandelt.

»Sind Sie etwa Protestant, Ambros?«, fragte Radisic fast entsetzt.

»Mitnichten«, sagte dieser lächelnd. »Wohl aber Deutscher im Rassensinne.«

»Ich denke ja, dass das Katholische dem Lutheranischen keinen Deut nachhinkt«, sagte Rikolic. »Sondern dass auch die Diesseitsideen des Christentums, die in solchen schweren Stunden einen Volksmythos erschaffen, an den man sich halten kann, eine spezifische Mischung aus freier Selbstverantwortung und solidarischer Mitverantwortung gebieten.«

»Meine Güte, Sie sind ja alle Philosophen und keine Kriegsmänner«, sagte Madame Jesenky lachend, und Hans lachte mit, weil er kein Wort verstanden hatte.

»Auch für meinen Geschmack ist es zu viel«, fügte Ambros hinzu, wie um die Damen mit Schlichtheit zu versöhnen.

Ein abstoßendes Terrinchen zitterte vor Hans, übergossen mit Kernöl und etwas enthaltend, was man für eine halb verdrehte Lammzunge halten musste. Er schob den Teller mehrmals schnell hin und her, woraufhin der Geleeturm in heftiger Bewegung hin und her pendelte. Da fasste ihn Adam an der Schulter.

»Was?«, fragte Hans geistesverloren und bemerkte, dass alles ihn anstarrte.

»Warum Sie sich gemeldet haben«, fragte Haggenberg ihn. Hans war erst mehr überrascht als entsetzt, auch wenn das eine bald das andere überholte.

»Keine Sorge, mein Freund, Sie können ganz frei antworten.« Hans versuchte, sich nach Leibeskräften auf einen Punkt zu konzentrieren, aber der Raum rotierte um ihn, während er unablässig zwischen Adam, Klara, dem Boden und seinem Teller, auf dem die Grütze schlackerte, hin und her blickte.

»Sehen Sie – es ist nämlich so – ich habe mich noch gar nicht gemeldet«, sagte Hans schließlich. Auf einmal brach eine scheußliche Verlegenheit über alle herein. Er fügte mit zitternder Stimme hinzu: »Ich bin auch erst siebzehn.«

»Sie sind aber ein kräftiger Siebzehnjähriger«, sagte Jesenky rasch und konzentrierte sich eiligst wieder auf sein Essen.

»Und auch nicht von hier«, fügte der Dicke zu Hans' Erstaunen erfreut hinzu.

»Tiroler«, sagte Hans, darum bemüht, möglichst knapp zu bleiben, was seine Umstände anging.

»Herrlich – ich selbst bin nämlich Kärntner, müssen Sie wissen.« Er war also Slawe und Kärntner, Wiener und Deutscher gleichzeitig.

»Aber mein Freund, Sie haben doch wenigstens vor, sich zu melden, oder nicht?«, fragte Haggenberg besorgt. »Womit verbringen Sie denn sonst Ihr Leben? Ich will Sie ja nicht ermutigen, weil es ja eigentlich gegen das Gesetz ist. Aber es melden sich eine ganze Reihe Minderjähriger, da muss einem doch der Gedanke kommen. Adam, du bist auch erst achtzehn, nicht wahr?«

»Neunzehn. Aber es ist ja auch etwas anderes, wenn man die Offizierslaufbahn einschlägt, Wahl hat man da keine. Hans ist übrigens unabkömmlich für die Produktion.«

»Ich war Bauernknecht«, sagte Hans rasch, um nicht noch mehr falsche Vorstellungen zu evozieren.

»Nun – das ist ja auch nicht zu verachten«, sagte Radolic wie peinlich berührt.

Kein Wunder – dass einer die Chuzpe besaß, in einem maßgeschneiderten Brokatrock mit dem Krisenstab des Kaisers zu speisen und sich dann als armer Schlucker herauszustellen, musste ja kurios wirken.

»Moment, Moment, meine Herren, lassen Sie uns in dieser Angelegenheit doch noch einen Schritt zurückgehen«, sagte Ambros. »Mein Freund, was ist Ihre grundlegende Meinung zu den Verhältnissen, die momentan herrschen? Zum Krieg? Zu den Serben?« Jetzt war er also schon zu einer *Angelegenheit* mutiert, dachte Hans; ihm fiel die Gabel klappernd auf den Teller, auf den dritten Gang, er hatte die Sülze nicht einmal angerührt. In seiner Hilflosigkeit entschloss er sich zur Wahrheit.

»Er hat uns bisher kaum berührt, der Krieg. In Tirol, meine ich, am Hof. Es ist ja nicht wie in Wien, dass alles tagesaktuell auf einen einstürzt. Ich habe übrigens auch gar nicht ausgeschlossen, dass ich mich melden werde. Im Grunde habe ich noch gar nicht den Eindruck, genug über das Reich zu wissen, und das ist der Hauptgrund, warum ich jetzt noch ein wenig in Wien bleiben möchte, wenn es sich einrichten lässt.« Schon während seiner Antwort hatte er bemerkt, dass, was er sagte, nicht genügte. Eine der Gattinnen hatte zu kichern angefangen. »Von den Serben weiß ich auch kaum, auch wenn mich Gavrilo Princips Tat anekelt.«

»Was für eine Antwort erwarten wir auch von einem Tiroler Bauernbuben?«, fragte Rakolina gezwungen lachend. »Natürlich hat er keine Ahnung von der Verderbtheit der Serben. Fragen Sie hingegen einen jungen Mann, auch den einfachsten aus Siebenbürgen oder dem Banat, so wird er mit flammender Leidenschaft die Fahne der Krone tragen.«

»Gemach«, sagte Ambros und wandte sich wieder Hans zu, der mit jeder Sekunde fühlte, wie er schrumpfte. »Sie sind aber doch Österreicher?«

»Ja, natürlich«, sagte Hans heftig.

»Und als solcher auch Deutscher? Wie ja auch die Habsburger nicht nur Regenten über das Heilige Römische Reich waren, sondern die völkische Abstammung der beiden Länder dieselbe ist?«

»Ich denke schon.«

»Und dass es einen Schulterschluss gegen den inneren wie den äußeren Feind geben muss? Stimmen Sie dem zu?«

»Ja, doch« – er war sich nicht einmal sicher, was er bejaht hatte, doch allein die Tatsache, dass Ambros ihm wirklich zuhörte, gab ihm Zuversicht.

»Dann sage ich Ihnen, mein Freund, dass Sie eine Chance haben, die nicht wiederkommen wird.« Hans hatte einmal von der Mäeutik gehört, mit der Sokrates aus den einfachsten Menschen philosophische Erkenntnisse entbunden haben soll, sodass diese ihre aus Einzelsätzen zusammengeflickten Wechselbälger rührig als die eigenen Ausgeburten akzeptierten. War es das?

»Ihre Chance ist diese: mitzuhelfen, dass ein bisher von Standesdünkeln und Grabenkämpfen gespaltenes, ein *deutsches* Großreich sich vereinen kann.«

»Hört, hört«, sagte Haggenberg und hob sein Glas.

»Die alte Vision, die Fichte in seinen Reden beschwor, eine Reifeprüfung für das Volk, das 1848 zu schnell klein beigegeben hatte. Eine Überwindung von Egoismus, Trägheit und Zwietracht und der Aufbruch in die Moderne, gegen den sich die verkrusteten Strukturen im Stahlgewitter nicht mehr wehren können.«

»Sie haben ja Visionen!«, sagte die Gräfin Jesenky, aber Hans musste lächeln – es ging ja in Ambros' Rede gegen sie alle, so wie sie da saßen.

»Und was wird man da Burschen wie Sie brauchen, die wissen, wie man anpackt, und nicht mit weichen Händen an Schreibtischen sozialisiert wurden!« Langsam – Stück für Stück – wuchs Hans wieder empor. Natürlich, Ambros wollte ihm schmeicheln, aber was war gegen ein wenig Schmeichelei auch einzuwenden?

»Jetzt verwirren Sie ihn doch nicht. Dass der Knabe nicht weiß, wie ihm geschieht, liegt an der Verdorbenheit der Stadt«, sagte Rakocica derweil, der noch immer nicht begriffen zu haben schien, dass er und nicht etwa Hans Gegenstand der Kritik gewesen war. Das ganze Gespräch stimmte nicht zusammen.

»Wie meinen?«, fragte der Dicke.

»Nun, nichts für Ungut, Drašković« – so also hieß er – »ich spreche von einer gewissen Dekadenz, einer Verderbtheit, die im Gegensatz zur Provinz in den Metropolen grassiert.«

»Wobei es die *ganze* Öffentlichkeit ist, die gewonnen werden muss«, erwiderte dieser, sodass Hans endgültig begriff, dass keiner dem anderen zuhörte. Hans hatte bisher kaum gegessen. Die anderen, die diese metronomischen Gänge scheinbar gewohnt waren, hatten sich dem Tempo perfekt angepasst. Er aber hungerte über der vollen Tafel.

»Das Einzige, meine Herren – und das habe ich auch dem Kaiser gesagt –, was uns zum Verhängnis werden kann, sind wir selbst, also eine Sabotage von innen, wenn das Volk selbst nicht an Bord ist.«

Sofort sprang der Kärntner Slowenendeutsche aus Wien wieder ein. »Nichts für ungut, aber schon vor Wochen erkletterten hunderte Demonstranten in der Paulanergasse unter der Leitung der katholischen Verbindungen den Balkon. Es ging um nichts weniger als die Demontage der serbischen Fahne. Jovanovic wurde nicht von uns, sondern vom Volk vertrieben. Die Trillerpfeifen waren bis in die Nacht hörbar. Die *Neue Freie Presse* unterstützt unser Anliegen kräftig. Diese Gespaltenheit, von der Sie reden, existiert nicht.«

»Auch Schebeko wurde gestern unter Pfuirufen von einem Korso fortgetrieben. Die russischen Händler in Wien werden sabotiert. Sie haben vollkommen recht. Es handelt sich wirklich um eine Selbstjustiz des Volkes«, sagte Jesenky beschwichtigend, da Drašković vor Empörung noch immer kerzengerade stand.

»Das denke ich auch«, sagte Hans leise, der seine Chance witterte, Adams Vater zu gefallen.

»Ich glaube, wenn man es so formuliert, verkennt man leicht den neuralgischen Punkt, lieber Bela, wenn Sie mir diese Widerrede gestatten«, sagte nun wieder Ambros. Er hatte eine Stimme wie eine weiche Salbe – ein ungeheures Talent zur Modulation. »Schauen Sie, es war ein einzelner Gymnasiast, der dem Thronfolger die Brust zerrissen hat, oder nicht? Und das hat eine Kettenreaktion entfacht, die eine verblüffende Anzahl an Elementen als Saboteure der nationalen Interessen enttarnt hat. Es ist also so, dass schon eine Handvoll wütender Terroristen aus einem Parasitenstaat –«

»Also, übertreiben wir es nicht«, lachte Radikoc nervös.

»– dass sie ein jahrtausendealtes Herrscherhaus zerschlagen können. Jetzt gestaltet sich die Lage aber so, dass sich in unseren eigenen Reihen nicht nur ein solches Insekt befindet, sondern tausende, vielleicht Millionen.«

»Insekten«, wiederholte Klara, aber so leise, dass nur Hans es hörte.

»Die da wären?«, fragte Drašković.

»Juden und Sozialisten.« Ambros leerte sein Glas mit einem Zug.

»Ich muss Sie doch sehr bitten« – Haggenberg schien, auf jene milde Art, die er eben mobilisieren konnte, entrüstet. »Wir haben eine ganze Reihe assimilierter jüdischer Familien, die einen nicht unbeträchtlichen Teil des Stabs stellen. Sie verdienen es wohl nicht, gemeinsam mit den Dummköpfen genannt zu werden, die sich in der Wahnidee der Internationale verlieren.«

»Und selbst die Sozialisten marschieren unterm Doppeladler, es wäre fein, wenn Sie wenigstens in der Öffentlichkeit keine Parteidifferenzen aufreißen, Ambros. Zudem sind wir – und stolzerweise, wie ich meine – immer noch ein Vielvölkerstaat«, sagte Jesenky, der kurz seine neutrale Position als Gastgeber zu vergessen schien.

»Spielen wir doch Musik«, rief eine der namenlosen Gattinnen nervös.

»Halt, halt, meine Herren. Ich will für Ambros in die Bresche springen«, sagte Rakovita. »Ich habe es ja vorhin schon angedeutet. Ja, ein Vielvölkerstaat sind wir. Aber Gleichberechtigung heißt nicht, von gleicher Natur zu sein. Das ist wie bei Mann und Weib.«

»Serbien ist eine Frau und Österreich ein Mann«, sagte Klara, jetzt laut vernehmbar, aber Adam stieß sie gleich an.

»Ganz genau, junge Dame. Es ist ein Überfall im eigenen Hause geschehen, wo die eigentlich schwächere Partei sich unrechtmäßig erhoben hat. Und einen solchen wird es wieder geben, wenn man nicht annektiert. Nicht zu vergessen die Sprache – es gibt keinen Grund, Rumänen, Bosnier, Kroaten sittenmäßig ans Deutsche anzugleichen.«

»Hört, hört, und das von einem Rumänen«, sagte Haggenberg zu Rakkovica.

»Ich bin darin ganz Ihrer Meinung. Schauen Sie sich Drašković an. Es gibt ja Völker, die zu uns gehören, die mental und physisch zu uns gehören«, sagte Ambros.

»Aber ein künftiger Überfall –«, sagte Rokovica.

»Wir haben doch darüber gesprochen, dass Wien immer mehr amerikanisiert wird, dass es seinen eigenen Charakter verliert« – Ambros.

»Das stimmt«, sagte Rolovicca.

»Sie beide sprechen ja wie Lueger.« Haggenberg vollzog eine wegwerfende Geste.

»Der in vielem auch recht hat« –

»Aber der Kaiser hat die Juden unter seine Protektion gestellt, und als ein Patriot würde ich wenigstens erwarten, dass Sie beide sein Wort ernst nehmen.«

Hans sah, selbst ganz aufgewühlt, von einem zum nächsten. Man war Monarchist unter der Idee des Vielvölkerstaats, akzeptierte aber nur einige Völker. Man hasste den Franzosen, sah aber den mohammedanischen Bosniaken als Bruder. Altjüdische Familien waren Orientalen, während man aber den wirklichen Orient in Form von Verkitschungen an die Wand hängte. Zudem sah er auch nun, dass Adam und Klara neben ihm flüsternd gegeneinander keiften.

»Aber ist nicht eben das auch der Sinn des Krieges? Dass man sich reinwäscht im Inneren und Äußeren? Dass sich die Spreu vom Weizen trennt?«, fragte Rakovita.

»Ich will doch sehr hoffen, dass wir *all* unsere Rekruten als Weizen behandeln«, sagte Jesenky säuerlich.

»Dass der Krieg da ist, ist gesetzt – wie der Krieg geführt wird, liegt an uns.« Ambros zog sich die Krawatte fest.

Hans verstand nicht, wie sie alle den ganzen Tag an einem Tisch gesessen hatten, ja nicht einmal, wie dieser Staat bisher geführt worden war. Hans klammerte seine Hoffnungen auf ein nahendes Ende daran, dass schon Törtchen und Soufflés – Dinge also, die ganz nach Nachtisch aussahen – aufgetragen wurden.

»Und ich bleibe dabei, ein Jude ist nichts, was man abwaschen muss, und ein Serbe im Grunde auch nicht«, sagte Haggenberg noch einmal.

»Eine Gefahr geht vor allem von dem aus, der sich in ein Kleid hüllt, in dem man ihn nicht erkennt. Der Jude und der Sozialist sind sich hier im Grunde gleich; unfähig, an die Nation zu denken. Immer aufs Internationale gerichtet.«

»Vielleicht ist aber auch die Deutschtümelei, für die Sie in den von Ihnen so geschätzten Studentenverbindungen eintreten, der Grund dafür, dass wir uns nun einem Verteidigungskrieg gegenübersehen.« Es war Klara, die das gesagt hatte. Das war so unerwartet gekommen, dass man von einem Kriegsschiff, das mit gezückten Waffen durch die Fassade des Gründerzeithauses gedonnert wäre, weniger überrascht worden wäre.

»Wie meinen?«, fragte Ambros – aber nur, weil er der Einzige war, der überhaupt auf diese Überraschung antworten konnte; allen anderen hatte es die Rede verschlagen.

»Ich spreche davon, dass keiner von Ihnen hier am Tisch ins Feld ziehen wird, während Sie Millionen junger Menschen an die Front schicken. Um sie zwischen Gegnern zu zerreiben, an denen ihnen gar nichts liegt. Und dann sprechen Sie von Volksfeinden, wenn die Sozialdemokratie den Schulterschluss der Völker fördert, um den wahren Feind zu enttarnen –«

»Na, ganz so ist es ja nicht«, sagte Adam, wie in einem letzten Versuch, den Schaden zu mindern.

»– den Nationalismus!«, schrie Klara triumphierend. Hans war wie gelähmt, aber es war eine Lähmung, die ihn auf eigentümliche Weise auch befreite. Niemand achtete mehr auf ihn.

»Ja, aber doch nicht unserer. Wir sind doch ein Vielvölkerstaat. Eins in der Vielfalt«, sagte Haggenberg, der als Einziger statt mit Empörung mit ehrlicher Verwunderung zu reagieren schien.

»Ich möchte mich entschuldigen«, rief Adam hysterisch.

»Für mich?«, fragte Klara heftig.

»Adam, begleitest du deine Freundin bitte nach draußen?«, orderte Jesenky.

»Sie, meine Herren, hoffen insgeheim, dass die Weltordnung zementiert und verfestigt wird, und glauben, die Massen am Ballhausplatz als Ihre Verbündeten zu erkennen.«

»Und Sie sind überhaupt wer?«, fragte Raskovita.

»Aber jene – und merken Sie sich meine Worte – wollen das genaue Gegenteil.«

»Und zwar jetzt sofort.« Adams Vater stieß seinen Sohn an, und dieser erhob sich hastig. Er nahm Klaras Hand, die diese ihm jedoch entriss.

»Danke, Baron Jesenky, ich gehe allein.«

»Ach, was wissen Frauen schon von Politik«, sagte Gräfin Jesenky entschuldigend.

»Ich geleite dich«, sagte Hans schnell. »Entschuldigung. Danke.«

»So bleiben Sie doch –«, sagte Haggenberg noch konsterniert. »Es ist doch gar nichts Schlimmes geschehen.«

Sie aber waren schon aufgestanden. Und als hätten sie es lange miteinander abgesprochen, nahmen alle drei im Vorraum ihre Röcke und Taschen und rannten ins Freie.

Der Februar des Jahres 1899 war in die Annalen der Vereinigten Staaten von Amerika unter dem Namen *Great Arctic Outbreak* eingegangen: der kälteste Winter seit Beginn der Aufzeichnungen überhaupt. Schneezylinder wälzten sich mit herrischer Gewalt über die Landschaften – von Böen wurde das Eis vorwärtsgeschoben. Es drückte nachts die Stalltüren auf und verteilte feine weiße Kristalle über das Fell des Viehs, das morgens totgefroren in den Scheunen lag. So viele Seiten hatte das Elend: Der Tod gebärdete sich einmal wie ein ätherischer Hauch, einmal wie ein Donnerschlag. Er saugte den Arbeitern in North Carolina mit leisen Küssen die Seele aus den Körpern und entlud sich in Blitzgeschwadern, wenn zwei ländergroße Niederschlagswolken aufeinandertrafen. Oft balgten sich die Atmosphärengefälle bis zum Atlantik – warfen und drehten sich über Frankreich und in die Schweiz, wo sich in der Nacht auf den 3. Februar ein Gewitter *zwar nur sporadisch, aber stellenweise heftig in elektrischen Entladungen manifestierte,* wie es in der Zeitung hieß. Eine über den ganzen Kontinent ausgebreitete heftige Wetterdepression begann auch in Europa – strenge Frostperioden, die die schlecht in Stand gehaltenen Fenstergiebel sprengten, in denen das Sickerwasser gärte. Der Tod hatte seine Eintrittspforte gefunden.

Es war der 5. Februar eben dieses Jahres, als zwei Kleinkinder im Roten Hof, Einmündungsseite Buchengasse, vor wenigen Jahren noch Gemeindegebiet der Vorstadt Inzersdorf, im Sterben lagen. Es waren zwei Knäblein, eines mit dem Namen Peter, das andere noch ungetauft in Erwartung seines baldigen Dahinscheidens. Dasselbe Schicksal hatte schon drei seiner insgesamt zehn Geschwister ereilt. Den verbleibenden fünf, kleinen Lumpenproletariern von vier bis acht Jahren, standen die Atemwolken vor den Mündern wie Teigklumpen: So kalt war es, dass die Feuchtigkeit sich nicht mehr verflüchtigte, wenn der letzte Holzstrunk am späten Nachmittag verglüht war.

Der Säugling, den man mangels eines geeigneten Kleidungsstückes in Zeitungen gewickelt hatte, hatte schon vor Stunden zu schreien aufgehört. Seine älteste Schwester stützte ihm das Köpfchen, das immer wieder zur Seite rollte, und versuchte währenddessen, den Bauch des anderen Kindes zu reiben, das schon seit mehreren Tagen apathisch dalag. Klara hatte zehn Hände zu wenig – denn es hingen ihr ja auch noch die anderen Geschwister am Rockzipfel, die sich notdürftig auf den Beinen hielten. Sie musste sie beschwichtigen, die anderen zwei Frauen, die sich mit ihnen das Notquartier teilten, nicht zu stören.

Die Eltern waren um acht Uhr abends zur Spätschicht in die nahe Ziegelfabrik aufgebrochen und würden um exakt sieben Uhr morgens wiederkehren: Dann würde Klara sich selbst und ihre Schwestern Margarete und Rosa in die Schule schleifen. Normalerweise schliefen sie, da sie nach dem Unterricht noch Brauchbares in den Müllbergen um die Siedlung suchten, abends einen todesähnlichen Schlaf. In dieser Nacht aber – der kältesten des Jahres – waren sie alle hoffnungslos wach. Die letzte Zuflucht, die Klara einfiel, war die Flasche Korn, von der sie alle reihum einen Schluck nahmen, ehe sie den beiden Säuglingen einen Löffel verabreichte.

»Zum Speiben«, rief eine der beiden Frauen, und weil sie nur zwei Meter entfernt war, fuhr sogar der vierjährige Leopold – der Einzige, der kurz eingenickt war – hoch.

Sie alle waren Bettgeher – nicht weniger als zwölf Menschen wohnten hier gemeinsam auf zwanzig Quadratmetern. Nach einem Stundenplan des Elends wechselten sie sich auf den Matratzen ab, erhitzten in ihren Töpfen die Klostersuppe und besorgten die notwendigste Toilette. Eine Latrine gab es draußen – ein Bretterbudenanbau, der bei wärmeren Temperaturen so infernalisch stank, dass man meinte, in einem Pestviertel des Mittelalters zu leben statt in der modernsten Metropole Europas. Auch die Dusche hatte man draußen zu verrichten, im Hof. Die eigenartige Schamlosigkeit des Proletariats, das sich keine Berührungsängste mit der Nacktheit leisten konnte, war ihnen in Fleisch und Blut übergegangen. Was aber die Empfindsamkeit nicht zustande brachte, hatte die Kälte leicht erreicht; Klara hatte seit zwei Wochen nicht gebadet und gestern schließlich so gestunken, dass sie es nicht mehr fertiggebracht hatte, in der Schule zu erscheinen.

»Hat keiner von euch mehr ein Holz?«, fragte nun auch die andere Frau, die Bettdecke bis ans Kinn gezogen. Sie war früher einmal Schauspielerin gewesen, hatte Klaras Mutter erzählt. Vor Jahren dem Branntwein verfallen, hatte sie eine nicht unbeträchtliche Fallhöhe aus der Josefstadt in die Zinsbücher der Verleihhäuser gestürzt. So waren sie dort zusammengewürfelt – Arbeiter und ehemalige Lehrerexistenzen, Waisen und Familienväter, die durch den alleinigen Umstand zusammengeschweißt waren, nicht mehr als zwei Kronen und achtzig Heller für ihr Loch bezahlen zu können.

»Glaubns ja söba ned!«, rief die Erste aus dem Bett zurück. »Oder glaubens, I schlof mit an Späh unter der Deckn?«

Paul, der Fünfjährige, kroch unter der Decke hervor und lief durchs Zimmer; die kleinen Ärmchen rieben wie irr über seinen Oberkörper, der nur von einem dünnen Baumwollhemd bedeckt war. Klara ließ für einen Augenblick den Kopf des Säuglings los, um ihren Bruder wieder unter der Decke zu verstauen, wo auch die restlichen Geschwister lagen und gemeinsam schlotterten. Eine gespenstische Ahnung des Todes lag zwischen den Kindern, aber jedes von ihnen war so mit dem Warmhalten des eigenen Körpers beschäftigt, dass kein Raum war, Feinsinnigkeiten zu empfinden. Wie sie so dalagen, kämpfte der Schlaf gegen das rastlose Zucken, das sich ein wenig Wärme verschaffen wollte, bis es um Mitternacht ruhiger wurde. Nur Klara wachte jetzt noch, und da sich selbst die Brustkörbe der beiden Kleinsten unterm Schnaps langsamer hoben und senkten, wagte sie es endlich, ihre Hand unterm Köpfchen des Babys hervorzuziehen. Im Grunde wollte sie ja auch nur die Augen zumachen, aber die Sorge hielt sie wach, und sie beobachtete stattdessen, wie der Raureif auf den Fensterbänken sich zu immer solideren Harschnetzen zusammenschloss. Da fiel ihr, nicht unweit vom Sims, ein Buch ins Auge. Es stand unter einer Tasse, in der – jetzt, da sie nach ihr gegriffen hatte – weichgewordener Teesatz hin und her schwappte, was bedeuten musste, dass der Professor sie hinterlassen hatte. *Professor* – so nannte freilich bloß die Mutter den Mann, der tagsüber ihr Bett gemietet hatte. Doch es musste etwas Wahres an dieser Bezeichnung sein, denn der Mann zog sich, wenn der Abend kam, stets eines von zwei Seidenhemden über, die er an einem Kleiderbügel mit sich führte, ehe er den immer selben braunen Baumwollanzug anlegte, wie um zu einem nie endenden Symposium zu eilen.

Was ihn wohl in dieses Viertel gezwungen hatte?, überlegte Klara, während sie das Buch zur Hand nahm. »David Hilbert. *Grundlagen der Geometrie.*«

Weil sie noch immer mit der Müdigkeit kämpfte, blätterte sie gedankenverloren durch den Text. Sie wollte ihn nur überfliegen, wie sie es üblicherweise mit den fade schmeckenden Schulabhandlungen tat. Doch der erste Absatz schon packte sie, wühlte in ihr und machte sie das Atmen vergessen.

Erklärung. Wir denken drei verschiedene Systeme von Dingen: Die Dinge des ersten Systems nennen wir Punkte und bezeichnen sie mit A, B, C, …; die Dinge des zweiten Systems nennen wir Geraden und bezeichnen sie mit a, b, c, …; die Dinge des dritten Systems nennen wir Ebenen und bezeichnen sie mit α, β, γ, …; die Punkte heißen auch die Elemente der linearen Geometrie.

Klara blätterte weiter, hinein in die Axiome der Verknüpfung, hin zu Regeln, die ihr vollkommen klar erschienen, wie etwa, dass zu zwei Punkten stets eine Gerade gehörte. Was hätte einsichtiger sein können? Bald wucherten die

Texte zu so komplexen Strukturen, dass sie sich zurücklehnen musste, um im imaginären Raum der Zimmerdecke ihre Beziehungen nachzuvollziehen. *Der Desarguessche Satz,* las sie und sah die wunderbarsten Beweise sich entfalten; das Leichteste und Schwierigste zugleich, das ihr je begegnet war. Als sie schließlich bis zum Nicht-Archimedischen Zahlensystem vorgedrungen war, sah sie, dass der Morgen graute. 5.20 Uhr zeigte die Taschenuhr ihrer Bettnachbarin; zeigte die Zeit einer Welt, die hinter den hypothetischen Raum zurückgefallen war, den Klara nicht mehr verlassen wollte. Sie stand auf. Schnittpunktsätze an den Kreuzungen der Zimmerkacheln – und eine unerträgliche, unfassbare Kälte, die ihren Körper hätte lähmen müssen, als sie in Wollmantel und Sandalen den Weg in den Hof hinabging.

Mit einem Besen zerschlug sie die Eisdecke, die sich über dem Holzweidling gebildet hatte, mithilfe dessen die Bewohner sich wuschen. Sie staunte selbst darüber, woher sie die Kraft nahm, sich nackt auszuziehen und den Zuber über ihrem Kopf zu entleeren, bis sie, nach Luft schnappend, im Schnee kauerte.

Als sie wieder zurückkam, bemerkte sie nicht einmal, dass die beiden Säuglinge zu atmen aufgehört hatten.

Das Wasser war so kalt gewesen.

KAPITEL 4

DEMI MONDE

Dann brach das Abendlicht herein: trügerisch und drückend und plötzlich.

Mitten in der Bewegung hatte die Dämmerung die Stadt überrascht; die vom Schweiß feuchten Arme der Menschen gekapert, über die nun gischtig die Gänsehaut jagte. Den ganzen Sommer lang hatte der feste Stoff eines trägen Sommers den Himmel überwölbt, gewitterlos und abends voller Restwärme. Unbeschwerte Stunden, die man luftig bekleidet in den Gastgärten der Heurigenbezirke verbracht hatte. Auf einmal aber stürzten die Zeiger die Ziffernblätter herab und pendelten, von ihrem eigenen Schwung überrascht, wieder über neun hinauf. Die Sterne und der schwüle Abglanz des Sommertags standen gleichzeitig am Himmel und erschraken voreinander.

Die Menschen versuchten, diesen Donnerschlag in Anekdoten zu ertränken. Die Draperie des Lichts färbte sich derweil immer mehr ins Schwarze. Bald rötlich, bald schon an den Stuckfirsten der Seilerstätte zerschlagen, raffte sich der Abend über sie. Mit einem Mal brach sich die Erregung Bahn wie ein säuselnder Riss, und es war allen klar. Morgen würde das Ultimatum ablaufen.

Salvenschuss, Turmschlag, es war Krieg.

Aber die Sperrstunde war noch nicht nahe, sie würde sich bis zum nächsten Morgen nicht sehen lassen. Mehr und mehr Menschen drängten in die Lokale, deren Schanigärten doch längst bis zum Brechen gefüllt waren. Also richtete man sich auf den Straßen ein, wie um nach außen zu zeigen, dass der eigene Körper schon nicht mehr der eigene war, sondern der Öffentlichkeit gehörte. Was rational noch für eine Nacht herausgezögert wurde, war im Habitus schon beschlossene Sache: *ein* Volkskörper, *ein* Kriegskörper.

Als wäre schon seit hundert Jahren alles vorausbestimmt, bildeten sich die Gruppen: Jugendliche schwangen sich, auf einer Obstkiste stehend, zu Rednern auf – andere hatten sich im Schutz der hereinbrechenden Dunkelheit in die Wirtshäuser gestohlen, um für ihr Bordsteingelage ein Bierfass herbeizurollen. Sie wurden von schmunzelnden Gendarmen zurechtgewiesen. Man trank und bestellte nach, man ließ anschreiben, und die Kellner duldeten es, auch wenn sie wussten, dass die Schuld dieser Nacht nie getilgt werden würde.

Noch war die Gesellschaft ein glatter Stoff, der sich nur nach den Rändern hin ein wenig kräuselte – und der, wenn der Wind einstach, mit Weingläsern und Aschenbechern am Flattern gehindert wurde. Die Blaskapellen spielten *Gott erhalte*, aber der Lärm aus den Gaststuben entstellte den Gesang ins Unkenntliche. Fremde fielen einander in die Arme. Man war endlich nicht mehr man selbst. Man war endlich Österreicher oder sogar Deutsch-Österreicher, und für lange Zeit würde man es nicht mehr aufhören zu sein.

Jetzt sprangen hunderte auf, die in den Straßen gesessen und geraucht hatten, die das Verstreichen des Ultimatums, das Kaiser Wilhelm II. an den Zaren gestellt hatte, wie Wegelagerer mit Schnaps und Flagge hatten feiern wollen. Jeder Einzelne meinte, ganz bei sich zu sein, wie er da nach Penzing oder Simmering oder Favoriten stürzte; dachte allein der eigenen Eingebung zu folgen, als er nervös an die Tür schlug, hinter der eine lange angebetete Frau von einem strengen Schwiegervater abgetrotzt werden wollte. Und diese willigten in plötzlicher Milde zu tausenden ein, dass noch morgen, noch bevor die Züge nachmittags an die galizische Front fortrollen würden, dieser nichtssagende Fähnrich (doch immerhin ein Fähnrich war er, einer der k. u. k. Armee!) ihre Tochter zum nächsten Altar schleppen dürfte. Eine Million neunzehnjähriger Witwen würden bald Europa bevölkern.

Aber still! – heute Nacht hatte man Ruhe davon: Man liebte sich hastig und ungelenk, schlaflos und juliverschwitzt. Man glaubte, wenigstens einmal aus dem geschöpft zu haben, was morgen dem Kaiser gehören würde: aus diesen noch kindlichen, buben- und mädchenhaften Körpern. Das würde es einfacher machen zu sterben – und zwar, weil man sich das Sterben in diesem später besungenen, doch gegenwärtig vernebelten August als das Lebendigste überhaupt vorstellte. Ich bin ich und werde es für immer gewesen sein – ich als Individuum in der Menschheitsgeschichte.

Was für eine Täuschung! Nichts war mehr individuell an irgendjemandem. Die letzte Nacht der Menschheit war ein Kollektivgeschehen, und je mehr jeder sich als Einzelner glaubte, desto mehr geriet er zum Arm des Absoluten.

Das zeigte sich auch daran, dass keiner allein sein konnte. All jene, die niemanden hatten, oder jene, die aus Salzburg und Sipolje und Petrinja gekommen waren und ihren Einrückungsbefehl in ihrer armseligen Bude in Wien erhalten hatten – ja, die mussten sich nun anders helfen. Zehntausend

Mädchen schminkten sich bei Kerzenschein, als würden sie sich zum letzten Mal schminken, und ebenso viele kindsgesichtige Burschen legten sich Kölnischwasser auf. Sie trieb die Hoffnung an, die Prostituierte, in der sie sich gleich zu versenken trachteten, würde sich die kommenden Monate über an gerade sie erinnern, den blonden Buben mit dem Meldungsabzeichen. Bezeichnenderweise waren es nicht nur die Bars und Cafés, in die es die Menschen in ihrer existenziellen Amüsierlaune trieb.

Jetzt, wo es gegen zehn hin ging, öffneten die Varietés und Bordelle ihre Pforten. Im kurzen Schlagschatten der Weltgeschichte trat auch das zutage, dessen Metier das Versteckte, Geduckte war. Leise wurden die Paravents im Raimundtheater aufgestellt, um jenen, deren Sehnsüchte in den üblichen Etablissements nicht gestillt wurden, ein wenig Privatsphäre zu verschaffen. Die Nachtschwärmerstätten der Wienzeile öffneten ihre Türen – manche von ihnen kaum mehr als hochgelegene Kanalröhren. Anschluss- und Zwischenstücke, die Oberwelt und Kloake verbanden.

In sie strömten jetzt jene leisen Massen, die sich in die Gesellschaft nie ganz hatten eingliedern können: Ins *Royal* strömten sie und ins *Perlmutt*, ins *Neuwien* und das *Meininger* auf der Wieden, in dem seit Tagen keine Ruhe eingekehrt war. Und wenn am Karlsplatz der von der Polizei erzwungene Zapfenstreich erfolgte, dann torkelten die Kokotten eben Rosa Mayer in die Tür, die sich jede Nacht wieder vornahm, um drei schließen zu wollen. Aber Geschäft war Geschäft: Da den Mädchen ja die jungen Männer nachwankten – und hier, in diesen Bezirken, den Männern sogar die Männer und den Frauen wieder andere Frauen hinterherliefen, war es um neun Uhr morgens meist zu spät, um überhaupt noch zuzusperren. Die Belegschaft aus Chefin und zwei Kellnerinnen legte sich dann um die Mittagszeit auf zwei Matratzen im Abstellraum, erwachte um sechs und wusch sich notdürftig, ehe die wochenlange Schicht fortlief. Das heißt: Gerade jetzt stieß die Wirtin die Kellertür auf, als ein Windstoß ihr dieselbe aus der Hand riss und sie mit Wucht gegen die nackte Steinmauer schmetterte.

Hans erschrak nur kurz, als der säuerliche Geruch ihm schwallartig entgegenfuhr.

»Das ist es?«, flüsterte er Klara zu.

»Ja, warum?«

Sie und Adam betraten das muffige Sublokal, und Hans schlich misstrauisch hinterher. Den ganzen Weg über hatten seine Freunde kein Wort miteinander gewechselt.

»Jetzt seid doch bitte wieder gut miteinander«, sagte Hans.

»Ich bin ja gut«, antwortete Adam. »Mich haben diese verschissenen Kretins doch genauso aus der Fassung gebracht.«

»Das hättest du aber etwas lebhafter zeigen können«, sagte Klara scharf. »Aber ist ja nichts Neues. Kuscht vor deinem Papá und schwingst große Reden, sobald du vor die Tür trittst.«

»Ich würde sie ja am liebsten auch umbringen. Oder wenigstens eins überziehen, reihum.« Adam stieß seine Fäuste wieder und wieder in seine Rocktaschen; wie eine kaputte Dampfmaschine die Kolben ins Nichts. Alles, was an ihm vorher eingesunken gewirkt hatte, war nun in Aggression verwandelt – das schreckte Hans noch mehr.

»Ist ja auch nicht schlimm, Jesenky, jetzt sind wir ja entkommen.« Klara warf sich, als hätte sie in diesem Kabäuschen Nebenwohnsitz angemeldet, längs auf eine der Bänke, die von der Bedienerin schon freigeräumt waren.

»Eines Tages werde ich von der ganzen Militärschickeria

abscheiden« – Adam legte seinen Kopf auf Klaras Schulter, und Hans sah sich um.

Es war mehr ein Loch denn ein Lokal, in das sie über ein Treppchen herabgestiegen waren. Schwere, brackig riechende Polstermöbel aus Leder standen unter feuchten Mauern, gerade als würde man beabsichtigen, dass das Interieur zu schimmeln anfing. Ja, feucht war es wie am Ende einer ins Gemäuer führenden riesigen Regenrinne. Überall blätterte – und mehr schlecht als recht verdeckt vom altrosa Samt an den Wänden – der Verputz. Darüber lag ein Geruch, als hätte sich ein ganzes Jahrhundert hier erbrochen.

»Rühren, Ranftler! Das ist quasi unser Wohnzimmer, du musst niemanden beeindrucken«, sagte Klara, die sich mitsamt der Schuhe längs ausgestreckt hatte.

»Ja, es gefällt mir sogar irgendwie«, antwortete Hans und bemerkte zu seiner eigenen Verwunderung, dass es stimmte.

Draußen, vor der weit offenen Tür war es noch heller als drinnen. Gruppen von Soldaten liefen rauchend vorbei. Sie hatten flüchtig ihre Arme um Mädchen gelegt, die sich ihnen lachend entzogen. Jetzt kamen ein paar von ihnen die Stiegen herunter und zogen sich in die vernarbten Winkel des Lokals zurück; mit einigem Befremden sah Hans, dass Klara sie grüßte.

»Kennst du hier denn alle?«, fragte er.

»Quasi. Es sammelt sich halt an über die Jahre.« Sie zündete sich eine Zigarette an.

Hans versuchte, die Soldaten im Blick zu behalten, aber sie hatten sich in ihrer Vergnügungssucht schreiend und feixend ins Souterrain gestürzt. Gab es also unter diesem Keller noch einen Stock, eine Art Antimezzanin?

Langsam füllte sich das Lokal. Die Hereinkommenden warfen linkische Blicke nach links und rechts, als wollte im

Grunde niemand an diesem Ort gesehen werden. Halbweltgestalten – dieser Begriff kam Hans, während seine Sinne den Eindruck gleich korrigierten: Die meisten der Gäste waren schöne, ordentlich gekleidete Menschen. Es war eigentlich eine veritable Mischung: Bürgerliche, behängt mit schweren Uhrbändern, auch wenn aus manchem Gesicht die Syphilis leuchtete. Oder vielleicht, sagte er sich, war es auch nur, was er sich unter Syphilis vorstellte. Da waren dünne Kindfrauen, die sich ganz ohne Scham auf die Schöße derer setzten, die ihnen Champagnerflöten hinstellten; dicke Männer im Unterhemd und mit pomadierten Haaren.

Er beobachtete eines der Mädchen. Es hatte ein hübsches, wenn auch sehr naives Gesicht, das von langen dunkelbraunen Haaren umrahmt war, und trug einen seidenen Umhang. Ein hagerer, sehr großer Soldat in Uniform hatte ihr den Arm um die Schulter gelegt und liebkoste ihre Brust, während er ganz bedenkenlos das Gespräch mit seinem Nebenmann weiterführte. Und da sah er es: Das war keine Sie – das Mädchen war in Wirklichkeit ein Knabe. Hans schaute hastig weg und auf die beiden sich gerade auf einer kleinen Bühne einrichtenden Musiker, da packte ihn Adam an der Schulter.

»– ob du etwas trinken willst, Hans«, sagte er überdeutlich; er musste die Frage schon mehrmals gestellt haben und war halb im Aufstehen.

»Trinken?«, fragte Hans.

»Bier, Wein, Brand, Likör?« Jetzt war der Keller schon so gut gefüllt, dass man sich bemühen musste, einander zu verstehen. Die gedrängten Körper hingen wie zum Trocknen aufgehängt über der Bar, über ihren Köpfen sammelte sich der Dunst der Fettlampen.

»Na, dann also Likör«, antwortete Hans.

»Was ist das hier?«, fragte Hans, als er mit Klara allein war.

»Das Meininger«, antwortete sie und zündete sich noch eine Zigarette an der Kerze an, die eine Kellnerin soeben vor sie gestellt hatte. Tagsüber hatte sie nicht geraucht; jetzt auf einmal war sie wie ein Durchzugsrohr. »Mein Zuhause, quasi. Zumindest bin ich hier aufgewachsen. Bevor ich versucht habe, in der – sagen wir – wirklichen Welt zu reüssieren. Jetzt komme ich nur mehr zu Vergnügungszwecken und um die Sachen zu tun, die draußen zu Problemen führen könnten.«

»Ach so, Sachen?«, fragte Hans möglichst beiläufig. Alles an dieser Rede war rätselhaft für ihn gewesen, er wollte es sich aber keinesfalls anmerken lassen. »Was meinst du mit aufgewachsen?«

»Ach, Hans«, sagte Klara und lächelte. »Wenn ich dir erzählen würde, dass ich ein schlechtes Verhältnis zu meinen Eltern habe, dann wäre das gelogen – ich habe gar kein Gemeinsames mit ihnen, wir sind inkommensurabel.«

»Ihr seid was?«

»Kein gemeinsames Maß. Wir reden nicht einfach nicht miteinander, es gibt kein Reden, das für uns Reden wäre, also – es ist nicht einmal mehr eine Frage des Inhalts. Ich habe schon seit neun Jahren keinen Austausch mehr. Stattdessen bin ich eben hier sozialisiert worden.«

»Niemals!« Etwas Unwahrscheinlicheres konnte er sich nicht vorstellen, als eine Jugendliche *hier*, zwischen den rußigen Hockern, zwischen den Unterweltdamen und dem – dem, was auch immer sich da einige Tische von ihnen entfernt ereignete.

»Doch, freilich«, sagte Klara. »Ich hab für ein paar Kreuzer am Tag hinter der Budel ausgeholfen und dafür unter den Tischen schlafen dürfen.«

»Das ist ja entsetzlich. Ich wollte das aus dir nicht hervorpressen –«, sagte Hans. Er fühlte sich, als hätte er ihr Leben selbst verbrochen oder sie immerhin gezwungen, das Verdaute noch einmal hochzuwürgen. »Ich habe mich nur gewundert, weil du doch ein Mathematikgenie bist.« Klara lachte, sie war ihm überhaupt nicht böse.

»Ich bin doch kein Genie, Hans. Was du redest. Und es ist nicht so schlimm, wie du denkst, also zumindest nicht, wenn du meine eigentliche Herkunft kennen würdest.« Sie blies Rauch aus. »Eher nostalgisch fühle ich mich hier, und es ist auch besser als das Frauenheim, wo man nachts auf seinen eigenen Sachen schlafen muss, damit sie einem nicht vom Körper weggestohlen werden.«

»Du bist also von deinen Eltern vor die Tür gesetzt worden?«

»Es gab keinen eindeutigen Bruch. Ich habe mich immer öfter anderswo aufgehalten und bin schließlich ganz weggeblieben, vielleicht mit zwölf. Bei uns mussten alle Kinder schon während der Volkschule Geld heimbringen, früher, als es hier in der Stadt legal ist. Aber ich habe mich geweigert, verstehst du? Wollte unbedingt die Schule besuchen und hab's schließlich in die Vorbereitungsklasse eines Gymnasiums geschafft. Ab da war ich für meine Eltern totes Gewicht.«

»Mit zwölf«, wiederholte Hans leise. »Und wie lange hast du hier – unter der Budel geschlafen?«

»Bis ich Helene begegnet bin etwa.« Klara lehnte sich zurück und griff nach einer grünschirmigen Lampe, die auf dem Seitenteil der Sitzgarnitur stand. Sie stellte sie zwischen sich und Hans, sodass ihr wachsiges Licht ihre beiden Gesichter erhellte. Wahrlich – dieses Gelass *war* ihr Wohnzimmer. »Ich habe sie de facto hier getroffen, bei einem Stammtisch der Jugendkulturbewegung«, sagte sie nüchtern, als wäre es nicht der Erklärung wert, dass man eine Dame hier kennenlernte. Eine Psychoanalytikerin zumal! »Vielleicht war es für sie noch mehr Glücksfall als für mich. Ein Mädchen, das es von den Bettgeherinnen an die Genia-Schwarzwald-Schule geschafft hat. Ein Aushängeschild für den Frauenclub. Und für mich freilich auch nicht übel – sie haben dann ja mein Schuldgeld übernommen.« Sie blies den Rauch aus.

»Und jetzt wohnst du seit einigen Jahren bei ihr«, sagte Hans vorsichtig, denn ihm war gar nicht klar, ob dies etwas war, das zu wissen er zugeben durfte.

»– also, natürlich wohne ich nicht wirklich bei ihr, es sind getrennte Maisonetten. Sie unterhält ein Projekt. Ein mäzenatisches Szenario, wie sie es sagt.«

»Und was hat sie davon? Sie ist doch reich. Versteht ihr euch denn persönlich gut?« Er war selbst unsicher, warum das so verfänglich klang.

»Na, allerlei hat sie davon.« Jetzt errötete – zum ersten Mal, seit sie sich kennengelernt hatten, – Klara. »Weißt du, wir haben früher jeden Moment zusammen verbracht. Das war für mich wie eine Offenbarung, ich komme ja aus einem Elternhaus, in dem man sich solche Dinge nicht vorstellen konnte.«

In dem man sich was nicht vorstellen konnte, dachte Hans. Bildung? Frauen, die lehrten? Gespräche über das Parapsychologische? Oder etwa –

»Jetzt wirkst du aber viel distanzierter von ihr«, sagte er vorsichtig.

»Es kommt ein Moment, da begreift man, dass eine Achtzehnjährige ohne Mittel nicht einer vierzigjährigen gestandenen Frau als Gleiche begegnen kann und dass man gewisse Forderungen zu erfüllen hat. Aber genug davon: Helene ist hier Stammgast, wir müssen das nicht breittreten.«

»*Hier* ist sie Stammgast?«, fragte Hans erstaunt.

»Also hör zu: Du wirst ja von den Suffragetten gehört haben?«

Hans nickte. Natürlich hatte er noch nie davon gehört. Es war ihm auch gleichgültig, denn er war vollauf damit beschäftigt, sich das Unmögliche vorzustellen: Helene hier. Helene mit ihrer Perlenkette zwischen diesen Männern, die links neben der Bar, quasi auf einen Haufen zusammengestürzt, sich gegenseitig an ihren dreckigen Mänteln aufrecht hielten. Helene, wie sie auf die magere Kokotte hinsah, die, aus dem Dämmerlicht gestolpert, Kräuter aus einer Pfeife schmauchte.

»Es ist nämlich so, dass wir bald das allgemeine Frauenwahlrecht erstritten haben werden«, sagte Klara, die bei diesem Thema auf einmal elektrisiert schien. »Die englischen Vorstreiterinnen haben natürlich die wichtigste Arbeit geleistet, die wir in Wien übernehmen wollen. Alles ganz langsam und ein wenig träge, wie unsere Mentalität nun einmal ist. Aber wir haben Emmeline Pankhurst eingeladen, kannst du dir das vorstellen? Und das hat eben auch Helene an vorderster Front mitorganisiert.«

»Selbstverständlich.« Natürlich wusste Hans nicht, von wem die Rede war.

Es war überhaupt so viel zu absorbieren. Dort, in einer Art runder Mauernische bettete sich ein Mann auf Mantel und Kissen, als befände er sich in seiner privaten Schlafkammer. Da schloss er schon selig die Augen –

»Vor ein paar Jahren haben ihre Freundinnen und sie eine Art Förderprogramm ins Leben gerufen, um jungen Frauen, die in der Bewegung tätig sind, ein Studium zu ermöglichen. Ich war überhaupt die Erste, und morgen geht diese Ära einmal zu Ende. Eine hat den Kreis durchlaufen.« Auf einmal war alle Agitation aus ihm gewichen.

»Mit deiner Promotion. Bewundernswert«, sagte Hans rasch. Es war im Grunde wie eine Märchengeschichte, die sie ihm erzählt hatte. Klara war die Prinzessin und der Prinz zugleich – die, die kämpfte, und die, die gerettet wurde.

»Schau, gleich geht's los!«, sagte Klara.

Er lehnte sich zurück, um zu beobachten, wie sich ein kleines Ensemble aus einem Geiger und einem Saxophonisten einrichtete.

»Genau wegen *der* Musik bin ich hier!« Adam war zurückgekommen und stellte drei Gläser auf den Tisch. Hans nahm gleich einen tiefen Schluck, er musste husten. Billiger Fusel.

»Was die spielen – was *die* spielen, Hans – das ist Zukunft. Nicht wie das, was wir heute Morgen gegeben haben. Eine breiter ausgestrichene Zukunft, Swing-Musik aus Amerika, das kennt hier noch kaum einer, und die Leute, die es zum ersten Mal hören, sind vor den Kopf gestoßen. Das ist ein Qualitätsmerkmal!«

»Und warum spielen sie dann hier?«, fragte Hans, dem der Weinbrand schon den Kopf verrückt hatte. Hatte er denn nicht eigentlich Likör gewollt?

»Du verstehst das vollkommen falsch. Wo die Dinge passieren in Wien, das ist nicht in den offiziellen Stätten. Also sicherlich manches – hallo Riebenbauer!«

Er schlug auf die Schulter eines Matrosen – ja wirklich, eines *Matrosen*, versicherte sich Hans. Oder war es ein Schauspieler, der von der Vorstellung noch ein paar Fundusstücke trug? »Aber das wirklich Essenzielle, das, was die Welt verändert, passiert dort, wo die Leute bereit sind, das Veränderte an sich selbst zu *erproben*.«

»Erproben klingt, als wären wir Objekte einer Studie.«

»Sind wir auch gewissermaßen. Die Studie heißt 20. Jahrhundert.«

Veränderung war natürlich ein feines Wort dafür – er sah, wie eine sicherlich siebzigjährige Frau in langem Taft einen Knaben küsste. Niemand scherte sich darum.

Aber es wurde auch gleichzeitig immer heimeliger, je mehr er trank. Die unsäglichen Menschenmengen, die immer aufs Neue die Stiegen herabstürzten und auf ein spontan eröffnetes Tanzparkett herabwogten, wunderten ihn nicht mehr. Er hatte sich an die Überforderung gewöhnt, sich in ihr eingenistet.

Jetzt spielte die Musik. Schwindel und die Mattigkeit von den Strapazen des Tages stumpften alle Eindrücke ab. Wirbel, Geruchswirbel, Farbwirbel. Das Brennen des Schnapses, Magenwärme.

»Klara, für dich ist eine Nachricht gekommen.« Die Kellnerin, die vorher hinter der Budel gestanden hatte, war an ihren Tisch getreten, und Klara sprang ohne eine Erklärung auf, um ihr zu folgen.

»Was denn für eine Nachricht?«, fragte Hans Adam.

»Helene eben.« Sein Glas rutschte ihm aus der Hand und schlug lautstark auf das Tischchen.

»Was, ist sie hier?« Hans fuhr herum.

»Aber nein. Wobei: ein bisschen auch schon. Sie telegrafiert Klara, wenn wir ausgehen, weil sie wissen will, wo sie sich befindet.«

»Das ist ja – das ist ja krankhaft«, sagte Hans, bereute seine Heftigkeit aber sofort, weil er plötzlich befürchtete, das alles könne ein Test sein.

»Vollkommen zwänglerisch. Aber ich verstehe Klara. Sie ist ja auf Helenes Zuwendung angewiesen und will sich's nicht verscherzen. Weißt du, was uns einmal passiert ist?« Adams Augen schwammen in den Höhlen. »Wir waren vor einem halben Jahr mit einer Freundin von Klara wandern, in

Reichenau. Wir sitzen abends vor dem Gasthaus, rauchen, trinken Tee – da fährt eine äußerst auffällige Kutsche vorbei. Grüner Samt, komplett deplatziert am Berg. Wir dachten uns nichts, bis sie am nächsten Morgen – 500 Höhenmeter weiter oben, musst du dir vorstellen – vor der letzten Hütte mit Schotterpfad wieder auftaucht. Klara hat Lunte gerochen.«

»Helene ist euch nachgefahren?« Das Heldenbild, das Hans am Anfang ihrer Bekanntschaft noch von Klara und ihren Verhältnissen vor sich gehabt hatte, verflüchtigte sich schlagartig. Er drehte sich um, er suchte die Tische ab – auf einmal fühlte er sich beobachtet.

»Den ganzen Weg. Sie hat zwei Tage in der Kutsche geschlafen, damit sie nicht auffliegt. Wenn das nicht pathologisch ist –«

»Absurd ist das«, sagte Hans, und Adam, der sich bestätigt fühlte, sah sich um, als wäre ihm etwas höchst Heikles eingefallen.

»Soll ich dir von meiner Theorie erzählen? Sie stimmt sicherlich nicht, aber in mir sind zuweilen so Gedanken aufgekommen, verstehst du?«

»Nein«, sagte Hans wahrheitsgemäß.

»Ich habe mich gefragt, ob Helene diese ganze Traumclustersache – nicht erfunden hat –, aber sagen wir einmal *verwendet*, um Klara jeden Tag sehen zu können. Um eine Besessenheit zu rechtfertigen. Wie hoch ist denn die Wahrscheinlichkeit, dass gerade ein Mädchen, das Helene hier zufällig aufgelesen hat, der Mittelpunkt des Phänomens ist, das sie studiert?«

»Oder aber«, sagte Hans, »es ist genau andersherum.«

Doch seine Worte waren vom Saxophon übertönt worden. In diesem Augenblick kam auch Klara wieder zurück, im Schlepptau hatte sie zwei junge Frauen.

»Das sind Elisabeth und Marie«, rief sie – man konnte über der Musik kaum sein eigenes Wort verstehen. »Und das ist Hans, ganz neu in Wien. Er kommt aus Tirol.« Die beiden Mädchen gaben ihm die Hand. Sie waren nicht weniger schön als Klara selbst.

»Was für eine Zeit, um in die Stadt zu ziehen!«, rief die, die ihm als Marie vorgestellt worden war. »Yovovich hat gesagt, heute Nacht gibt's wieder eine Aktion. Du kannst ja mitkommen, da wirst du Augen machen!«

»Was ist da?«, schaltete sich Adam dazwischen.

»Französische Botschaft. Gestern ist jemand über die Fassade rauf und hat die Fahne abgeschnitten, um sie durch eine gelb-schwarze zu ersetzen. Recht scheußlich, wenn ihr mich fragt«, sagte die andere und wandte sich erklärend zu Hans. »Wir sind beteiligt an der Verhindererfraktion, natürlich.«

»Als würde man mit diesem Nationalismus nicht alles noch schlimmer machen. Dieser Sucht nach dem Preußischen.« Klara strich eine Strähne aus dem Gesicht der Dunkelhaarigen.

»Wir gehen wieder stören. Du auch?«

»Natürlich«, sagte Klara, die jetzt ein wenig verlegen schien.

Hans hatte sein Leben lang nie das Gefühl gehabt, vor Frauen übermäßig befangen zu sein. Er schäkerte in den Mittagspausen mit den Mägden und hatte eine von ihnen auf der jährlichen Kirmes sogar geküsst. Es war ein großes, kräftiges Mädchen gewesen. Nachdem Hans' Versuche, sie mit seiner kargen Belesenheit zu beeindrucken, nicht gefruchtet hatten, hatte er sich einfach ihrer Führung ergeben. Hart und bierdunstig hatte sie ihn hinter einem Holzstapel gepackt, wo niemand sie sehen konnte. Hans hatte sie nach einigen solchen Versuchen, die sich wie die Liebkosungen zweier an Land gespülter Fische ausnahmen, an der Hand gepackt, die im Gegensatz zu ihrem sonstigen Körper noch ganz kindhaft war. Geduckt waren sie bis zum Hof gelaufen und, über die knarrenden Dielen springend, in die Schlafkammer. In der Tenne hatte er den Bettkasten, in dem er schlief, aufgeklappt und war wortlos mit dem Mädchen, dessen Namen er nicht kannte, unter die Decke geschlüpft, während das Altärchen auf der Kommode und das Halbdutzend Heiligenbildchen ihnen entgegengestarrt hatten.

Nein, er hatte nie mit jener Verlegenheit auf Frauen reagiert, mit der andere kämpften – aber etwas an *diesen* bewegte ihn auf ganz andere Weise. Sie waren schön, ohne verführen zu wollen, ja, ohne auch nur die Möglichkeit einer solchen Verführung zu erwägen. Etwas Entwaffnendes hauste in ihnen, ohne dass man sagen konnte, wo. Vielleicht war es, dass sie Hosen trugen, dachte er kurz – doch hatten das einige der Mädchen vom Hof auch gemacht. Nur: Diese trugen die Hose eben ganz *anders*.

»Auch aus der Bezirksgruppe«, sagte Klara in Hans' Ohr, als sie bemerkte, wie aufmerksam er die beiden beobachtete. Ertappt drehte er sich fort.

Nur einen Moment später begann glücklicherweise die Band, die jetzt mit einer Klarinette auf drei Mitglieder erweitert war, mit frisch erwachter Kraft zu spielen. Es waren drei eigentümliche Gestalten, die zu federn begannen wie aufgefädelt an unsichtbaren Bändern. Der Erste war ein langgesichtiger, hochgetriebener Knabe. Vom flitternden Glissando seiner Violine getragen, die zu einer befremdlich schnellen Melodie angehoben hatte, schien er zu schweben. Jetzt begannen die Menschen um Hans zu stampfen. Ermutigungsrufe wurden laut, und Leute stürzten zu Spontanpaaren vereint vor die Bühne. Man wollte dazugehören – nur *wozu*?

Der Mann an der Klarinette, alt wie Methusalem, musste bald auf einem Stuhl deponiert werden. Eilig hatten die Leute einen Sessel auf die Bühne gestellt, ohne im Tanzen innezuhalten. Ja, eine Intimität war zwischen den Massen, zwischen den narkotisierten Mamsellchen und Soldaten, den kantigen Männern und Arbeiterinnen, als hätte sich an diesem Ort eine gewaltige, ungleiche Familie versammelt.

Und was war das auch für eine Musik?, dachte Hans. Als würde ein Walzer stolpern und sich mit der Behändigkeit eines Spiegeltrinkers knapp überm Boden wieder fangen; als würde ein Schlager, gelangweilt von der Ungelenkheit der Tänzer, vorauseilen, um sich selbst zu tanzen – ja, genau so!

»Ragtime«, schrie Adam in Hans' Ohr. Der dritte Musiker war wieder ganz anders: ein muskulöser Kerl im Unterhemd. Er malträtierte das Klavier mit abgehackten Synkopensprüngen. Ein Schweißfilm glänzte auf dieser haarigen, ungeschlacht aussehenden Hand, die gleichzeitig ganz weich schien.

War das nicht ein einziger riesiger Spaß?, dachte Hans und löste sich endlich so weit, dass er im Takt der Musik zu wippen begann, da fiel sein Blick unter den Tisch.

Im toten Winkel für die anderen – hatte Klara ihre Hand auf den Schenkel einer ihrer Freundinnen gelegt, jener namens Elisabeth. Hans' Herz raste. Für einen Moment erklärte er es sich als eine Geste weiblicher Vertraulichkeit. Jetzt bewegte sich ihr Daumen – spreizten sich die Finger und streckten sich tief in den Schoß der anderen. Das heißt, nicht tief: Vielmehr so zurückgehalten von der Oberfläche des straff gespannten Rocks, dass ihre Hand nur die äußersten Enden der Nerven reizen konnte, ohne etwas vom damit gegebenen Versprechen zu erfüllen. Dann, sich wieder zusammenziehend, fuhr der Zeigefinger abwärts zum Knie, beschrieb ein paar Kreise und fand die Rockfalte, die dort sauber Kante an Kante lag. Entrüstung schlug an Entsetzen; dass dies wirklich geschah – und in aller Öffentlichkeit! Hans konnte seinen Blick nicht mehr abwenden.

Jetzt hatten Klaras Finger, so beiläufig, wie eine geschickte Hand die Schnürsenkel band, das Unterkleid der anderen nach oben geschoben. Ein Strumpfband, er sah es unterm Tisch. Ganz simpel aus Leinen, schwarz, eigentlich nichts – doch hier eine schier unüberwindliche Hürde, da Klara und Elisabeth, deren Gesicht angestrengt neutral blieb, nichts von diesem Kampf nach außen tragen durften.

Von einer unwiderstehlichen Kraft gezwungen, wippte der Schenkel, wie um sich an etwas zu reiben, das nicht da war. Endlich drang die Spitze des Zeigefingers unters Nylon, und jetzt sah Hans, dass die Brust der beiden Frauen sich heftig hob und senkte. Er konnte nicht ganz hinsehen, doch auf keinen Fall weg: Hans spürte die unerträgliche Geschwollenheit ganz leiblich und die grauenhaft federleichte Fingerspitze.

Wieder und wieder verlagerte Elisabeth ihr Gewicht, wand sich in Zeitlupe, als würde ein schweres Gewicht auf ihrem Becken lasten. Aber die Qualität dieser Bewegung änderte sich langsam: Sowie die anderen vier Finger sich Millimeter für Millimeter weiter über die Innenseite des Schenkels schoben, schien sie mehr Gegendruck zu haben. Dieser gespannte, verzweifelte Schoß, der jetzt einen eigenen Willen hatte, drehte sich und wechselte erneut die Position; schien zuweilen mehr diesen Finger zu liebkosen als andersherum.

Klara deckte ihre Tätigkeit, die außer Hans niemand sah, mit selbstverständlichen Gesten – versuchte, mit ihrer anderen Hand das Glas an die Lippen zu führen und wieder einen Millimeter näher zu rücken. Aber was für einen Unterschied konnte dieser Millimeter machen! Wenn Klara beim fingierten Nippen an ihrem Glas flüchtig über die Stelle fuhr, an der Elisabeth ihre Schenkel hart zusammengepresst hielt, dann war dies der einzige Augenblick, wo ihre Gegenwehr gänzlich brach. Dann atmete sie scharf und uferlos ein. Es war das Vakuum, das die Beine weich machte, gerade weil man sich umpanzert gehalten hatte.

Noch einmal sah er auch das Gesicht der beiden im Profil, sah, dass das scheinbare Faszinosum für die Musik nur ein Schleier war, den sie gemeinsam vor sich hielten, zitternd in den Böen ihres Atems, der sich aneinander angeglichen hatte.

Erst als sie sich umdrehten, weg von ihm, wurde ihm die eigene Gier bewusst, die er auf diesen Anblick entwickelt hatte. Er meinte sich mit einem Mal ertappt, verraten von seinem impertinenten Blick – doch die beiden hätten nicht weiter davon entfernt sein können, ihn zu bemerken.

Leise standen sie auf und machten ihren Weg hin zu den Toiletten. Noch bevor die Tür sich hinter ihnen schloss, hatte Klara ihre Hand im Haar Elisabeths gehabt.

—

Der Weiler ist ein kleines, gottverlassenes Rechteck. Nicht mehr als einen Kilometer lang, nicht mehr als einen breit.

Er fügt sich aus dem Nötigsten zusammen: Da ist die Kirche, da ist eine Schule, da ist ein Wirtshaus und dort die Greißlerin. Da ist die Villa. Am zentralen Wegkranz von Hauptstraße, Parkstraße und ein paar anderen ist ihr Platz. Vielleicht heißen all diese Wege auch anders, niemand hat darin das letzte Wort. Da ist der Musiksalon, und da sind die Wohnhäuser. Mehr nicht. Aber ein geheimes Netz an Gängen und niederflurigen Verbindungen unterhöhlt die Gebäude. Dort schleichen in schlaftrunkener Verwirrung einige der Bewohner umher. Wer an der Oberfläche geht, versucht, das Gras dabei nicht zu bewegen, sonst könnte das Gesehene verrinnen, sagen viele.

Der Weiler präsentiert sich als böhmisches Dorf. Doch besitzt er die Striktheit eines schlesischen. Es besitzt die abschüssigen Straßen Tirols und die Magie der niederösterreichischen Wälder. Es ist so unendlich schwierig, ihn zu beschreiben, aber eins bleibt gleich: Was auch immer man erträumen kann, der Weiler trinkt sich an damit. Alles, das man glaubt, erkennen zu können, ist flüchtig, als trübte ein Schleier den Blick. Die Dinge verschieben sich mit jedem Blinzeln. Dergestalt leben die Bewohner, und nur nachts leben sie. Wenige von ihnen sind über vierzig, und bis auf seltene Ausnahmen verschwinden die Alternden aus dem Weiler. Aber es ist nichts gewaltsam daran: Im Weiler sind Gesetze wie in Aspik gegossen. Es bleibt ein leichter Abdruck von all jenen, die einst da waren. Ein Mensch ist ein Stempel, und ein Stempel ja nichts als ein Negativ. Die Verbliebenen bekleiden also immer dieselben Rollen.

Da ist der Wirt, da ist der Pfarrer – es gibt einen Schuster und einen Rauchfangkehrer. Da, im sodengedeckten Haus auf der Nordseite, ist eine Mutter, die ihr Kind stillen will. Doch immer, wenn sie nach ihm fassen will, ist es fort. Ein Baby kann einen in den Weiler nicht begleiten.

Jemanden zu suchen, ist ausweglos. Jeder der Bewohner hat nur einen begrenzten Raumanspruch, ist Gefangener eines Gebäudes oder einer bestimmten Straße. Wer sich etwa im Wirtshaus aufhält, kann dieses nicht ohne Weiteres verlassen. Übertritt man diese Grenze, macht die Tür auf und geht, so löst man sich auf.

Man kann sagen, dass nur die Übereinstimmung der vielen, das, worin die Eindrücke der Bewohner sich überlappen, den Weiler zusammenhält. Ringsum sind Auen, die ihn am Zerfließen hindern. Die Namen dieser Gebiete halten ihn zusammen wie ein Gebinde. Das heißt aber auch: Der Weiler ist darauf angewiesen, dass ihn stets mehrere träumen. Einen Einzelnen gibt es nicht in ihm.

Dass die Menschen die Häuser nicht verlassen können, hindert sie mitnichten daran, sich Gedanken darüber zu machen, was sich außerhalb der eigenen Sphäre befindet. Man schaut aus den Fenstern und sammelt Indizien, in die die Indizien eines anderen greifen können, denn wenn die Bewohner sich im Konturierten, in jenem anderen Leben also, das man tagsüber führt, treffen, so entsteht ein *drittes*.

Das ist das Besondere an diesem Ort: ERSTENS, dass die Natur des Weilers der dauernde Entzug ist. ZWEITENS, dass jeder Dinge weiß, die keinem anderen bekannt sind, weil dieser Weiler im Schauen, im ganz eigenen Erleben erst hervorgebracht wird. DRITTENS, dass – trotz allem Bemühen – die Menschen sich auflösen wie wegkürzbare Zahlen. Bloße Hilfskonstruktionen, wenn das Ergebnis hervorgebracht ist. Morgens labt der Milchmann – mittags speist die Greißlerin – abends schenkt der Wirt aus. Fragil sind diese Tätigkeiten, zerfallen ihnen zwischen den Händen, wenn sie sich klarzumachen versuchen, was ihnen geschieht. VIERTENS und am allerwichtigsten, dass in diesem Weiler schließlich alles in Richtung der Villa strebt.

Sie ist ein zweigeschossiger Prachtbau, aber darauf kommt es nicht an. Einen Scheißdreck gibt man im Weiler auf Pracht; wirkliches Begehren bezieht sich auf ganz andere Dinge.

Die Villa ist umgeben von fünfzehn Metern wohlgepflegtem Garten, drei Salons und vier Gesellschaftsräumen. Sie ist verkammert bis in die Dienstklausen, ist mehr Labyrinth denn Heim. Aber was weiß man letztlich über sie? Alles Sprechen über sie ist bloß ornamental, weil es auf Mutmaßungen und Wünschen beruht. Eines allein ist klar: Alles drängt zum Kronleuchter.

Ein unerklärlicher Trieb zwingt die Bewohner des Weilers, sich an ihm zu *versuchen*, wie man sagt. Wenn der traumschwer im Sattel hängende Gendarm von seinem Pferd über die Hauptstraße gezogen wird, so kann er sich nicht wehren, ins obere Südfenster zu schauen. Wer auch immer aus seinem Fenster schaut, schaut auf *ihn*. Dort hängt er – im Waldsalon – und leuchtet den nie gesehenen Bewohnern dieses Herrenhauses ein milchiges Licht. Der Fleischerlehrling, der seine Auslage genau gegenüber hat, drückt seinen Körper eng ans kalte Glas. In manchen Nächten hält er es dann nicht mehr aus (denn niemand hält es ja aus): Vielleicht greift er nach dem Metallrohr, mit dem er sonntags die Schafe erschlägt. Vielleicht läuft er zur Tür hinaus, den Stock schon hoch erhoben und in den Pupillen noch ein Abglanz des Lichtes. Er erreicht nicht einmal den Zaun, da zerfällt er zu Luft. *Alle*, die es in jeder beliebigen Nacht versuchen, zerfallen. Das ist eben das Schicksal des Weilers: dass jeder vergeht, der seinen angestammten Platz verlässt.

Das heißt: Das stimmt nicht ganz. Es gibt eine Bewohnerin des Weilers, die sich zwischen den Sphären bewegen kann. Wer das Ganze schaut, ist allein sie.

»Hans.«

Sowie das letzte Lied aus den Instrumenten gewichen war, fielen die drei Musiker wieder auf ihre ursprünglichen Dimensionen zusammen, oder auf – wie man landläufig sagte: nicht viel. Auch die Menschenpaare stoben auseinander, da der musikalische Klebstoff sich verflüchtigt hatte. Dafür wurden allerorts Pfeifen ausgepackt und mit Opium gestopft.

Hans konnte seine Wut nicht mehr im Zaum halten. Männer griffen anderen Männern ans Gesäß, und dazwischen bevölkerten seltsam geschminkte Halbweltweibchen das Parkett. Alle handelten, als wären sie allein auf der Welt. Hatten diese Menschen denn nicht den geringsten Anstand?

»Hans, Hans«, sagte Adam noch einmal, jetzt impertinenter.

Hans schwankte zwischen dem inständigen Wunsch, am Fleischlichen teilzuhaben, und dem ehrlichen Hass auf die anderen, denen dies so leichtzufallen schien. Vor allem auf Klara hatte er einen ununterdrückbaren Zorn, der form- und gestaltlos war. Dabei hatte er – und das überraschte ihn selbst am meisten – gar nichts gegen diese Leute. Er wusste ja nichts über sie, er hatte über dererlei nur halb geflüstert nach der Kirche vernommen, wenn man darüber spekulierte, warum das eine oder andere unverheiratet gebliebene Mitglied der Gemeinde diesen oder jenen besuchte. Was interessierte ihn schon das Moralische – das war es nicht. Ihn fraß vielmehr der Neid, dass er selbst im Leben nie etwas Unmoralisches getan hatte.

»Hans, Herrgott«, schrie Adam nun, und erst jetzt sah er, dass dieser sich in die Sitzbank geworfen hatte wie hinter einen Wall.

»Was liegst du denn da unten?«, fragte Hans.

»Ich brauche deine Hilfe, was starrst du denn die ganze Zeit ins Narrenkastl?«

»Entschuldigung«, sagte Hans. Mit einem Mal war er wieder anwesend und bemerkte, dass ein neuer Schwall von Menschen hereingekommen war. Ein dünnes Männlein legte drüben an der Bar Besteck für die Frauen bereit, um gleich eine ihm unbekannte Substanz in sie zu befördern.

»Da, da drüben, die Frau, die mit den braunen Locken und dem roten Kleid. Siehst du sie?« Kleid war eine recht übertriebene Beschreibung für das kaum zum Knie reichende Fetzchen. Man konnte schon von Weitem sehen, dass sie zentimeterdick gepudert war. Wie eine Leiche, bei der gewissenhafte Bestatter fürchteten, die Totenflecken könnten im ungünstigsten Augenblick durchbrechen.

»Du musst verhindern, dass sie hierherkommt«, flüsterte Adam. »Führ sie weg, führ sie weg.« Jetzt begann die Musik wieder – ein Stück von Lehár, Hans erkannte es.

»Wohin soll ich sie denn bringen?« So schlimm sah sie aus diesem Winkel doch nicht aus. Eigentlich war sie quasi jung oder zumindest gewissermaßen ansehnlich, aber erst wenn man sich ein bisschen an sie gewöhnt hatte.

»Hinaus, oder nach oben, bring sie einfach fort unter einem Vorwand. Sie ist nicht sonderlich schlau, glaub mir. Oder weißt du was? Sag, du willst ihre Dienste. Da – du musst es natürlich nicht machen.« Adam hatte Hans zwei Kronenstücke in die Hand gegeben und ihn in die Rippen gestoßen, als wollte er, dass er sofort mit dem Aufgetragenen beginne. Geld – sie war also eine Prostituierte.

»Ich versuche es«, sagte Hans mit plötzlich einfahrendem Mut. Er wandte sich der Bar zu. Ja, eigentlich war ihm das ganz recht. Er wollte keinesfalls am Platz sein wie ein abgestellter Hund, wenn Klara zurückkam. Nein, stattdessen würde er sich als sorglos tätig erweisen, mit einer – ja, eben mit so einer, dachte er und bewegte sich zielstrebig durch die Menge.

»Entschuldigen Sie, ich habe eine Frage«, sagte er, indem er ihre Schulter von hinten berührte. Schon als sie sich umdrehte, bereute er seine Initiative.

»Ja bitte?«, fragte sie mit brüchiger Stimme.

»Ich hätte gern ... und zwar ... ehschowissen«, stotterte er. Immer wenn sie sich auch nur ein kleines bisschen bewegte, wusste man gar nicht mehr, was denken.

»Ich fürchte, ich verstehe nicht«, sagte sie schleppend.

Von links, wenn der Kerzenschein ihre Schulter streifte, war sie nicht älter als siebzehn, blutjung. Wenn sie ihr Profil aber ins elektrische Licht drehte, verwandelte sie sich in eine rüstige Frau mittleren Alters, und so wie sie jetzt ihren Kopf in den Schatten schwenkte, hätte man sie in einem Krematorium vermuten mögen. Überschminkte Krater: *So* also sah die Syphilis aus.

»Was denn nun, Bub?«, fragte eine danebenstehende Dame.

»Wir müssen nach draußen«, sagte Hans aufs Geratewohl. »Es ist stickig hier unten.«

Unsinnig klang das, aber ihm war ums Verrecken nichts Besseres eingefallen.

»Ach. Du musst dich nicht schämen, Jingele«, flüsterte die andere Frau ihm zu. »Ich bin die Miriam, und das hier ist das Lotterl. Draußen is nix, aber hier unten ist sicher noch ein Zimmer frei.«

Natürlich hatte Hans die ganze Zeit über gewusst, dass sie Huren waren. Aber er hatte es nur mit dem Kopf gewusst, und jetzt auf einmal wusste es auch sein Körper, der, wie von zehn widersprüchlichen Signalen sabotiert, sich selbst in den Schwanz biss.

»Ich weiß es nicht«, stotterte er. »Hinaus müssen wir auf jeden Fall, ich erkläre euch oben, warum.«

»Wie gesagt, es ist hier unten besser«, sagte nun die Syphilisfrau und wandte sich zum Barmann. »Wir brauchen einen Schlüssel.«

»Zimmer 9?« Ein klappernder Bund flog über den Tresen. Hans wollte eingreifen, doch er war wie gelähmt. Jedes seiner Körperteile kam allen anderen in die Quere; die Beine erschraken vor der Bewegung der Arme, der Rumpf wandte sich befremdet von den Machenschaften des Schritts ab, und somit war der Gesamtorganismus handlungsunfähig.

»Das wollte ich doch nicht«, sagte er klagend, aber die Frauen achteten es nicht.

»Komm, Jingele«, sagte nochmals die Ältere und nahm ihn an der Hand. »Zwei Kronen sind zwei Mal vom Feinsten.« Sein Herz explodierte fast.

»Halt – nein, sie da muss auch mit«, sagte Hans und zeigte auf die Junge.

»Ach, einmal zwei also«, sagte die Frau, fast erfreut.

Hans wurde von den zwei Frauen fortbugsiert – durch die Menge und schließlich in einen dunklen Gang. Links und rechts zweigten Zimmer ab, die zum Teil mit Holztüren, zum Teil bloß mit Vorhängen verschlossen waren. Hinter ihnen war ersticktes Stöhnen zu hören.

Die eine hielt ihn am Handgelenk, die andere hatte ihren Arm um ihn gelegt. Er war gefangen, und noch hatte sein Leib sich nicht auf eine Strategie geeinigt. Im Grunde wollte er flüchten – aber er wollte auch, jetzt wo er schon auf dem Weg war, nicht leichtfertig eine Chance vertun, wie man sagte. Er konnte eine Frau haben – zwei! War es da nicht normal, dass einen die Nervosität einholte? Aber die Räumlichkeiten entsetzten ihn einigermaßen.

»Was ist das hier?«, fragte Hans. Ein Mann schlief wie hingeworfener Kehricht in einem der Gelasse auf einer Matratze.

»Für die Strotter ist das normalerweise«, sagte die Junge schwerfällig. »Aber wirst sehen, wir kriegen schon ein Platzl. Da, da ist frei.« Und sie schloss die Nummer 9 mit dem vorher erhaltenen Schlüssel auf.

Was für eine Elendsstätte. Als die beiden Frauen Kerzen in jeder der Ecken entzündet hatten, sah Hans fleckige Polster auf nassem Lehmgrund und einen halb verschimmelten, wohl mit Stroh gefüllten Sack auf dem Boden. Die, die ihm als Lotte vorgestellt worden war, hockte sich gegen die Wand, während die andere sorgfältig die Tür, die weder Klinke noch Haken hatte, von innen verriegelte. Jetzt war es beschlossene Sache.

»Ist dein erstes Mal, oder? Jingele, dort, dorthin. Ganz ruhig. Schau –«

Er konnte, während er von beiden auf die widerwärtige Bettstatt gedrängt wurde, keinen Gedanken fassen. In was für eine Situation hatte ihn Adam da nur gezwungen? Welche Rolle hatte er jetzt zu spielen?

Und doch passten seine körperlichen Regungen so gar nicht zu seinem Entsetzen: Während die Frau mit mechanischer Fingerfertigkeit seine Hose aufknöpfte, wurde sein Glied steif. Die andere, die sich nur mehr mühsam auf den Beinen halten konnte, machte sich an seiner Leinenunterwäsche zu schaffen. Er roch muffigen Dunst aus dem Strohsack aufsteigen.

»Stopp«, sagte Hans leise; die Ältere nahm seine Hoden in den Mund. Ihm wurde so heiß – er glaubte, er müsse überfließen. Er fiel in dieses Saugen wie in ein endloses Loch; nur der Gestank raubte ihm die Sinne.

Die andere, die er eigentlich hatte ablenken sollen, hatte

ihre Hände von ihm genommen und sah ihnen zu. Was tat er hier, was tat er nur?

»Halt.« Das nun war ein Schrei gewesen. »Aufhören.« Die beiden Frauen schauten ihn überrascht an.

»Was ist denn los?«, fragte die Jüngere, die aus ihrer Starre erwacht war.

»Nichts – da.« Hans, der so plötzlich wieder zu Sinnen gekommen war, dass es ihn selbst überraschte, drückte jeder der beiden eine der Münzen in die Hand, die er die ganze Zeit über umklammert hatte.

»Was soll das?« Die Ältere kam ihm harsch näher; wie einen Furunkel inspizierte sie ihn. »Was wird hier gespielt?«

»Nichts, ich habe es mir anders überlegt«, sagte Hans. Die Stimmung war ins Bedrohliche gekippt. Die beiden Frauen, die gerade noch liebenswürdige Dummchen gespielt hatten, waren zu Walküren mutiert.

»Denkst du, wir haben nicht jeden Abend einen wie dich? Was willst du wirklich?« Hans blieb das Herz stehen – die Ältere hatte ein Klappmesser aufgeschnalzt.

»Bitte nicht«, sagte er flehend.

»Bitte nicht, was? Ha?« Sie hatte ihm die Messerspitze gewichtslos auf die Brust gesetzt.

»Es war doch nur mein Freund. Ich will doch nichts –«

»Dein Freund wer? Was will dein Freund?«

»Mein Freund Adam. Ich hätte Sie beide doch nur hinausbegleiten sollen, nehmen Sie doch das Messer weg.«

»Was?« Sofort war die Jüngere auf die Beine gesprungen. »Welcher Adam? Unsinn, natürlich weiß ich, welcher Adam.« Und sie nahm der Älteren, die noch immer eisern ihr Messer in der Schwebe hielt, den Schlüssel aus der Hand, um aus der Kammer zu poltern.

Hans, die Hose in den Kniekehlen, verstaute sich notdürftig und rannte ihr nach. Die existenzielle Bedrohung von gerade eben war von ihm abgefallen, da er fühlte, einem Bluff aufgesessen zu sein. Er musste sie unbedingt einholen, ehe sie Adam erreichte – aber sein Gürtel, sein vermaledeiter Gürtel ließ sich nicht schließen, und die Schuhe hatte er noch in der Hand. Sie – zwanzig Meter vorneweg – hatte sich schon ihren Weg durch die Menge gebahnt und seine Freunde gefunden.

Hans war noch nicht einmal dort, als sich die Kokotte vor Adam, Klara und den anderen aufbaute, die wie aus dem Beet gerissene Blumen noch halb in ihren Gesprächen festhingen.

»Adam Jesenky«, sagte sie, und Hans konnte nichts mehr tun, als ihm beim Erbleichen zuzuschauen. »Ich sage dir jetzt nicht, was für ein Unmensch du bist, weil du es nämlich selbst weißt und jeder andere hier drin sicherlich auch.« Das mochte sogar stimmen – denn etwa zwei Dutzend Leute um sie herum hatten aufgehört zu sprechen und schauten begierig dem Schauspiel zu. »Dein Geld ist angekommen, es kommt ja immer pünktlich an. Das ist aber auch schon alles, was man dir zugutehalten kann. Außer Geld hast du nichts, um deinen Handlungen eine Moral zu verleihen.« Mitten in ihrer eigentlich nüchternen Rede hatte sie ein Glas ergriffen und mit Wucht auf den Boden geworfen, sodass die andere Hälfte des Raums auch noch herumgefahren war.

»Ich weiß, Lotte«, sagte Klara, die sich anstelle Adams anscheinend berufen fühlte einzugreifen. »Aber das könnt ihr vielleicht ein wenig ruhiger besprechen, meinst du nicht? Die Leute müssen ja nicht unbedingt teilhaben.«

»Ja, ich würde mich auch gern amüsieren wie ihr, es ist schön, dass ihr das noch so unbeschwert könnt. Nur ist es mit meiner Unbeschwertheit leider vorbei, wie ihr wisst.«

»Es ist ja alles meine Schuld«, brach Hans endlich hervor, aber keiner beachtete ihn.

»Falls es dich interessieren sollte, wie es Marie geht, kannst du dich ja herablassen, ins Trabant zu kommen, dort arbeite ich nämlich heute, und der arme Teufel liegt derweil im Nebenzimmer.«

»Im Trabant mit einem Kind?«, fragte Klara.

»Ich hab ja niemanden, Frau Universitätsprofessor. Und jetzt, servus.« Mit diesen Worten zog sie ab, nicht aber, ohne im Gehen noch das Glas einer unbeteiligten Frau zu leeren.

»Es tut mir so über alle Maßen leid«, sagte Hans, als sie verschwunden war. »Sie haben mich hinten – ich war im –« Ja, was hatten sie denn eigentlich? Was war seine Entschuldigung dafür, den einzigen Auftrag, den Adam ihm im Gegenzug für seine Großzügigkeit abverlangt hatte, zu verpfuschen?

»Kusch, kusch, hier ist nichts zu sehen. Ja, dreht euch wieder um« – wie lästige Wespen versuchte Klara, die Aufmerksamkeit der Umstehenden zu zerstreuen.

»Macht nichts, Hans«, sagte Adam leise, der wie ein Schatten eine Handbreit neben sich geworfen schien. »Ich hätte dich nicht dazu auffordern sollen, sie von mir fernzuhalten.«

»Du hast was? Spinnst du?« Klaras Frage war eine Ohrfeige. Etwas versöhnlicher wandte sie sich an Hans. »Das ist eine hässliche Angelegenheit, du kannst überhaupt nichts dafür. Und du, Freundchen, gehst heute ins Trabant. Du hast Marie seit Urzeiten nicht mehr gesehen.«

»Niemals«, rief Adam aus.

»Niemals«, bestätigte auch Hans, er konnte dieses Frauenzimmer kein zweites Mal aufsuchen. Klara – Klara, fuhr es ihm wieder ein. Er war doch vorhin zornig gewesen. »Ich bin ganz Adams Meinung. Und zudem war es ganz richtig, dass er mich um Hilfe gebeten hat«, setzte er nach. Es drängte ihn, ihr seine Wut vorzuführen, sie ein wenig schaulaufen zu lassen – ganz kühl, ganz zufällig. »Ich habe im Übrigen – und hoffe, dass du mir nicht böse bist – eine Kammer aufgesucht.« Er hatte verzweifelt nach einem passenderen Ausdruck gesucht, fand aber keinen.

»Eine was?«, fragte Klara überrascht.

»Ich habe mich – betätigt. Ich dachte bloß, du solltest es wissen.«

»Aha, also dann Gratulation«, sagte Klara, und dass sie das nicht im Geringsten zu stören schien, machte ihn fuchsteufelswild. Er drehte sich weg und sank in sich. Im Gegensatz zu Klara war Adam geradezu schockiert über Hans' Geständnis.

»Hast du auch mit ihr – ? Und hat sie denn etwas über mich gesagt?«, fragte er.

»Nichts. Ich geh rauchen«, sagte Hans und stand auf.

»Du kannst doch hier rauchen«, rief Adam ihm noch nach, aber da war er schon halb fort.

Nur einen Fingerbreit stand am Horizont noch das Nachglühen des Tages, und aus den Gehsteigen stieg langsam die Hitze, die sich tagsüber im Asphalt gesammelt hatte. Die Menschen, die des Miefs des Lokals überdrüssig geworden waren, hatten sich auf dem Boden niedergelassen und tranken.

Hans setzte sich zwischen sie, steckte sich eine Zigarette an und lehnte sich gegen die Wand. Es war eine Wohltat, dieses edle Hemd, das sich an ihm wie ein Fremdkörper anfühlte, schmutzig zu machen. Die Wut auf Klara, die ihn gerade noch ausgefüllt hatte, verwirrte ihn jetzt. Er hatte sich nie etwas von ihr erwartet, und doch war ihm so, als hätte sie eine lange festgeschriebene Vereinbarung missachtet. Sie schlief mit Frauen – ganz einfach so. Als wäre es nichts.

»Die Umwertung aller Werte«, hörte er einen von der Seite her dozieren. »Das sagt Nietzsche. Es ist klar, was er damit sagen will, also dass diese Situation damit gemeint ist, in der das Christliche durch ganz andere Leitbilder ersetzt wird. Maßstäbe, die schon in diesem Augenblick festgesetzt werden, von unseren Visionären, unseren Volkskräften, unseren Arbeitern.« Das alles erzählte ein Knabe, der kaum älter sein konnte als er selbst, einer Schar staunender, betrunkener Sextaner. Zwei von ihnen hatten schwarz-gelbe Flaggen um die Schultern gelegt. »Das wagnerianische Moment ist gekommen, und die Möglichkeit, sich gemeinsam mit den Brüdern einer Form von spiritueller Vereinigung zu unterziehen, wie man sie schon seit Urzeiten vorausgesagt hat, ist jetzt –«

Scheißdreck, dachte Hans und warf seine Zigarette weg. Das war ja noch schlimmer als aller Zorn. Er stand wieder auf und kehrte nach drinnen zurück.

Genau wo er sie zurückgelassen hatte und von seiner Abwesenheit ganz unbeeindruckt, waren alle wieder ins Gespräch versunken. Von Lotte und den ihren war keine Rede mehr, es hatten frische Gesichter am Tisch Platz genommen. In einem einzigen Zug trank er das nächste Glas Wein leer.

Ihm gegenüber hatten sich zwei junge Männer positioniert, die sich mit Adam unterhielten. Klara war ihrerseits wieder okkupiert von einer neuen Gespielin. Einer kindsgesichtigen mit Bubikopf. Wie ein dümmlicher Junge sah sie aus.

»Da bist du ja wieder«, sagte Adam.

»Rutsch«, befahl einer der jungen Männer, und es wurde

ihm Platz gemacht. Hans musterte die beiden – und dann musterte er sie nochmals, bloß um eine Sekunde später ein weiteres Mal hinschauen zu müssen. Es waren ein dünner Mensch und ein molliger – aber da endete das sichere Terrain auch schon. Beim ersten Ansehen dachte man, sie an ihren makellosen Anzügen als Staatsleute erkennen zu können, nur um, wenn man die Zweireiher genauer studierte, in die feste Überzeugung zu stürzen, zwei Kirchgehern vom Lande gegenüberzusitzen. Nein, nein – fahrende Händler oder vielleicht verarmte Geschäftsleute. Lebendige Kippbilder waren das, als würde jeder Winkel, aus dem man sie ansah, einen neuen Anblick generieren.

»Das ist Heinrich«, sagte Adam und packte Hans in betont männlicher Art an der Schulter. »Und du heißt –«

»Albert«, sagte der Dicke. »Albert!«, stieß Adam triumphierend aus, als hätte er den Namen selbst erfunden. Hans schüttelte die Hände, im Grunde wollte er gar nicht hören, wer sie waren. Eine Frau mit zurückgekämmten Haaren schmolz in Klaras Frauengruppe ein, die am Ende des Tisches ihre Unabhängigkeit demonstrierte.

»Willst' an Cognac mit uns trinken?«, fragte der Dickere von beiden. Wie er hieß, hatte Hans bereits vergessen – nur dass er hier drinnen seinen Hut nicht abnahm, ärgerte ihn. Er schüttelte den Kopf. Ihm war nach nichts. Er lehnte sich zurück und betrachtete missmutig die Frauen. Sie plauderten, als würde ihnen die Welt gehören – wandten sich einmal hier- und einmal dorthin, kapselten sich über einer Spezialfrage in eine Enklave ab und fielen doch immer wieder unweigerlich ins große Becken der Allgemeinheit zurück.

»Und ich sage, dass Redl sich nicht umgebracht hat, sondern dass er von seinen Vorgesetzten bei der Armee dazu gezwungen wurde. Nicht nur wegen Russland, sondern um zu verheimlichen, dass es einen homosexuellen Offizier gibt«, schulmeisterte sie. Hans gab vor, sich innigst an einem Pappdeckelturm zu versuchen, beobachtete aus dem Augenwinkel aber weiter den Raum, ehe er das Mimikry ganz aufgab und sich wieder zurückfallen ließ.

Da reizte ihn eine rasche Bewegung am Rand seines Blickfeldes. Einer der Männer, der Molligere nämlich, hatte mit einer elastischen Bewegung einem neben ihnen sitzenden Herren die Armbanduhr vom Handgelenk gestreift. Das Opfer, das diese Meisterleistung nicht im Ansatz zu bemerken schien, führte den gerade beraubten Arm mitsamt dem Weinglas zum Mund und lachte. Der einzige Patzer dieses artistenhaften Aktes war gewesen, dass *er* – dass Hans ihn gesehen hatte. Ihre Blicke trafen sich, und ihm stockte der Atem. Sofort wandten sich die beiden ihm zu.

»Noch net gnua anghiaslt?«, fragte der Dicke und schob ihm ein Glas Cognac hin.

»Wir zahlen«, sagte der andere und reichte ihm gleich die Hand, als hätten sie mit diesem Ritual schon die Blutsbruderschaft besiegelt.

Obwohl Hans gleich wusste, dass dies die Einleitung zu einer sich entfaltenden Bestechung darstellte, prostete er ihnen aus Verlegenheit zu und warf beim Trinken den Kopf in den Nacken. Der Dünne sah zufrieden aus. Er musste deutlich älter sein als er selbst, sicherlich über dreißig, und sein makellos rasierter streichholzdünner Moustache konnte so wenig wie die gezwirbelten Haare über die Tränensäcke unter seinen Augen hinwegtäuschen. Beiden – diesem wie jenem, der nun ungefragt begann, Hans eine Zigarette zu drehen, – hatte ein entbehrungsreiches Leben die Falten ins Gesicht gezwungen, darüber konnten jetzt, wo er sie wirklich ansah, auch die Anzüge nicht hinwegtäuschen.

»I hob dir an Sargnagel gwutzelt. I bin Heinrich, und das is der Albert« - Hans hatte gerade erst zu rauchen begonnen, da warf er die Zigarette schon weg.

»Ich bin Hans Ranftler. Sie müssen sich übrigens nicht sorgen, dass ich Sie verraten könnte, und zwar weil mir im Allgemeinen wenig daran liegt, mich zu einer moralischen Instanz aufzuschwingen.« Noch einmal hob er das Glas, das Albert - scheinbar hoch erfreut von seinen Worten - ein weiteres Mal gefüllt hatte.

»Du bist kein Galerist?«, sagte Heinrich.

»Kein was?«, fragte Hans. Auf einmal, und sicherlich bedingt durch den Branntwein, der ihm nun gehörig zu Kopf stieg, interessierte ihn das Gespräch doch sehr.

»Na, ein Galerist is - eben ein Fachkollege« - zwinkernd lüpfte er die Uhr noch einmal aus der Tasche - »kein Frankist quasi.«

»Herst Rick, er is Tiroler«, sagte Albert, der nun Hans den Arm um die Schulter legte und sich ihm zuneigte, als bestünde zwischen ihnen längst ein Band. Man erkannte es also doch am Dialekt, egal wie sehr er sich um sein Hochdeutsch bemühte. »Es is nämlich so«, flüsterte Albert, sodass nun auch Heinrich sich verschwörerisch zu ihnen lehnte, »dass wir uns bemühen, eine Sprache zu sprechen, die die Höh net glei versteht -«

»Die Kieberei«, nuschelte Heinrich.

»- die Polizei, die unsere Coups nicht nachvollziehen können soll.« - Was für einen Registerwechsel dieser Albert zustande brachte! Vom blütenweißen Hochdeutsch ins Wienerische und zurück, drei Mal pro Satz. Schlagartig wusste Hans, was die beiden ihm so sympathisch machte: Es waren die ersten Menschen, denen er in Wien begegnete, die ebenfalls Dialekt beherrschten.

»Könnt ihr mir was beibringen?«, fragte er begierig.

»Herst Jingele, des kemma net afoch so auspofeln«, sagte Heinrich, aber Hans ahnte, dass er feixte.

»Mein Habera meint, dass du uns zuerst einmal etwas über dich erzählen sollst. Am besten was Diskreditierendes –«

»Mein Freund, der oide Kelef, is nämlich zwei Jahre im Landl in Hernals eingsessen und is sehr misstrauisch.«

»Und du vier im Stein, du Naderer!«

»Was dieser Ganeff sagen will, is: Man muss sich versichern.« Hans musste herzlich lachen über die Art, wie die beiden einander erläuterten; wie ein altes Ehepaar taten sie das. Obwohl er längst verstand, dass er zwei Berufsgauner vor sich hatte, fand er sie fast – herzig?

»Über mich gibts nicht viel zu sagen. Ich habe gestern zum ersten Mal gestohlen, wenn wir schon dabei sind. Und zwar – Trommelwirbel – das hier« – er hob seinen Seesack über den Kopf und lachte laut.

»Du bist ein Sandler!«, sagte Albert zufrieden und spuckte – zu Hans' großem Erstaunen – einen Batzen Kautabak auf den Boden.

»Bist heut erst ankommen? Ich habe dich hier noch nie gesehen«, kam es von Heinrich. »Aber sie schon.« Er deutete mit dem Kopf in die Richtung Klaras. »Ihr kennts euch, oder?«

»Wie meine Westentasche kenn ich sie. Warum?«, fragte Hans und leerte das von Albert wieder vollgefüllte Glas ein drittes Mal, obwohl es ihn schon schwindelte.

»Nix, nur so. Wir laufen uns seit zwei Jahren über den Weg und kennen uns nicht. Wollt fragen, ob du uns vorstellen kannst. Der Adam da, das ist ein ganz Netter. Na, is ja wurscht.« Heinrich wirkte nervös, doch Albert klopfte ihm gleich auf den Rücken, wie um diese Schüchternheit zu vertreiben.

»Du willst also ein paar nützliche Worte erfahren. Aber du weißt hoffentlich, dass wir dich damit zum Häfnbruder anlernen, gell?«

»Oh, das weiß ich«, sagte Hans, obwohl er nur eine ungefähre Vorstellung von einem Häfnbruder hatte.

»Wenn man die Sprach lernt, geht es drum, dass sie für die Hex unsichtbar bleibt.«

»Die Polizei«, schaltete sich Heinrich wieder ein.

»Gut, sagen wir so: Du sitzt mit deine Kollegen im Tschecherl und nach fünf, sechs Krügerln wirds spät, sodass die Gscherten aus Niederösterreich langsam angflaschlt wern.«

»Bitte was?«, fragte Hans, dem das Gespräch langsam Spaß machte.

»Ein Tschecherl is das Hinterzimmer von einem Beisl, und die Gscherten sind – na eben so reiche Leut, die kommen aus Mödling oder Baden und glauben, dass sie in der Stadt was reißen können.«

»Es wird gschnapst oder es rennt der Stoß – das ist ein Kartenspiel, das jeder Galerist kennt.«

»Mir sind Galeristen«, erläuterte Heinrich, obwohl er es schon vorher erklärt hatte.

»Im Geheimen ist es ein Glücksspiel gegen die Gscherten, deswegen brauchst du auch einen Bogl, einen wirklich guten Freund. Man legt seinen Einsatz und bereitet einen Knödel vor.«

»Semmelknödel?«, fragte Hans, erleichtert, endlich etwas verstanden zu haben, woraufhin aber seine beiden Gesprächspartner in schallendes Gelächter ausbrachen.

»Ein Knödl is ein Geldschein, der so zerknüllt is, dass er ganz klein wird, so« – Heinrich deutete mit den Fingern an, was er meinte – »jedenfalls – solltest du gewinnen, kommt der Bogl ins Spiel, das is ein Sandler, der mit den Fingern so geschickt is wie der Fredi hier. Und der tauscht den Knödl gegen ein Kontraknödl, wo mehr Geldscheine gefaltet sind. Der schaut aber von außen gleich aus. Und du gewinnst – a feines Bündel Gerschtl.«

»Das Gerschtl is ein Geld«, erklärte Albert.

»Und deswegen also wart ihr im – Häfen?« Hans bemühte sich, sich ihrem Duktus anzupassen, aber es waren nur Brocken hängen geblieben.

»Er war im Stein, wegen genau dem, ja. Gespielt haben wir.«

»Und?«, fragte Hans.

»Und was? Na, a Razzerl hats geben. Die Höh ist einegritten. Und ich bin im Waggerl glandet. Net zum erschten Mal, deswegen bin ich flugs im Gericht gesessen und dann eben im Stein. Und jetzt erzähl aber einmal du. Woher kennst du die Klara?« Für diesen letzten Satz hatte Albert wieder ins Hochdeutsche gewechselt.

»Das ist ja ganz egal.« Dass die beiden wieder auf Klara zu sprechen kamen, war ihm lästig. Gleichzeitig fragte er sich, warum sie ihm das alles eigentlich erzählt hatten. Ihre Offenheit kam ihm auf einmal verdächtig vor.

»Adam hat uns schon deine ganze Chose erzählt, du musst dich nicht zu sehr abmühen«, sagte Heinrich. »Wenn du keinen Platz zum Schlafen hast – wir kennen welche, gell, nur dass du weißt.«

»Und warum sind Sie eingesessen, Herr Heinrich?«, fragte Hans stattdessen, ohne auf ihr Angebot einzugehen.

»Aso, ich.« Er lehnte sich zurück, holte einen Beutel aus seiner Tasche und begann, sich sorgfältig eine Pfeife zu stopfen, als bereitete er eine Rede von großer Tiefe vor. »Bei mir is bissl anders. Ich bin wegen Identitätsfälschung gsessen. Ich sag dir jetzt, warum, und zwar erstens, weil ich dir vertrau, und zweitens, weil ichs so eh nimmer machen tät.« Er zündete sich mit einem langen Streichholz die Pfeife an. Wohlgeruch. »Es war nämlich so. Ich war in jüngeren Jahren wegen einem Schrankler im Waggaun –«

»Jetzt ist aber mal gut«, sagte Albert, übersetzte aber dennoch gleich weiter. »Der Waggaun ist ein Vernehmungsraum, ein Schrankler, wenn du wo einbrechen tust.«

»Und da hab ich, wie der Mistelbacher rausgegangen ist, einen Packen Zettel gegriffen. Einfach aus dem Schubladl vom Gäu.«

»Das ist das – na ja, die Wachstuben halt.«

»Und was liegt da? Schuldscheine von Leuten, die eigentlich Frankfurter sind. Mit Adressen, mit allem. Und dann is mir a Idee kommen. Ich hab ein paar Galeristen kuratiert – gute Leut. Und mir haben so getan, als wär ma die Eintreiber. Sind mit der Puffn hin, damit der arme Teschek eine Mordsangst kriegt. Und der hat natürlich dann zahlt.«

»Teschek ist ein Trottel«, folgte die nachgeschobene Erklärung. Dabei war Hans längst aufgefallen, dass man die Worte gar nicht wirklich verstehen musste, um das Gemeinte zu begreifen.

»Es hat sich aber ein Morastl in unsere Gesellschaft gschlichen. Der hat nach ein paar solchen Aktionen alles ausdibbert. Und dadurch san sie mir auf die Gagire kommen, und i bin letztlich vorm Balatz gelandet.«

»Ungustl – gestanden, und dann vorm Richter inhaftiert geworden«, stotterte Albert.

»Bitte entschuldige, ich bin schon a wengerl angflaschelt.«

»Ich auch«, sagte Hans sofort.

»Aber es ist so, dass die Polizei mich ein Jahr nach meiner Haftverbüßung noch einmal aufgesucht hat« – wieder feinste Beamtensprache. »Und für einige Delikte, die man erst in der

Zwischenzeit hat zuordnen können, noch einmal zur Rechenschaft ziehen will.« Er katapultierte sich zurück in die weiche Lehne. »Was ich damit sagen will, ist, kurz gefasst, dass mir auch deswegen daran gelegen ist, mit Fräulein Klara zu sprechen.«

»Was hat Klara damit zu tun?« Immer wieder das, dachte Hans, nun langsam misstrauisch.

»Na, weil sie Anwälte haben.«

»Weil wer Anwälte hat?«

»Na, die Suffragetten.« Er sah Hans an, als müsste damit alles klar sein, sprach aber rasch weiter. »Der Fonds, den sie anlegen, ist eigentlich nur für Frauenangelegenheiten gedacht, wird aber auch für Freunde angezapft. Und deswegen beabsichtige ich, ein Freund zu werden.«

Das nun schien Hans reichlich seltsam: Was für ein Rechtsempfinden musste einem Menschen eigen sein, um für die eigenen Gaunereien die Anwälte eines Frauenvereins zu beanspruchen?

»Ihr geht nun also in den Krieg, wie ich sehe?«, fragte Hans, der die weißen Meldungsbinden entdeckt hatte und das Thema wechseln wollte.

»Spinnst?«, sagte Albert. »Man hat unten auf der Lärchenfelder gratis Seidln ausgegeben für jeden, der sich meldet. Da hamma a Leiberl zerschnitten und uns umbunden. Super, oder?«

Hans musste laut lachen. Vielleicht sollte er doch ein Ganeff werden, dachte er.

»Na, alsdann! Prost, damit die Kehle net verrost!«, sagte Albert, und sie stießen an.

Hinter ihnen war die ganze Zeit über Klaras Frauengruppe hörbar gewesen – ganz schwanger machten sie die Luft, und nicht einmal vorrangig mit Lärm, sondern mit einer Präsenz, die alles in ihr Gravitationsumfeld zog. Hans musterte sie wieder aus dem Augenwinkel. Immer wenn jemand aufgestanden war, waren seine beiden Gesprächspartner ein Stück näher zu den Frauen aufgerückt. Die beiden Gauner wollten Klara unbedingt vorgestellt werden, dachte er bitter. Wahrscheinlich hatten sie überhaupt nur deswegen mit ihm ein Gespräch angefangen. Man scharte sich um sie wie um ein Marienwunder.

Da war ein braunhaariges Mädchen, das einer älteren Frau mit Pagenfrisur zugetan war. Leidenschaftlich wurden Reden deklamiert. Vielleicht war die Ältere Schauspielerin? Sie wirkte jedenfalls wie eine. Man hörte nicht genau, was sie sagte, denn daneben standen zwei laut sich unterhaltende Mannsweiber in Hosen. Ein wenig wurde Hans auch davon verstimmt, weil er in ihren raschen Bewegungen etwas von Klara wiederfand. Wovon er geglaubt hatte, es sei allein ihre Eigenart, war also eine allgemeine Manier, eine Mode. Er sah ein Paar, einander umhalsend, aus der Gruppe schnalzen, um zu tanzen. Eine hatte einen Herrenanzug an, die andere eine Boa um die Schultern gelegt.

»Da, nimm«, sagte Albert; zerstreut griff Hans nach einem Stück Brot.

Eine ältere Dame, Typ Gesellschafterin, posaunte etwas in die Menge, von dem er nur »Anschlag auf die Moral« verstand. Was für ein Tumult: Und Klara war der Mittelpunkt von all dem, dachte er und wusste längst nicht mehr, ob er eifersüchtiger auf sie war oder auf die Menge, die sie umringte.

Klaras Büstenhalter war an einer Stelle abgeglitten und hing ihr lose über die Schulter. Es schien sie keinen Deut zu interessieren. Kein Anstand, der sie auch nur im Entferntesten innerlich ermahnte. Es machte ihn rasend.

Und dann fuhr es wie ein Schlag in ihn: Er wollte sie würgen, verletzen, ihr die Haut aufreißen. Er erschrak. Schon wollte er sich selbst, vom Tisch wegstürzend, in Verwahrung bringen, als er verstand: Nicht er war es gewesen, der sich diese Gedanken gemacht hatte: Sie waren ihm von Heinrich her in den Kopf geschossen.

Nur war ihm diese Einsicht zu spät gekommen: Mit einem Satz sprang dieser nun auf die Bank – ein Springmesser in der Linken. Niemand schrie. Es war alles zu schnell gegangen, als dass man es überhaupt bemerken konnte. Nur Hans hatte sich, da er den anderen gegenüber eine Sekunde im Vorteil war, erhoben. Er erlebte alles wie in Zeitlupe – dass er in Position war, ehe Heinrich den Arm über Klara erhoben hatte, dass er selbst eine Bewegung abwehrte, von der der Körper des anderen noch gar nicht wusste. Die Finger schlossen sich: Hans hatte die Hand, in dem Heinrich das Messer hielt, in der seinen und dessen Körper also nun so eingeklemmt, dass sie beide in dieser Position erstarrt waren. Ein Nullsummenspiel –

Dann brach das Gewühl los. Klara sprang zur Seite, und ihre Kumpaninnen stürzten schreiend auseinander. Heinrich, der seine Beherrschung wiedergefunden hatte, warf sich so plötzlich vorwärts, dass er Hans mitriss und beide auf den Boden stürzten. Heinrich war viel stärker, als er aussah; Hans kostete es einiges an Kraft, um ihn, wie sie nun in Staub und verschüttetem Bier umherrollten, am Boden so zu fixieren, dass dieser den Springer nicht gegen ihn führen konnte. Aber da kam ihm bereits Adam zu Hilfe. Hans drehte Heinrich, während Adam ihn festhielt, die Hand so auf den Rücken, dass er das Messer fallen lassen musste. Dann wendeten sie ihn auf den Bauch. Nun waren auch drei andere zur Stelle, die halfen, indem sie Arme und Beine des Angreifers auf den Boden drückten. Von Albert war weit und breit keine Spur.

»Ist alles in Ordnung, Klara?«, fragte Hans, der wieder Atem schöpfte. Klara ihrerseits schien erst jetzt zu verstehen, was da passiert war – und so plötzlich, dass sie sich erst recht wieder setzen musste.

»Wir müssen die Gendarmerie rufen«, sagte eine Kellnerin.

»Keinesfalls«, sagte Klara, und dann nochmals: »Nein.«

»Was heißt da, nein?«, fragte eine andere Frau aus Klaras Gruppe.

»Nicht zur Polizei«, wiederholte sie. Noch immer ging alles drunter und drüber – ein Mann hatte das Messer aufgehoben, und drei Leute beäugten es wie ein aufregendes Geheimnis. Ein anderer hatte Heinrich seine Schuhe ausgezogen – warum, war nicht ersichtlich. Ringsum lagen zerbrochene Gläser, die für manche Gäste Angst und Schrecken auszustrahlen schienen, für die nächsten nur ein Ärgernis beim Tanzen waren, denn die Musik hatte ganz unbeirrt wieder eingesetzt.

»Wir müssen jemanden holen, das war – ein Mordanschlag«, sagte die Kurzhaarige, die neben Klara gesessen hatte.

»Der hatte es auf Klara abgesehen«, meinte eine andere weinend.

»Hätte der Suppenkaspar eh nicht zusammengebracht«, lachte Adam und beugte sich hinunter, wie um Heinrich die Wange zu tätscheln. Dann nahm er jedoch Schwung und schlug ihm einen Haken gegen das Gesicht, dass diesem das Blut aus der Nase quoll.

»Bist du wahnsinnig?«, fragte Klara. Kurz schien es, als würde sie vollkommen die Fassung verlieren, dann wandte sie sich an Hans. »Bitte verlagern wir das, weg von hier. Und zwar sofort.«

Jetzt, wo sie ihn um Hilfe bat, war Hans wieder ganz besänftigt. Er stemmte Heinrich, der nach Adams Schlag nur mehr winselte, auf seine Schulter – er hatte ja eine Idee, wohin mit ihm. Adam und Klara im Schlepptau, schob er sich durch die dichte Menge in das dreckige Separée, in dem er eine Stunde zuvor die Frau hatte abwimmeln wollen. Er warf den stöhnenden Heinrich auf die Matratze, der nicht die geringsten Anstalten machte zu fliehen. Dennoch fesselte er sicherheitshalber erst die Beine mit seinem Gürtel und gleich darauf auch die Hände, als Adam ihm seine Hosenträger überreichte.

»Was war denn überhaupt?«, fragte dieser, der das alles für einen großen Spaß zu halten schien.

»Er ist mit einem Messer auf mich losgegangen.«

»Warum hast du das getan, du Arschloch, hm?«, fragte Hans forsch und packte den Verschnürten am Kragen.

»Hans, gehen wir's ruhig an, ja?«, sagte Klara.

»Keine Sorge, wenn du das ohne Polizei regeln willst, kann ich ihn auch so zurichten, dass er dir in Zukunft garantiert nichts mehr tun wird. Na? Würde dir das gefallen?«

»Ach, Hans. Ich kenne ihn ja«, sagte Klara, die derweil nervös auf und ab ging.

»Was?« Hans ließ seinen Kragen los.

»Das ist Michael Pleininger, ein Mitglied meines Traumclusters.«

»Michael, was –«, sagte Hans befremdet. »Er – nein, er heißt Heinrich, das hat er mir doch erzählt. Er ist ein Gauner, der Identitäten stiehlt.«

»Ja, das wenigstens stimmt, dass er verschiedene Persönlichkeiten mimt. Aber ein Gauner? Unsinn, der kommt aus einer soliden Familie in der Vorstadt.« Klara kaute an ihren Nägeln. »Das ist der Dritte, der gottverdammte Dritte dieses Jahr. Soll ich mich denn verbarrikadieren?«

»Der dritte was?«, fragte Hans, bekam aber keine Antwort.

»Du könntest deiner Helene einmal sagen, sie soll aufhören, in der Feminabar und im Tabarin die Leute zu requirieren. Das sind lauter Psychopathen«, sagte Adam.

Nachdem Heinrich oder Michael, oder wie auch immer er hieß, nun begann, wimmernde Laute von sich zu geben, zog sich Hans sein Unterhemd aus und knebelte ihn. Angriff hin oder her, wenn sie jemand fand, würden sie sich erklären müssen.

»Der ist nicht aus dem Tabarin, du Schlaumeier. Der war schon vor zwei Jahren im Kreis. Als wir noch Gruppentherapie hatten.«

»Und da hast du ihn nicht erkannt, als er hinter dir aufgetaucht ist?« Adam zog den Knebel etwas nach unten, um sein Gesicht besser sehen zu können.

»Er hat mich schon vor einer Stunde gefragt, ob ich ihn dir vorstellen kann«, sagte Hans. Das also war die tatsächliche Absicht hinter dem ganzen Brimbamborium gewesen.

»Ich hab im Hinterkopf keine Augen!«, schrie Klara. »Ich bin angegriffen worden, da bin ja wohl nicht ich die Schuldige.«

»Wir müssen jetzt nachdenken, wir müssen jetzt erst einmal nachdenken, was wir mit dem machen«, sagte Adam gereizt. Sie setzten sich alle auf den Boden, Klara hatte den Kopf in die Hände gestützt.

»Würdet ihr mir vielleicht zunächst einmal erklären, was das alles soll?«, fragte Hans schließlich.

»Ja, natürlich, Entschuldigung. Ich hab dir doch erzählt, was ein Traumcluster ist?« Adam schien sogar im Sitzen ein wenig zu torkeln.

»Du hast ihm was? Ich höre wohl nicht recht!« Klara war völlig außer sich. »Es ist ja nicht – es ist ja nicht, dass ich dir zu wenig vertrauen würde, Hans, das ist es nicht«, setzte sie nach und strich sich, plötzlich ihrer Zerrauftheit bewusst, die Haare glatt. »Diese Sache darf nur einfach nicht nach außen dringen. Sonst passiert genau das. Nimm diesen Kretin da – woher hat er wohl gewusst, dass ich hier sein würde? Und warum, denkst du, ist er überhaupt gekommen?«

»Von mir sicher nicht«, sagte Hans trotzig, der sich von Klaras Reaktion ins Unrecht gesetzt fühlte.

»Ja, von wem also dann?«, fragte Adam, sprang auf die Beine und trat dem Gefesselten mit Schwung in die Eingeweide. »Verteidige dich, du Feigling.« Er zog ihm den Knebel aus dem Mund.

»Ich wollte ihr nichts tun« – das war mehr ein Würgen als ein menschlicher Laut –

»Das hast du aber schlecht gezeigt.«

»Ihr müsst es verstehen«, flehte dieser. »Ich hänge seit drei Jahren in der Fleischerei, jede Nacht …«

»Dann komm doch das nächste Mal und frag ohne Taschenfeitl, du Bastard« – fast hatte man den Eindruck, dass Adam die Quälerei Spaß machte. Statt eines Punktes setzte er einen Fausthieb ans Ende jedes Satzes; ganz gewohnheitsmäßig schien das.

»Was für eine Fleischerei? Der ist ein Fleischer?«, sagte Hans verwirrt.

»Nein, er ist natürlich kein Fleischer«, sagte Klara, die sich langsam wieder zu beruhigen schien. »Im Weiler – im Weiler ist er ein Fleischer.«

»Ich starre die Kadaver an, jede Nacht, jede Nacht schächte ich Tiere«, schluchzte Heinrich. »Und wenn ich aufwache, muss ich mich von Kopf bis Fuß abwaschen. Ich fühle mich immer besudelt. Bitte, macht mich doch los, wir können reden.«

»Ich verstehe dich schon«, sagte Klara leise.

»Ich brauche doch nur ein paar Informationen. Was wird dir denn dadurch genommen? Ich will doch nur die Villa –«

»Ja ja, alle wollen sie die Villa.« Kurz herrschte Stille, die nur die leisen Klagelaute des Gefesselten durchbrachen, dann hatte Hans genug.

»Ich habe das Recht zu erfahren, was hier vor sich geht. Mitgehangen, mitgefangen.«

»Du weißt, dass er recht hat«, sagte Adam. Klara atmete tief durch.

»Nun gut«, sagte sie. »Du weißt ja schon, was ein Cluster ist, und ich nehme an, dass Adam auch nicht den Mund darüber hat halten können, wie er zustandegekommen ist.« Sie drehte sich aber gleich weg, als wollte sie bei ihrer Erzählung auf keinen Fall Augenkontakt herstellen. »Unser Cluster, also der, den Helene aufgespürt hat, ist der größte jemals gefundene. Man nennt ihn: den Säkulumscluster.«

»Davon bin ich unterrichtet«, sagte Hans ruhig.

»Nun gut. Der gesamte Cluster träumt von einem einzigen kleinen Dorf. Über 30 000 individuelle Träume sind bis jetzt aufgezeichnet worden, und doch hat noch niemand ihn finden können. Und glaub mir, es hat viele Bemühungen in diese Richtung gegeben, denn eines haben wir alle gemeinsam: die unbezwingbare, quälende Intuition, dass es den Weiler wirklich gibt, dass wir ihn keinesfalls erfunden haben, sondern vielmehr *entdeckt*.«

Sie kratzte sich immer wieder heftig ihre dunklen, dichten Locken, so als ob etwas zwischen ihnen nistete.

»Ich bin ein wissenschaftlich denkender Mensch, so viel steht fest. Aber erklären kann ich das Ganze freilich auch nicht. Die Übereinstimmung ist – unheimlich. Wirklich unheimlich. Ich habe aus dem Mund Dutzender anderer gehört, was ich in meinen nächtlichen Exkursionen *gesehen* habe. Ich kann es nur so erklären: Manchmal kann man wissen, dass etwas wahr ist, ohne daran zu glauben.«

»Wir sprechen die ganze Zeit darüber, weil uns ja beide diese Diskrepanz zerreißt«, sagte Adam. »Natürlich in ganz unterschiedlicher Weise, doch der Gedanke ist derselbe. Es kann ja nicht sein, was wir da erleben. Aber es ist auch ganz real.«

»Ich verstehe euch allzu gut«, sagte Hans. »Red weiter.«

»Es gibt einen gewissen Fechner, der von einer Erdenseele spricht, zu der wir alle Zugang haben. Wir können vorpsychische Phänomene in der Materie empfinden. Oder Mach, der schon 1889 das Konzept vererbter Vorstellungen erläutert hat. Oder Paul Kammerer –«

»Auch den kenne ich«, sagte Hans, den sofort die Freude überfallen hatte, auch etwas beizutragen.

»Vielleicht reichen auch unsere Messungen nicht«, fuhr Klara fort. »Es wäre nicht das erste Mal, dass es einen leicht fasslichen Grund für etwas scheinbar Unmögliches gibt.«

»Schön und gut, aber wir sollten zum Punkt kommen«, ermahnte Adam sie.

Adam hatte recht: Es war unpassend, dass sie in aller Seelenruhe diese ausgedehnten Reden führten, während ein gefesselter Mensch am Boden lag.

»Entschuldige, ich weiß. Also: Es gibt nämlich eine wesentliche Einschränkung. Jeder Träumer, den wir bisher kennen, träumt nur von einem winzigen Ausschnitt. Jeder kennt nur ein paar Quadratmeter, vielleicht ein oder zwei Zimmer, und jeder von ihnen ist gezwungen, dieselbe repetitive Tätigkeit zu verrichten. Jede Nacht wieder und wieder geschieht uns das. Das heißt, um den Weiler überhaupt als solchen zu begreifen, muss man die Erzählungen hunderter Menschen wie Flickenteppiche zusammennähen. Und du kannst dir sicher denken, dass man nicht jeden Träumer gefunden hat und somit der größte Teil dieser Landkarte weiß ist.«

»Aber niemand erlebt doch seine Träume in wirklicher Präzision - wieso sind die Menschen so wahnsinnig danach?«

»Alles drängt zum Luster«, antwortete Adam. »So sagt man es.«

»Von allen Gebäuden aus ist das zentrale Baustück zu sehen - eine prachtvolle Jugendstilvilla, wie man sie vor zwanzig Jahren in Luftkurorten gebaut hat. Deswegen suchen die Traumjäger auch vor allem in Böhmen -«

»Traumjäger?«, unterbrach sie Hans.

»- das ist natürlich ein recht pathetischer Name für die Handvoll Jugendlicher, die in der Weltgeschichte herumfahren, weil sie glauben, dass der Ort eines gemeinsamen Traumes auch ein realer Ort sein muss. Maria und Mate und Fanni sind dabei, das sind ehemalige Freunde von mir, die ihr Leben ruiniert haben, weil sie obsessiv in diese Sache hineingekippt sind. Wir waren alle, und dieser Pseudoattentäter dazu, vor fünf Jahren in einem Selbsthilfekreis.«

»Alles drängt zum Luster«, sagte Adam noch einmal. Und was für ein eigenartiges Sagen das war - wie ein eucharistischer Spruch.

»Alles drängt zum Luster«, bestätigte Klara. »Denn in eben der Villa, von der ich dir gerade erzählt habe, hängt ein ungeheuerlicher Kronleuchter. Einer der Träumer, ein Kunsthandwerker, hat ihn aus der Ferne als einen massivgoldenen Schaftleuchter identifiziert. Barockarbeit.«

»Aus der Ferne?«

»Es kann sich ja niemand von den Träumern wirklich nähern, verstehst du? Verlässt man den einem zugestandenen Ort, hört der Traum schlagartig auf. Was dieser Leuchter zu bedeuten hat, wissen wir alle nicht, und es ist auch vollkommen egal im Verhältnis zum ungeheuerlichen *Drang*.«

»Deswegen hat dieser Kretin Klara angegriffen«, sagte Adam verächtlich.

»Allen Träumenden gemein ist dieses Verlangen nach dem Luster. Es ist eine Ahnung dabei, dass sich hinter oder unter oder in ihm etwas befinden könnte. Es hat etwas Libidinöses an sich; einen Zwang, der keine Begründung kennt und keinen Aufschub duldet. Es pocht und arbeitet in einem.«

»Ich glaube, ich verstehe es nicht ganz.« Ein Leben lang hatte Hans sich danach gesehnt, von Dingen wie diesen zu hören. Und jetzt, wo der Zeitpunkt gekommen war, befriedigten ihn die Erklärungen nicht.

»Manche fühlen sich diesem Begehren gegenüber versklavt. Sie können tagsüber, in der realen Welt, kaum mehr Fuß fassen, schlafen bis zwei Uhr nachmittags, weil die kitzelnde Traumlogik sie glauben macht, die nächste Permutation könne einem endlich Antworten geben. Und dann denken sie daran, dass es einen anderen Weg geben könnte: mich.«

»Auch das habe ich ihm erzählt«, sagte Adam verlegen. »Dass du die Einzige bist, die im ganzen Dorf herumgehen kann.«

Hans machte der Gefesselte zusehends nervös. Ja, was würden sie denn nun mit diesem Heinrich tun? Ihm war schmerzlich wieder eingefallen, dass er selbst illegitim in Wien war und keinesfalls der Polizei begegnen durfte. Er war nicht einmal volljährig.

»Wenn Leute erfahren, dass es eine einzige Person gibt, die den Weiler träumt und in diesem Traum nicht limitiert ist, rotten sie sich zuweilen zusammen. Und das ist ein Problem. Schau: Dass etwas aus der echten Welt geträumt wird, ist ganz normal. Wenn aber etwas aus dem Traum ins Wache dringt – das mein Lieber, ist Perversion.«

Er nickte geistesabwesend, er hatte nun andere Sorgen. Sicherlich könnte er sich vor einem Gericht nicht behaupten. Man würde ihn zurück an den Hof schicken, und dann –

»Früher war das noch halb erträglich«, sagte Adam und sank wieder zurück in sein Eck. »Aber in den vergangenen Monaten werden sie regelrecht gewalttätig.«

»Woher wissen sie überhaupt von dir?«, fragte Hans zerstreut. »Und wenn es für dich gefährlich ist – warum triffst du die Leute nicht einfach und hilfst ihnen freiwillig?«

»Dann wäre das Ganze unwissenschaftlich. Wir dürfen einander ja nichts erzählen, sonst wären die Überlappungen verwässert, wir würden uns gegenseitig beeinflussen. Wie eben bei einer Versuchsanordnung.«

»Aber es ist doch wohl dein Leben wichtiger als so ein Experiment!«

»Und woher sie es wissen? Nun: Jemand hat Helenes Patientenbuch gestohlen«, sagte Adam, der endlich Hans' Frage aufgegriffen hatte. »Vor zwei Jahren. War unmöglich aufzuklären, sie hatte sechs Patienten an diesem Tag, und natürlich haben alle sechs geleugnet. Da kannst du nichts machen – so ein Buch ist ja vom Materialwert her hinfällig, das ist für eine Anklage gegenstandslos.«

»Aber«, sagte Adam, dem plötzlich etwas einzufallen schien, »vielleicht können wir ja jetzt etwas herausfinden.«

»Bitte lass ihn doch«, flehte Klara, aber Adam hatte ihm schon den Knebel aus dem Mund gezogen.

»Sprich, du Aas. Wo hast du davon Wind bekommen und vor allem, was hast du dir davon versprochen, sie umzubringen?« Und noch bevor der andere antworten konnte, hatte er ihm einen weiteren Schlag ins Gesicht gefeuert.

»Jetzt hör doch auf«, sagte auch Hans und ging endlich dazwischen. Adam ließ ganz widerstandslos ab, da dem Täter, der nun auch ein Opfer war, ein Blutfaden aus dem Mund hing.

»Wenn er nicht spricht, mache ich aber gleich weiter«, sagte Adam, der sich wie ein Boxer das Gesicht in seinen Mantel wischte. »Wie überhaupt sollen wir uns versichern, dass er morgen nicht wieder hier auftaucht?«

»Ich wollte ihr doch gar nichts tun«, sagte der Gefesselte wieder.

»Beruhigen wir uns erst einmal«, sagte Hans wieder, während Klara scheinbar ganz aus der Szene ausgeschieden war und bloß an die Decke starrte.

»Ich werde morgen sowieso einrücken«, brachte der Gefesselte endlich hervor. Dieser widerliche Blutfilm auf seinen Zähnen – »Ich wollte sie nur unter Druck setzen, vielleicht als Geisel nehmen, es war doch nicht ernst.«

»Ganz toll gemacht«, sagte Adam. »Das hat man gleich gemerkt.«

»Ich musste es tun. Ihr versteht nicht, wie das ist. – Ich kann morgen nicht abfahren, ohne es zu wissen.«

»Gut, dann gebe ich dir eine Chance, Freundchen. Du sagst uns, woher du wusstest, welche Informationen Klara hat und wo du sie finden würdest. Und ich prügel dich zumindest nicht tot. Klingt gut?« Hatte er diese Techniken beim Militär gelernt? Lernte man *das* bei der Armee?

»Bei niemand Bestimmtem«, sagte er. »Es gibt eine ganze Gruppe.«

»Was für eine Gruppe?«, fragte Adam. »Lügst du uns an? Letzte Chance.«

In jener Pause, in der niemand von ihnen etwas sagte und nur das Husten und Röcheln eines gequälten Burschen zwischen ihnen lag, hörte Hans Schritte im Gang.

»Es war Helene«, sagte er leise.

»Kusch, da ist jemand vor der Tür«, sagte auch Klara, aber Adam hörte sie gar nicht.

»Mumpitz«, sagte er. »Schwachsinn, Scheißdreck.«

Mit jedem Augenblick wurde Hans klarer, dass er über die Menschen, mit denen er in diesem Verließ saß, nichts wusste. Wer waren sie? Was waren sie? Was waren Freunde, die man erst einen halben Tag kannte?

»Sie war es«, sagte der Gefesselte, jetzt wo er bei seinen Wärtern endlich eine Wirkung erzeugt sah. »Die ist nicht, was ihr glaubt, die hetzt uns alle gegeneinander auf. Lasst mich frei, dann können wir reden.«

»Aber warum?«, fragte Hans.

»Er lügt«, zischte Klara aus dem Abseits, »und ich habe gesagt, dass da jemand ist, verdammt.« Jetzt hörten sie alle, dass jemand an der Tür zu fuhrwerken begann.

»Was, wenn uns jemand gesehen hat?«, fragte Hans – die Frage mit der Polizei kam ihm wieder hoch. »Er ist ja ganz blutig.«

»Natürlich hat uns jemand gesehen, das ganze Lokal hat uns gesehen, aber er war ja auch der Angreifer«, sagte Klara und rief dann laut zur Tür hin: »Wir brauchen noch eine Minute!«

»Packt euch zusammen.« Adam warf Hans seinen Seesack zu.

»Aber was machen wir denn mit ihm?«

»Wir lassen ihn natürlich hier«, sagte er und kontrollierte

ein letztes Mal die Fesseln, ehe er ihn wieder unsanft auf die schmutzige Matratze fallen ließ und ihn mit Kissen bedeckte. Was, wenn er nicht atmen konnte?, dachte Hans noch. Aber da nahm Klara ihn schon an der Hand und führte sie im Laufschritt die steilen Stiegen hinauf.

KAPITEL 5

DREI ARCHETYPEN

Leise und verwaschen war der Tag, an dem der Vikar in die Siedlung kam. Es regnete, und ein Sonntag war es – der 18. Juni 1910. Schwer standen die Blätter vom Wasser und dem Tau der Nacht, wie unter einer Liebkosung des Himmels, der von der Trockenheit der letzten Wochen besorgt gewesen war.

Nie zuvor war ein Gespann – eine wirkliche Postkutsche – ins Dorf gekommen. Nur deswegen hatte Hans gegen acht von der Arbeit im Stall abgelassen und war nach draußen gelaufen. Wenn er jetzt daran dachte, war ihm, als wäre ihm schon in dieser Stunde etwas ganz Außergewöhnliches widerfahren: Er sah noch vor sich, wie die Hinterseite dieser Karosse an der Kreuzung verschwunden war und er etwas Besonderes kommen spürte. Er sah sich in seiner Erinnerung unter einem Baum ins Gras sinken. Er hatte – glaubte er – an diesem Tag mit nie empfundener Zärtlichkeit die zögerlich aufbrechenden Knospen und die aus dem Boden hervorlugenden Wurzeln betrachtet. Auf einmal hatte er sich vorstellen können, wie tief die Pflanzen die Erde anfassten – und dass ihre Vorfahren für Äonen in einer reichen Sprache die Natur geformt hatten.

Wenn er es jedoch ganz nüchtern betrachtete, dann wusste er auch, dass es damals nicht so gewesen war. Nein: Was später geschehen war, hatte bloß einen Schlagschatten in sein Erinnern geworfen. In Wirklichkeit hatte er einfach dagesessen und an einer Wursthaut gekaut, weil er frustriert war, die vorbeifahrende Kutsche verpasst zu haben. Er war nicht mehr in den Stall zurückgekehrt, man hatte ihn zum Gottesdienst gerufen. Keine Poesie.

Das Dorf war im Grunde nur eine Lehmstraße, an der zehn Höfe, ein Gasthaus und eine Kirche aneinandergereiht waren.

Der Pfarrer, ein Mann namens Elias Meier, der selbst ein Sohn dieser trostlosen Geraden war, sprach von Sünde und Verdammnis so fade wie andere von Käseaufschnitt und Misthaufen. Auch an diesem Morgen hatte er sich um neun Uhr am Altar bereit gemacht. Hans war das egal gewesen – er ließ seine Gedanken schweifen, und sie schweiften für gewöhnlich zu seinem Ärger darüber, wie sich die Bauersleute in ihrer Sonntagskluft von den Knechten abzusetzen versuchten. In Reih und Glied saßen er und die vier anderen hinter der Familie da – er und die Mägde in groben, mehrfach geflickten Wollkleidern, die Bauernsöhne in feinen Wollanzügen, geschmückt mit Auerhahnfedern.

Um seinen Missmut zu verstecken, blätterte Hans oft im Gotteslob oder den zerfaserten Bibelbündeln nach Zeilen, die zu ihm sprachen und die er während der sinnlosen Riten auswendig lernen konnte. Doch bis auf wenige Stellen im Johannesevangelium und der Apokalypse fand er nur in der Zahlenakrobatik Unterhaltung. Dass Jakob und Esau bei Isaaks Tod 120 Jahre alte Knaben gewesen waren, vermochte ihn zwei Wochen zu amüsieren.

So begann auch der heutige Gottesdienst: In der gewohnt knöchernen Art, die stets von Adam und Eva her ihren Anfang zu nehmen schien, hatte sich Pfarrer Meier auf den Ambo gestützt. Statt aber das Schuldgeständnis einzuleiten, hatte er einen jungen Mann zu sich hinter den Altar gebeten und verkündet, eben dieser – ein Vikar aus Innsbruck – werde ihn von nun an jede zweite Woche vertreten. Er hatte dies mit seiner angegriffenen Gesundheit begründet, die von der jüngeren Generation nun gestützt werden müsse. Langsam hatte er das gesagt, damit jeder auch merkte, dass es gegen seinen Willen geschah, was Hans Gelegenheit gab, den Vikar genauer zu studieren.

Er war vielleicht im Alter von Hans' Eltern, vielleicht auch etwas jünger, und hatte die Haare fast mönchisch kurz geschoren. Es war nicht sein Aussehen – ganz und gar nicht, der Habitus des Händefaltens, der Gelehrtenbrille, des absegnenden Nickens passten wie eine Maßanfertigung. Aber es ging etwas darüber hinaus. Der Vikar trug seine Robe und war darunter doch klar erkennbar – nicht wie beim Pfarrer, dessen Ornat eher ihn angezogen hatte.

Jetzt werde eine Einstandspredigt folgen, sagte Meier träge, und sein Nachfolger trat endlich nach vorne. Hans versuchte, einen anregenden Gedanken in sich zu finden, so wie er es zum Überstehen jeder Predigt zu tun pflegte. Aber schon mit dem ersten Wort war er gepackt. Für den Rest seines Lebens konnte er sich an den genauen Wortlaut der *praedicatio* erinnern.

Der Vikar erzählte von einem Waldspaziergang, den er als Kind mit seinen Eltern im Pinzgau unternommen hatte. Nicht von der Bibel her begann er – sondern von den Vögeln und Büschen her. Er sprach vom schwarzen Humus, den sein Schuhwerk beim Abgleiten auf dem feuchten Boden freigelegt habe, erzählte, dass die Mutter ihm voran auf die Schmittenhöhe gezogen, während er durchs Unterholz gestapft sei. Er habe einen Farn zur Seite geschoben, und in diesem Moment sei ihm das Mystische mit einem Schlag präsent gewesen.

Den Bauern, die sich an diesem Tag in der Kirche versammelt hatten, wurde zum ersten Mal erklärt, was gemeint war, wenn einer Gott sagte – doch wie erschrocken vor diesem Erklären, das für einen Pfarrer doch nicht vorgesehen sein konnte, wurde gleich getuschelt. Der Vikar war mit seinen Seltsamkeiten noch lange nicht am Ende.

Er erzählte, dass er sich unter der Wucht dieser Gottespräsenz hatte hinkauern müssen, während sich die endlose Chronologie des Lebens so greifbar anfühlte wie eine persönliche Erinnerung. Dass sich die Saurier im Trias aus der noch umblitzten Materie gehoben hatten – bevor sie erst die Umwelt und schließlich sich selbst begriffen hatten.

»Ein Saurier soll sich begreifen?«, hatte vernehmlich der Bauer gefragt, als wollte er den Vikar stören, doch der erzählte ganz einfach weiter.

Er habe eine Verbindung bis in die Lithosphäre empfunden – denn Staub war auch der Mensch. Er sprach davon, dass die Zeit selbst schlagartig zu einer Wasseroberfläche geworden war; dass er sich als ein in die Welt geworfener Stein verstand, der sich im All spiegelnd Ringe schlug. Das war ihm bis in den kindlichen Körper gedrungen: Gott war ihm in den Körper gedrungen.

»Häresie«, flüsterte Hans ein anderer Knecht ins Ohr und wollte, dass er die stille Post weitergab. Natürlich tat er es nicht – er hing dem Vikar ja an den Lippen.

All die Vorfahren – sagte dieser nun –, die sich in seinem Leib sedimentiert hatten, spürte er jetzt in sich wirken. Er war nicht mehr allein. Er war primitiv geworden, primitiv im Sinne des Ursprünglichen. Er lief zu seiner Mutter (an diesen Teil der Erzählung erinnerte sich Hans ganz eindrücklich) und umarmte sie. Und das Wunder setzte sich fort: Jeder Vorfahre, der ihm vorausgegangen war, vom Vater an bis in die tausendste Generation, hatte mitumarmt – er spürte es.

Nun, da sich die Erzählung des Vikars dem Ende näherte, hielt die Gemeinde das Tuscheln nicht mehr zurück. Nicht dass einer von ihnen *Evolutionstheorie* auch nur hätte buchstabieren können, aber für das Anstandslose, das Gottesfrevlerische hatte man ein blindes Sensorium.

»Gott«, hatte der Vikar schließlich gesagt, »ist kein alter Mann mit einem Bart, der uns im Himmel richtet. Er ist das Entindividualisierte.

Was nun bedeutet das für unsere tägliche Praxis? Aufzuhören zu kategorisieren – die Dinge in gut und in schlecht einzuteilen. Menschen, Dinge, Situationen nicht zu beurteilen. *Uns zu vergessen* – das ist Gott. Eine Ethik des Verlernens zu kultivieren und den Glauben an Stellen zu finden, wo die Leerstellen sind. Die Naturwissenschaft ist der Religion nicht entgegengesetzt, sondern vielmehr ein notwendiges Hilfsmittel derselben. Wir müssen verstehen lernen, dass ein über uns hinausgehendes Gesetz alles Lebendige aneinanderbindet.«

Nach der Rede begann ein knöchernes »Gloria in Excelsis Deo« das Kirchenschiff zu verstopfen, und die allgemeine Ratlosigkeit ertrank im gleich darauf gegebenen »Kyrie«.

Hans konnte auf dem Heimweg kaum einen klaren Gedanken fassen.

Die Bäuerin hatte oben das Sonntagsessen für ihre eigenen Kinder aufgetischt, dessen Reste die Knechte und Mägde unten mit einem Laib Brot und reichlich Speck streckten. Während er aß, fragte sich Hans, wie er das Unmögliche bewerkstelligen sollte. Er schob die Gedecke von einer Seite auf die andere und dachte daran, dass er heute noch einen halben Tag frei haben würde, wenn er die Pferde schnell genug nach drinnen brachte.

»Wo eigentlich wohnt ein Vikar?«, fragte er so beiläufig wie möglich.

»Na, im Pfarrhaus, schätz ich«, sagte Lisbeth, eine der älteren Mägde, mit vollem Mund. »Hinten halt, in diesem Anbau.«

»Na, da is doch die Köchin«, sagte ein anderer.

»Nein, die wohnt bei Meier, schon lange. Du weißt, wieso.«

»Warum musst du das überhaupt wissen, Hans?« Wissen *müssen*, so hieß es immer. Als bräuchte man einen dringenden Grund, um irgendetwas zu erfahren.

»Nur so«, sagte er.

Am frühen Nachmittag war er wieder nach draußen gegangen. Er fühlte sich wie frisch ertappt, noch bevor es etwas zum Ertappen gab. Lange schlich er um den Markt; hatte mal hier, mal dort einen Stock aufgehoben und geistesverloren die Pfützen gepeitscht. Er wollte es wie einen Zufall aussehen lassen, wenn jemand ihn fragte, doch natürlich fragte ihn niemand, und er kam unbehelligt bei der Pfarrei an.

Das Hinterhaus war ein kleiner Anbau mit Außentoilette und stammte aus einer Zeit, in der betuchte Geistliche sich mannigfache Angestellte hatten leisten können. Weil drinnen das Licht brannte, konnte Hans sehen, dass der Raum von Büchern überging. Auch vor den Regalen, auf den Tischen war eine Architektur aus Stapeln errichtet worden. Hans versuchte, die Titel zu lesen, und wunderte sich, dass all das in einer einzigen Postkutsche Platz gehabt hatte. Begierig, mehr zu erkennen, duckte er sich unter das andere Fenster. Das Bett in der Nische war mit der grünen Albe überworfen, die der Vikar in der Messe getragen hatte. Daneben lagen das Zingulum sowie eine Garnitur weltlicher Kleidung. Zwei braune Anzüge und ein Hemd – Unterhosen. Hans erschauderte, als er das Profane so mit dem Transzendenten vermischt sah, konnte aber nicht anders, als weiter zu starren. Eine Uhr, ein angebissener Apfel, ein Feinrippleibchen – das, was unterm Heiligen sich befand, und –

Ein Geräusch ließ ihn herumfahren: Hinter ihm stand der Vikar, den er die ganze Zeit über drinnen vermutet hatte, und sah ihn an. Aber nur für eine Sekunde, dann schritt er unbehelligt zur Tür, als wäre nichts geschehen. Erst an der Schwelle sprach er Hans an.

»Du kommst mit.« Hans folgte ihm. Im Inneren der Wohnung war es drückend schwül, offenkundig hatte der Vikar, der ihn mit einer Geste anwies, sich auf das Kanapee zu setzen, im Juni ein Feuer angezündet. Hans saß kerzengerade da, ohne ein Wort vorzubringen. Was, wenn er dem Bauern davon erzählte?

Den Vikar schien das alles nicht zu kümmern. Er setzte sich stumm an seinen Schreibtisch und schlug ein Buch auf, in das er gute zehn Minuten starrte, ohne ein Wort zu sagen. Hans sah auf die Pendeluhr, ohne sich zu bewegen.

Als der Vikar zu sprechen begann, erschrak er fast zu Tode.

»Vor einem Monat ist die Monarchie in Portugal gestürzt worden. Die Bürgerlichen haben König Manuel II. vertrieben und werden wohl die Republik ausrufen. Was halten Sie davon?«

Hans meinte, sich übergeben zu müssen. Er hatte eine Strafe erwartet und seinen Körper in Erwartung der Hiebe verhärtet, bis sein Rücken schmerzte. Aber darauf, was der Vikar ihm antat, war er nicht vorbereitet.

»Ich weiß es nicht, Herr Pfarrer«, sagte Hans.

»Ich bin kein Pfarrer, ich bin noch nicht einmal zum Diakon geweiht.«

»Ich weiß es nicht, Herr Diakon«, sagte Hans blöde.

»Ich habe ja auch nicht gefragt, was Sie davon wissen, sondern was Sie davon *halten.*« Das *Sie* schmerzte Hans fast, er fühlte sich wie ein Hochstapler, der sich in einer Schmierenkomödie für etwas ausgab. Einen Herren.

»Jetzt schießen die Republiken wie Pilze aus dem Boden. Also?« Da fuhr ein Aufwind in ihn: Vielleicht war dies seine erste und einzige Chance.

»Ich weiß nicht viel von Portugal, außer wo es liegt, und vom Sozialismus verstehe ich, obwohl ich mit ihm sympathisiere, auch nicht viel. Aber ich erinnere mich aus dem Geschichtsunterricht, dass die Befreiung der französischen Gesellschaft durch die Revolution ein heroischer Akt war. Mein Vater war ein Demokrat, aber leider ist er tot.«

Er hatte trotz seiner Bemühung um sachliche Rede den Zusammenhang leicht verfehlt; dafür, dass ihm das Wort sympathisieren rechtzeitig eingefallen war, gratulierte er sich aber. Der Vikar lächelte.

»Wie alt sind Sie denn, Bub?« Was für eine Formulierung!

»Dreizehn. Und ich muss jetzt fort.« Man würde seine Abwesenheit am Hof bald bemerken. Sein Körper aber blieb sitzen – Hans machte keinerlei Anstalten, wirklich zu gehen.

»Besuchen Sie die Schule?«, fragte der Vikar.

»Ich bin durchgefallen und ausgeschieden«, sagte Hans leise, setzte aber gleich nach: »Es war aber, weil der Herr mir nicht erlaubt hat, überhaupt mehr als einen oder zwei Tage dort zu erscheinen. Ich war vor zwei Jahren noch für das

Gymnasium vorgesehen und ein hervorragender Lerner.« *Eigenlob stinkt*, mahnte der Bauer immer. »Ich war so müde«, sagte Hans also und blickte aus dem Fenster.

»Soso, mit zwölf also die Schule verlassen?« Der Vikar wirkte, als hätte er einen Gedanken verloren, fasste sich aber und schritt vor der Bücherwand auf und ab, wie um ihn zwischen den Bänden suchen zu gehen. »Ich habe natürlich gesehen, dass Sie einer der wenigen waren, der bei meiner Predigt heute nicht eingeschlafen sind oder Gewaltfantasien entwickelt haben. Glauben Sie nicht, dass man in der Menge den Einzelnen nicht dennoch wahrnimmt.« Er sah seine Hand an, jeden Finger einzeln, während er die andere auf den Rücken gedreht hielt.

»Ich sage Ihnen rundheraus. Ich finde es nicht gut, wie Sie mir nachgestellt haben, bin aber jetzt froh darüber. Ich hätte eigentlich schon letztes Jahr zum Diakon geweiht werden sollen, musste aber aus Mödling bei Wien abreisen, weil man mich dort für den geistlichen Dienst als untauglich empfand. Jetzt bin ich – na, Sie sehen es ja. Jetzt bin ich hier. Im Gegensatz zu vielen anderen, die die Ausbildung im Priesterkonvent einschlagen, halte ich viel von Bildung, und zwar von tagesaktueller Bildung.«

Sogar ein Klavier hatte er mitgebracht, dachte Hans. Ein Globus, die Atlanten, ein Abakus. Auf einem Tischchen: ein goldener Federhalter und ein Paar roter, schwersilberner Manschettenknöpfe.

»Jetzt stellt sich nur die Frage, wie machen wir weiter? Sie sind ja aus einem bestimmten Grund gekommen.«

Hans wollte etwas sagen, aber der Mund blieb ihm offen stehen – so hielt er Maulaffen feil, weil er selbst nicht gewusst hatte, wozu er gekommen war, und er nun hoffte, der Vikar würde es ihm verraten.

»Ich würde zunächst sagen: Wir beginnen hiermit.«

Er legte vor Hans ein Buch auf den Tisch. *Die bürgerliche Revolution in Deutschland seit dem Anfang der deutsch-katholischen Bewegung bis zur Gegenwart.*

»Das ist ein Buch«, sagte er unsinnigerweise. »Ein historisches. Man sollte keine Abneigung gegen komplizierte Titel haben, weil die Autoren oft bezwecken, dass man etwas aus ihnen lernt. Und wir treffen uns kommende Woche hier zur selben Zeit, um das Buch zu besprechen.«

»Man wird mich doch nicht lassen«, sagte Hans, dem der Mund schon ganz trocken war.

»Sie haben mich bespitzelt und wollten etwas Unlauteres aushecken, weswegen ich dreißig Stunden kirchlichen Dienst über Sie verhängen werde. Sie assistieren mir. Wir verstehen uns?«

»Wir werden das Buch besprechen statt des Dienstes?«, fragte Hans.

»Wir verstehen uns?«

»Ja«, log Hans. »Aber warum?«

»Schau dich um in diesem Dorf. Was soll ich denn sonst machen?«

Das leuchtete ihm sofort ein; auch weil er das starke Bedürfnis hatte, dem Vikar zu vertrauen. In seinem bisherigen Leben hatte ihn nichts so erregt wie dieses Buch vor ihm. Es fühlte sich an wie ein Sprungbrett, wie ein Zug – auch wenn er zunächst auch nur geistig abfuhr. Hans wusste, dass der Bauer ihn verdreschen würde, wenn er es fände. Doch nichts hätte ihm in diesem Moment gleichgültiger sein können. Jeden Tag wollte er sich verhauen lassen, wenn es denn nötig wäre.

Er hatte das Buch sorgfältig in seine Jacke gepackt und war nach Hause gelaufen.

Von da an hatten sie sich jeden Sonntag getroffen. Das wahre Wunder war, dass man am Hof so sehr von Hans' Verfehlungen überzeugt war, dass sich kein Mensch über seine zwölf Monate dauernde kommunale Arbeit wunderte.

Der Vikar gab ihm jedes Mal ein neues Buch mit auf den Weg, das Hans zu lesen hatte, und meist war er schon mittwochs fertig. Sommers, wenn es schon um vier Uhr dämmerte, las er, bevor die Arbeit begann, und winters unter gestohlenen Kerzenstummeln auf dem Abort.

Es ging ein Jahr ins Land und dann noch eins. Hundert Bücher: *1001 Nacht* und die *Platonischen Dialoge*, Dostojewski und die Manifeste der Secession. Jedes Mal steckte der Vikar, der auch nach dieser Zeit noch beim Sie blieb, ihm eine Zeitung zu, die aus Berlin oder Wien auf wundersame Weise ihren Weg zu ihm gefunden hatte. Zuweilen hatte der Vikar in englischen Zeitungen jene Artikel, die ihm besonders interessant erschienen, mit rotem Stift umrahmt und darüber die deutsche Übersetzung der Titel geschrieben. Mit der Zeit blieben Bruchstücke in Hans' Erinnerung hängen. Jäh war er mit der Welt verbunden.

Wenn sie sich trafen, sprachen sie über Thomas von Aquin und Ernst Mach, über die Revolte von 1848 und die Mechanik der Goldminen. Der Vikar las ihm zuweilen sogar seine eigenen Texte vor, die Hans zwar nicht im Ganzen verstand, die ihn aber doch auf eine ganz eigene Art packten und erhitzten. Der Vikar schilderte ihm Erlebnisse glasklarer Mystik, die sich im Naturwissenschaftlichen fanden oder auf den alltäglichsten Wegen zugetragen hatten. Der Flügelschlag einer Fliege hatte ihm das Göttliche eingegeben – ihr Surren ein Loch in die Welt gerissen.

Oft fantasierte Hans auf dem Feld davon, den Vikar zu fragen, ob er ihn *mitnehmen* möge – und wenn es nur nach Innsbruck war. Eine Ausrede würde sich schon finden lassen. Nachts, wenn der Bauer schlief, würden er und sein neuer Freund auf die Postkutsche aufspringen und für immer entschwinden. Doch es kam nie zur Frage.

Im Sommer 1912 erzählte Pfarrer Meier eines Sonntags, der Vikar sei in den Urlaub gefahren. Hans hatte noch ein Buch von ihm eingesteckt, einen Hölderlinband, und sogar einige Gedichte auswendig gelernt, um sie ihm, sobald er wiederkäme, wie beiläufig aufzusagen. Er wartete zwei, dann drei Wochen – schon konnte er »Heimkunft« auswendig. Der Vikar kehrte nie wieder zurück.

Die nahe Turmuhr schlug halb zwei, da waren sie den Naschmarkt wieder heruntergestolpert. Hans war sicher, dass sie, nach allem, was geschehen war, den Weg nach Hause antreten würden. Es waren 42 Stunden vergangen, seit er zum letzten Mal geschlafen hatte, und langsam fühlte er wirkliche Schwäche. Als sie aber am Karlsplatz anlangten – dort, wo vor einem jetzt endlos scheinenden Halbtag sein neues Leben begonnen hatte –, bogen sie nicht zur Innenstadt hin ab.

»Wohin?«, fragte Adam schläfrig. So, wie er die Frage stellte, wurde Hans sofort klar, dass ihre Odyssee hier kein Ende hatte.

»Ich bin müde«, sagte er leise und gähnte wie zum Beweis.

»Wir können noch nicht nach Hause«, sagte Klara bestimmt.

»Weswegen denn?« – auch Adam gähnte!

»Morgen ist Rigorosum.«

»Ja eben, deswegen solltest du schlafen«, sagte Adam. »Oder

willst du halb alkoholisiert einen mathematischen Vortrag halten?«

»Ja, schlafen«, sagte Hans – und versuchte, da er sich nicht offen zu widersprechen traute, Klara mit seiner Mimik einen gewissen Widerstand entgegenzusetzen.

»Da rauf«, sagte diese bestimmt, ohne auf die Einwände der beiden einzugehen.

Das Thema war gegessen; und für Hans sowohl finanziell als auch emotional ausgeschlossen, seine Freunde jetzt zu verlassen. Also musste er sich wachhalten. Auf die Sophiengasse bogen sie ab, das entzifferte Hans mit trockenen Augen. Es ging bergauf und immer weiter der Vorstadt zu. Hans gefiel das nicht; genau von dort war er ja schließlich heute Morgen gekommen. Lieber hätte er, wenn sie schon wach bleiben mussten, andere Teile der Stadt gesehen.

Die Stuckfluchten wurden schlanker und simpler, bis sie schließlich von Zinshäusern ersetzt waren, aus deren Erdgeschossfenstern die Vorhänge flatterten.

Nun wurde er, vielleicht durch die Müdigkeit, auch immer verwirrter. Er beschloss mehrmals, die anderen zu fragen, was es mit der Prostituierten auf sich gehabt hatte – oder wie Klara sich vor den Traumjägern zu schützen gedachte, doch ihm verpuffte die Beherztheit, und er ließ es bleiben.

Die Gebäudelandschaft wurde schütter wie ein sich lichtender Schopf: Einmal drängten sich furchtbar viele Häuser zusammen, dann erstreckten sich wüste Baulücken. Es herrschte überhaupt eine sehr lose Stimmung, als würde alles unablässig eingerissen, neu gebaut und umgeplant, manchmal fehlten ganze Gehsteige. Das Einzige, was gleich blieb, waren die Menschen. In Rotten durchstreiften Männer die Stadt – den Altersgruppen nach geordnet, und vielleicht so, wie man sie tagsüber gemustert hatte.

»Heda, was schaut ihr so traurig?«, rief ihnen ein großer Bursche nach und lief dann wieder zu seinen Freunden. Hans sah in die andere Richtung. Seit dem katastrophalen Gespräch mit den beiden Männern in der Bar hatte er sich vorgenommen, dass er erst morgen an den Krieg denken würde. Doch: Es war ja schon morgen.

»Ich muss die Unterlagen von zu Hause holen«, antwortete Klara mit zehn Minuten Verspätung und zerstreute seine Gedanken.

»Wo zu Hause?«, fragte Adam.

»Bei meinen Eltern. Die Unterlagen für das Rigorosum holen«, wiederholte sie.

»Du warst schon seit einem Jahr nicht in Favoriten.«

»Die alten Prüfungsscheine sind dort. Hab's seit Ewigkeiten vor mir hergeschoben. Tagsüber wäre immer jemand dort gewesen.«

»Wohin?«, fragte Hans. Ihm sackten, jetzt wo sie kurz stehen blieben, die Beine weg. Vielleicht konnte er sich ja einfach hier auf den Asphalt legen?

»Das fällt dir genau eine Nacht vor dem Rigorosum ein? Wirst du ins Zimmer kriechen, während alle in den Betten liegen?«, fragte Adam und gähnte. »Na, ist ja egal, jetzt haben wir wohl keine Wahl.«

»Hans, entschuldige, ich bin auch nicht mehr ganz bei mir«, sagte Klara. »Wir müssen zum Bürgerplatz. Das ist etwa dort –« Wohin sie zeigte, war im Dunkel der Nacht nicht abschätzbar.

»Dann nehmen wir ein Gespann«, sagte Adam und hob schon den Arm, den Klara jedoch sofort wieder nach unten drückte. »Was denn?«

Ein Gespann, dachte Hans mit Behagen: Nur einen Moment die Augen auf dem Rücksitz zumachen –

»Ich möchte«, sagte Klara, »auf dem Weg noch ins Trabant.«

»Bist du verrückt?«, fragte Adam.

Hans hoffte inständig, sie falsch verstanden zu haben. »Ist es nicht doch schon zu spät geworden, um in ein weiteres Lokal zu gehen?«

»Es ist eigentlich kein Lokal, es ist mehr ein Salon, der in den letzten Jahren halböffentlich geworden ist.«

»Halböffentlich, ja, das ist der richtige Ausdruck«, sagte Adam.

»Ich würde lieber nach Hause«, sagte Hans, ohne zu wissen, worauf sich in diesem Satz zu Hause überhaupt bezog.

»Bald, Hans«, sagte Klara. »Lisbeth ist dort, du hast es selbst gehört. Du wirst, lieber Adam, ehe du übermorgen womöglich für Jahre einrückst, sie noch einmal sehen.«

»Niemals!«, sagte dieser sofort. »Was soll ich mit ihr?«

»Was heißt, was du *sollst*? Ihr etwas dalassen natürlich. Sie wird ja schwerlich zu deiner Familie gehen können, während du dir mit den anderen in Serbien den Kopf einschlägst.«

In wenigen Sekunden ging eine ungeheure Umwandlung mit Adam vor: Er schwoll an, er wuchs – er war wieder der Militärmann, den Hans in der Probe gesehen hatte.

»Ich beschütze unser Land, und es ist nicht angezeigt«, sagte er und trat heftig gegen eine auf dem Boden liegende Büchse, »wie du darüber sprichst. Außerdem bekommt sie Geld – für ihr Auskommen ist gesorgt, und auch für das von Lisbeth.«

»Ja, freilich, deswegen geht sie auch auf den Strich.« Klara war mitnichten eingeschüchtert. Nein, eigentlich war auch sie gewachsen.

»Weiß ich, warum? Sie ist –«, Adam wühlte mit den Händen in der Luft, »– sie konsumiert eben und muss ihre Sucht finanzieren. Vielleicht ist es auch Gewohnheit.« Jetzt verstand Hans, was es mit der Hure auf sich hatte, die er hatte verscheuchen müssen.

»Gewohnheit? Prostitution als Hobby? Scheiß auf den Grund. Du wirst dich nicht auf den Ehrenfeldern dieser Welt über den Haufen schießen lassen, ohne dein Kind noch einmal zu sehen und ihr genug zu hinterlassen, damit sie wenigstens ein Jahr auskommt.«

So also.

Adam hatte der Frau, die er auf Adams Geheiß hatte ablenken sollen, ein Kind gemacht und sich seitdem vor ihr versteckt. Er war von dieser Vorstellung fast verwirrt: dass dieser dünne Kindkörper, der selbst seine sechzig Kilo noch nicht ganz im Griff hatte, in einer Frau sein konnte – und sich dann von dieser Frau und dem Säugling, der vielleicht seine Augen hatte, abwenden.

Adam brach derweil nach den Seiten aus wie ein nicht zugerittenes Pferd – lief einmal nach links und nach rechts und kehrte doch wieder zu ihnen zurück.

»Ich muss es nicht, wenn ich es nicht will«, sagte er störrisch.

»Du bist renitent. Natürlich musst du. Man kann nicht vor seiner Verantwortung davonlaufen.«

»Ich frage euch das:« – Adam blieb stehen und sah sie fordernd an – »Wenn einer einen Apfelkern hat und sich zwei Leute darauf einigen, ihn nicht einzupflanzen, sondern ihn wegzuwerfen, und dann wächst, durch tausend Zufälle, doch ein Baum daraus. Muss der erste dann diesen Baum in seinem Garten behalten?«

»Was für eine unfassbar geistesschwache Analogie, Adam. Sie geht am Leben von Frauen vorbei, und – und ich dachte, du seist auf unserer Seite.«

»Bin ich ja, ich will sie nur nicht *sehen*, verstehst du? Denk einmal nach, wenn mir ein Bekannter meines Vaters zuschaut, und –«

»Dabei bist du schlimmer als meine Eltern. Die haben uns wenigstens als ihre Kinder anerkannt, auch wenn sie ständig abwesend waren.«

»Das ist doch etwas vollkommen anderes!«, schrie Adam, sodass sich zwei Männer nach ihnen umdrehten.

»Weil? Weil du reich genug bist, sie mit Zahlungen abzuspeisen? Deswegen ist es etwas anderes? Es passt nicht zu dir, du bist einfach so inkonsistent und zynisch in dem, was du sagst und was du derweil tust.« Klara trat mit aller Kraft auf eine auf der Straße liegende Dose, dass es ihren Unterrock hochschleuderte. »Du redest von politischer Veränderung. Du singst mit deinen Kameraden Lieder darüber, wie ihr euch unter Lebensgefahr aus dem Schützengraben zieht, und willst ein kleines Mädchen nicht sehen.«

»Jetzt beruhigt euch doch bitte«, zischte Hans.

»Und du bist besser? Lässt dich als angeblich große Naturwissenschaftlerin von deinen Clubs aushalten und treibst dich dann, in der Nacht vor dem angeblich wichtigsten Tag deines Lebens, in zwielichtigen Lokalen herum. Dir bedeutet die Mathematik doch einen Dreck.«

Jetzt war Klara wieder vollkommen klar. Sie sah Adam an, ganz nüchtern fasste sie ihn ins Auge, dass es Hans auf einmal kalt wurde.

»Was sagst du da?«, fragte sie. Schweigen verschaffte sich Platz zwischen ihnen.

»Nichts, es tut mir leid«, sagte Adam rasch.

»Hast du allen Ernstes gesagt, was ich da gerade gehört habe?«

»Und was hast du über mich gesagt? Es war aus dem Gefühl heraus, vergiss es einfach« – kein Schreien, kein Toben.

Klara wandte sich wortlos ab und schaute die Straße hinunter.

»Komm, wir gehen ins Trabant«, flehte Adam jetzt, »ich sehe vollkommen ein, was du über meine Verantwortung gesagt hast.«

»Wie viel Geld hast du bei dir?«, fragte Klara endlich.

»200 Kronen«, sagte Adam.

»Im Portemonnaie?«, fragte Hans ungläubig. Dass jemand eine Tiroler Hütte, dass einer vier Kühe in der Hosentasche bei sich tragen konnte!

»Gut, du gibst ihr alles davon. Es ist eigentlich noch zu wenig; es ist noch immer unverschämt. Aber in ein paar Monaten werden wir alle nichts mehr zu essen haben, und sie muss jetzt vorsorgen.«

»Damit kann man in der Vorstadt ein ganzes Haus kaufen«, sagte Adam zähneknirschend.

»Das wäre doch fein für sie«, sagte Klara und klang schon wieder ein wenig versöhnlicher. »Also zum Trabant. Heute wird außerdem die Wolina dort sein. Die magst du sicher sehen.«

»Halt den Rand«, sagte Adam lächelnd und nahm Klaras Hand – die Situation war wieder entspannt.

»Die Wolina ist nämlich ein Medium, und Adam hat es nicht immer so mit der Naturwissenschaft«, sagte Klara zu Hans. »Sie liest angeblich die Chroniken des Universums aus, dort im Trabant, und ein paar Dichter deklamieren manchmal etwas zur Transformation ins Übermenschliche.«

»Ach, du hast also nichts fürs Übernatürliche übrig, Madame Traumcluster?«, fragte Adam aus dem Mundwinkel und durch die Zigarette hindurch, die er gerade anzündete. »Außerdem klingt *alles* metaphysisch, bis es physisch wird.«

»Ich lebe im Gegensatz zu dir die Naturwissenschaft, auch

wenn du mir ja gerade mitgeteilt hast, dass sie mir angeblich nichts bedeutet. Aber gut, ich finde es auch unterhaltsam, ab und an so eine Séance zu sehen.«

»Unsinn. Man kann nicht die Naturwissenschaft *leben* und an die Realität eingegebener Träume glauben, Klara. Sei mir nicht bös, das ist alles, was ich vorher gemeint hab. Du musst wissen, Hans, wir führen diese Diskussion nämlich schon zum hundertsten Mal. Und Klara argumentiert an irgendeinem Punkt immer gegen die Realität des Esoterischen und gleichzeitig für das Parapsychologische in Helenes Schriften. Sie wettert tagsüber gegen die Irrationalitäten der Kirche und sitzt abends bei einer spiritistischen Sitzung.«

»Hat ja auch alles herzlich wenig miteinander zu tun«, sagte Klara.

»Alles hat es miteinander zu tun!«, sagte Adam. »Die Realität des Übernatürlichen zu leugnen und sie an anderen Stellen zu affirmieren, ist nicht widersprüchlich? Das ganze Leben analytisch zu deduzieren und dort, wo die Methode versagt, etwas Unerklärliches zu akzeptieren, ist nicht inkonsequent?«

»Definieren wir doch einmal das Übernatürliche versus das Übersinnliche, du wirfst alle Begriffe wild durcheinander.« Das klang wie der Auftakt zu einer lange vorbereiteten Vorlesung. »Übersinnlich sind Atome, Radiowellen und Röntgenstrahlen, aber auch der Hass, den der eine für den anderen empfindet. Es ist per definitionem *das, was den Sinnen nicht zugänglich ist*. In einem Stadium vor der Sichtbarmachung muss es über andere Kanäle indirekt erschlossen werden.«

»Meiner Treu, du hältst dich wohl für irrsinnig schlau?«

»Geteiltes Träumen ist ebenso *übersinnlich*. Das Übernatürliche hingegen entzieht sich der Natur selbst und will undeduzierbar bleiben. Folglich handelt es sich um zwei ganz unterschiedliche Dinge.« Ihre Argumentation ließ kein einziges Schlupfloch offen. »Die Form von Christentum, an der das Abendland festhält, zählt sich zum Übernatürlichen, sonst müsste man ja nicht glauben, sondern hätte den Auftrag, Wissen darüber zu schaffen.«

»Die Denker des Mittelalters haben gerade das versucht.« Adam ließ sich von Klaras Formallogik nicht aus dem Gleichgewicht bringen.

»Glaubst du an Gott, Adam?«, fragte Hans.

»Im Grunde ja«, sagte dieser.

Hans konnte sich das Bild seines Freundes, wie er mit gefalteten Händen in einer Kirche saß, nicht vor sein eigenes Inneres beschwören. »Oder sagen wir besser: Ich glaube an das Mystische. Du magst dich vielleicht mit dem Übersinnlichen arrangieren, Klara, mit dem, was keinen Sinneseindruck hat, aber eine logische Erklärung. Doch sag mir eins: Warum sollte es besser sein, als an das zu glauben, was sinnlich ist – was man mit Bestimmtheit existieren spürt, was aber keine logische Erklärung hat?«

Hans wankte, todmüde, und das Gespräch brauste an ihm vorbei.

»Du meinst Sinnestäuschungen? Das Hitzeflimmern und die Oase – was du beschreibst, klingt verblüffend danach«, sagte Klara.

»Nein, das meine ich nicht. Ich meine das Wissen, die tiefe Intuition, dass ich wirklich fremde Erinnerungen habe. Ich habe sie. Und möge es dafür tausendmal keine Erklärung geben.«

»Noch – noch gibt es keine Erklärung. Aber Dinge, über die man behauptet, dass es für sie grundsätzlich keine Erklärung geben kann – die sind gefährlich und können dogmatisch werden«, sagte Klara.

»Aber ist dir nie – so zumute?«, fragte Adam, auf eine Weise gestikulierend, als könnte er mit den Händen eben *jenes* aus der Augustluft zu sich herabziehen. »– dass du das Gefühl hast, alles, alles Lebende wie Tote, würde sich auf einer Schicksalslinie mit dir befinden? Wäre von einer großen, unendlichen Macht geordnet worden, deren Mittelpunkt du bist? Und als würde sich all das gegen jede Rationalität am helllichten Tage entfalten?«

»Doch«, antwortete Hans, obwohl er gar nicht gefragt worden war.

»Alles ist verbunden«, sagte Adam.

»Natürlich ist mir manchmal so zumute«, sagte Klara. »Aber ich betrachte es dann analytisch, weil mir das männliche Pathos abgeht.«

»Ich spüre es aber nun einmal.« Adam klang zusehends gereizter. »Und die Tatsache, dass meine Erinnerungen mit der Realität übereinstimmen, ist ja gerade ein Beweis für mein Gefühl.«

»Du verwendest den Begriff des Beweises sehr lose, mein Freund. Vielleicht sind es nur Korrelationen?«

»Klara, halt doch einen Moment an«, sagte Hans nun. »Adam, bitte erklär, was du meinst. Mir hat einmal jemand etwas ganz Ähnliches angedeutet.«

»Also gut. Klara, du kennst die Geschichte schon, aber lass ihn entscheiden, was er davon hält.« Adam bedeutete ihnen mit einer Geste, sich auf eine Stiege zu setzen, die zwei Straßen auf verschiedenen Ebenen miteinander verband.

»Ich habe eine rekurrierende Erinnerung, die mein Gefühl besser beschreibt als alles andere«, sagte Adam, den Klaras Insistieren bereit gemacht zu haben schien, seine Geschichten auszubreiten. »Ich bin mir recht sicher, dass sie sich auf den Feldzug von Novara bezieht, als 1849 Graf Radetzky gegen die Piemontesen den Ticino überschritt. Aber für das, was ich meine, ist es auch ganz unerheblich.«

Hans sagte dieser Krieg gar nichts.

»Ich erinnere es ganz plastisch.« Adam schloss die Augen, zögerte noch einmal kurz, als wäre auch ein scharfer Schmerz damit verbunden, dann sprach er weiter. »Ringsum geht ein Fluss. Ich sehe eine Festung und davor eine brennende Stadt. Alles wie mit einem groben, weichen Pinsel hingesetzt. Der Rauch macht mir die Augen tränen und verhängt filzig die Häuser in der Ferne. Es ist wie ein großes Atmosphärisches, das ein Maler ersonnen hat, mehr Gefühl, mehr Farbeindruck als Verstehen. Das Hirn wäre nicht in der Lage, das Einzelne zu erfassen, so viel passiert gleichzeitig.« Erst jetzt öffnete er wieder die Augen. »Das Land ist verheert, wie von einer riesigen brennenden Hand ist es zerrissen worden. Verkohlte Holzlatten, die als Rippen aus Erdschollen ragen. Keine Form mehr – nirgendwo mehr eine Form. Und darauf in Hälften gerissene Menschenkörper, die über Kanonen hängen, die Hand noch am Abzug. Blutige Fleischmassen; man hat Tücher über sie hingeworfen, über die die Erde in kleinen, krustigen Klümpchen ihren Arm ausbreitet, ohne die Körper aber einzufordern. Darüber in den Lüften: Geschrei, Feuer, Schüsse.«

Hans hatte Gänsehaut. Er wusste nicht nur genau, was Adam meinte – er glaubte auch zu spüren, was dieser empfand. Er schüttelte sich wie ein nasser Hund, doch das Gefühl hörte nicht auf.

»Ich wende mich ab und schaue in den strahlend blauen Himmel. Der Augenblick ist wie in durchsichtiges Harz gegossen. Es sind Minuten glasklarer Kontemplation. Ich atme frei: Obwohl überall Gewühl herrscht, ist es auch ganz ruhig. Auf einmal holt mich ein kratzendes Geräusch zurück. Ich drehe mich wieder zum Geschehen. Und da sucht mich ein Anblick heim, eine Vision –«

Hans atmete schwer. Er fühlte sich genotzüchtigt von unsichtbaren Schnüren um seinen Brustkorb – oder war es Adams Brustkorb, den er zusammengezurrt spürte?

»Da sitzt ein Reiter auf einem dürren, ausgezehrten Pferd, dem die Knochen aus dem Leib ragen. Und der Reiter selbst ist vornübergefallen vor Hunger, denn auch er ist ein Gerippe, über dem sich wächsern eine Haut spannt wie Pergament. Bis zur Brust eingesunken ist das Tier; und ich sehe eine animalische Furcht und einen Schmerz in seinem Gesicht – die Nöte der ganzen Welt in weißen, geblendeten Augen, während es sich durch den schweren Boden kämpft. Und dann, unter den unendlich langsamen Zuckungen der Hufe, begreife ich, dass es nicht Erdreich ist. Zermahlene Knochen, faulig-organische Masse ist es – und wir alle, die ganze Formation, die hinter dem Wall hockt, kniet auf ihr. Ich erkenne Knorpel, fasrig verdrehte Sehnen und zerbrochene Schädel unter meinen Schuhen, doch da saust auf einmal der ganze Himmel wie eine Sirene, und dann –«

In Hans' Ohren pfiff es.

»Ein Knall. Plötzlich bricht es heraus; alle Tropfen zerstieben. Wir sind die Artillerie und zerfasern in grünen Bündeln aus der Formation, als würde ein Gouachestreifen zerrinnen. Was ich sehe, ist nur in solchen Termini zu beschreiben, denn es ist viel zu viel, um es mit den Sinneskräften aufzunehmen. Ich pflanze ein Bajonett auf, aber ich lege das Gewehr gar nicht an – es ist, als wäre das Gefecht mir ganz gleichgültig. Vielmehr spüre ich nach jemandem, bin verzweifelt auf der Suche nach einem Kameraden. Ich kann nur nicht mehr rekonstruieren, nach welchem. Meine Erinnerung ist wie ein Tatort, an dem man sich aus den Spuren des Täters den Hergang erschließen muss.

Die Plausibilität ist aus dem ganzen Universum herausgesaugt worden und wir haltlos ohne Gott. Da greift mich jemand am Arm und zeigt nach oben.

Die feindlichen Soldaten stehen an der Flusslinie. Ein Projektil fährt so dicht an meinem Ohr vorbei, dass es klingt wie eine ins Unendliche gehende, über den Fluss gespannte Saite. Hinter mir schreit jemand – nein, so viele schreien, dass sich das Schreien fast als eine eigenständige Stimme emanzipiert. Eine Detonation lässt uns alle herumfahren, wir stehen noch. Erst Sekunden später rollt die Druckwelle heran und komprimiert mich.«

Adam klatschte in die Hände, dass Hans das Herz stehen bleiben wollte.

»Ich lande im Sand, mit dem Gesicht nach unten. Kurz fürchte ich, das Bewusstsein zu verlieren. Doch dann wird wieder alles ganz still. Das ist es. Das ist der Moment. Es geschieht das Wunderbarste, an dem ich im Leben je teilhaben durfte.

Denn als ich das Gesicht wieder erhebe, als das Schreien und die Granatenschüsse fortrücken wie hinter eine Glaswand, da ist mir auf einmal wie in einem Gottesdienst zumute. Heiligtrunkene Ruhe trotz des Dröhnens, oder: ein Dröhnen wie durch ein kristallenes Kirchenschiff. Der Himmel so unendlich blau. Es ist wirklich ganz wie bei einer Eucharistiefeier, bei der man den Kopf beugt und ein Stück von dem, was das große Wunder ist, einfach schluckt. Es ist so klein, das Geheimnis, ganz gewöhnlich; ich habe es unter normalen Umständen einfach nicht bemerken können.

In diesem Moment meine ich auf einmal, meinen Freund

in der Ferne zu sehen. Dort – seine große Gestalt, seine Schultern, auf denen ich erinnere, einmal gesessen zu haben. Einmal habe ich auf diesen Schultern über ein Menschenmeer geschaut.

Kennt ihr das auch? Wenn man in der Erinnerung oder im Traum etwas ganz bestimmt weiß, aber den Verstand danach auszustrecken, führt dazu, dass sich das Erkennbare im genau selben Verhältnis zurückzieht? Genau so ist das.

Die Empfindlichkeit meiner Sinne ist ins Unendliche gesteigert. Jetzt schmecke ich das Schießpulver im Gestein, zwischen meinen Zähnen knirscht es. Da schaue ich auf: Für einen Augenblick dehnt sich die Zeit wie eine Zwille, und ich bin zurückgerissen: Ein Geschoss trifft mich in den linken Unterschenkel. Meine Erinnerungen fallen auf einzelne Töne zusammen. Wie die Balgfalten einer Ziehharmonika liegen sie aufeinander. Dann ein scharfer Schmerz. Ich liege im Schützengraben und bin gelähmt. Niemand kommt, um mich zu holen; vielleicht drei oder vier Stunden vergehen so. Ich schaue immer wieder in diesen Himmel – wolkenlos ist er und kalt, und ganz droben schwimmen wie in Zeitlupe die Vögel ihre Bahnen. Ein unsäglicher Schmerz zentriert meine gesamte Aufmerksamkeit in meinem eigenen Körper. Jeder Eindruck muss an ihm vorbei, er ist ein strenger Wächter. Kaum eine Empfindung schafft es.

Ich meine, Äonen durchwandert zu haben, als es Nacht wird. Es ist nun endlich kühler. Ich sehe die Sterne so leuchtend wie nie in meinem Leben, während weit entfernt, in der Stadt auf der anderen Seite des Flusses, ein Feuer glost. Im Zentrum der rot-weißen Festung, auf der ein goldenes Kreuz emporragt, ist das Licht.

Die ganze Zeit über spüre ich, wie mein Bein mehr und mehr pulsiert, wie der Schmutz in meine offene Wunde kriecht und sich dort verkapselt. Die Erde ist schon in meinem Körper.

Ich bin verloren, das ist unzweifelhaft. Es ist aber gar nicht mehr schlimm – man kann das nicht beschreiben. Ich weiß: Alles hat sich genau so zugetragen, wie es sich zutragen musste. Es ist, als würde ich auf einem Altar liegen. Wie in einer mysteriösen Wandlung stimmen alle Dinge zusammen – die Erde, das Töten, der Himmel, die Häuser und alle Menschen treten nicht mehr als sie selbst auf, sondern nur mehr als Symbole. Als Ritualmedien, die sich, aus einer unfassbaren Anzahl von Einzelfällen herauskonzentriert, an mir vorbeiraffen. Ich schaue ins Antlitz des Einen. Dieses Mystische ist aber ein Kind der Nacht. Es war Pomp, es war Kitsch – die Hoffnung, dass mein Tod einen Sinn haben könnte.

Als ich am nächsten Tag erwache, in Hitze und Schmutz und meinen eigenen Fäkalien, ist alles Erhabene vergangen. Ich schreie nach Hilfe, so sehr meine Kräfte es erlauben. Ich teile mir die in meinem Leibsack verbliebenen Zigaretten ein, das wird nicht lange halten. Ich dämmere aus dem Bewusstsein meiner Lage hinein und hinaus wie ein schaukelndes Schiff. Dass ich am zweiten Tag nach dem Schuss herausgehoben werde, weiß ich nur als Faktum, nicht als Empfindung. An die Ohnmacht kann man sich nicht erinnern.

Im Lazarett sagt man mir, dass mein Bein von einem Schrapnellschuss durchlöchert wurde und entzündet ist. Ich verstehe nicht ganz, was das bedeutet, ich fiebere schwer. Wir Verwundeten liegen in endlosen Reihen schwarzer Feldbetten, zwischen denen immer ein halbes Leintuch gespannt ist, um den anderen, den Amputierten, den jungen Männern, denen der ganze zerfetzte Schädel einbandagiert ist, nicht beim Sterben zusehen zu müssen. Aber man hört die Schreie nachts dennoch. Zu diesem Zeitpunkt bin ich noch halbwegs wach und zumindest zu Zeiten mit der Realität meines Körpers vertraut. Ich habe den Wundbrand. Ich werde sterben. Am dritten Tag schon reicht das Gangrän von der Mitte meines Schenkels bis zur Haut der Hüfte. Man hat nur Chlorlösung zur Behandlung; eine Operation kommt aufgrund der fortgeschrittenen Infektion nicht infrage. Nachts schwitze ich. Als es mich einmal überkommt und ich schreie, ohne diesem, meinem Schrei Einhalt gebieten zu können, weiß ich, dass es nun nicht mehr lang dauert.

Aber ich muss mächtige Freunde haben – denn man bietet mir an, in ein anderes, ein renommiertes Spital weit weg von der Front gebracht zu werden. Ich bin Offizier, eine Anstalt mit Röntgenapparat hätte ein Bett für mich. Doch wieder und wieder lehne ich das ab, obwohl mich die Schmerzen in den Wahnsinn treiben. Beträchtliche Teile des Tages liege ich mit einem Äthertüchlein vorm Mund benebelt im Bett.

Als Grund für meine Weigerung erinnere ich zweierlei.

Noch immer harre ich aus, um ihn zu finden: einen Freund, einen Menschen, der mir alles bedeutet. Gegen alle Evidenz spüre ich, dass er hier irgendwo ist und dass er mich braucht. Ich habe etwas von ihm bei mir, ein kleines silbernes Medaillon. Ich suche ihn den ganzen Tag in den Gesichtern, die an meiner Pritsche vorbeiziehen. Auch die anderen Verwundeten rühren mich ungemein, ich fühle mich für sie verantwortlich, obwohl ich selbst nicht einmal mehr ein Glas Wasser zum Mund führen kann.

Den vierten Tag erlebe ich nur mehr im Fieber. Hier wird die Erinnerung spröde und karg. Einzelne Farben, ein paar Phrasen. Mehr nicht. Man versucht, mir im letzten Moment das Bein abzunehmen, doch es ist längst zu spät. Ein Riss, eine Auslöschung. Ich verblute beim Eingriff.«

Alle schwiegen sie. Hans fühlte zum ersten Mal in seinem Leben, dass er einer wirklich verwandten Seele begegnet war. Was er selbst empfand, war Wirklichkeit. Klara auf der anderen Seite sah, vielleicht auch weil sie die Geschichte zum wiederholten Mal gehört hatte, weniger beeindruckt aus.

»Ja, freilich ist das bewegend«, sagte sie, »aber das ist ja kein Beweis für das Übernatürliche.«

»Wofür ist es denn ein Beweis, wenn man Erinnerungen hat, die sich aus fremden Leben speisen? Wenn man träumt, was andere träumen? Das Wahrgenommene entzieht sich der Logik des üblichen Ereignishorizonts. Und das wiederum – das ist *Offenbarung*.«

»Offenbarung! Oho!«

»Herrgott, bist du eine Zynikerin. Ich spreche ja nicht von den Aposteln –«

»Aber von Gott, nichtsdestotrotz. Fakt ist, dass du gar nicht wissen kannst, woher du diese Erinnerungen hast und ob sie wahrhaftig sind.«

»Sie klingen für mich wahrhaftig«, sagte Hans.

»Es ist eine Form von Auserwähltheit. Das meine ich«, sagte Adam. »Und wir alle spüren sie, sonst hätten wir uns nicht alle bei Helene getroffen. Warum kann gerade Hans in die Gedanken anderer blicken und nicht dieser dort?«

Er zeigte auf einen Mann mittleren Alters, der offenkundig Kutscher war und einen Einspänner in den Straßengraben gelenkt hatte. »Die Dinge, die wir erleben – die hunderte Menschen im ganzen Reich erleben –, sind nicht in einer Versuchsanordnung reproduzierbar. Es ist keine Entität – es ist: Gnade.«

»Ich empfinde es nicht als sonderlich gnädig, dass ich Nacht für Nacht dasselbe träume und mich deswegen jemand am nächsten Tag niederzustechen versucht.«

»Jetzt sperr dich nicht so. Du weißt genau, was ich meine.«

»Ich passe nicht sonderlich gut auf die Rolle der frommen Märtyrerin, die Augen niedergeschlagen, den Körper vor Gottergebenheit schon ganz ausgemergelt. Ich will keine Offenbarungen.«

»Du nimmst den einfacheren Weg, indem du dich einer klaren Position enthältst!«

»Es kann tausend Gründe für dieses scheinbar Mystische geben, und wir müssen einen offenen Sinn dafür behalten, dass der Grund ganz banal sein könnte. Einen Gott anzunehmen, nur weil mir etwas sehr Unwahrscheinliches widerfährt, weigere ich mich.«

»Klara, es ist doch evident, dass es in unserem Leben Dinge gibt, die mit Vernunft allein nicht erklärbar sind. Du kannst es nicht leugnen. In unserer gesamten Generation existiert ein unfassbarer Hunger nach dieser Sphäre. Debussy ist bei den Rosenkreuzern. Schönberg sagt, er könne durch Wände sehen. Die größten Wissenschaftler sind bei den Kabbalisten, weil sie spüren, dass die reine Logik etwas Wesentliches in der Weltbeschreibung nicht erfasst.«

»Vollkommen richtig, die Bourgeoisie und ihre mäusehafte Denkweise umspannen die Komplexität unserer Welt nicht. Aber das ist noch nicht übernatürlich.« Klara schlug mit dem Fuß eine Glasflasche fort.

»Denkst du denn, dass wir uns diese Dinge nur einbilden?«, fragte Hans. Er hatte alles wiedererkannt, was Adam beschrieben hatte: heftig hin und her bewegt zu werden vom Eindruck eines universalen Sich-Öffnens und Fortströmens. In seiner Vergangenheit war ihm nichts kostbarer gewesen als eben das.

»Einbildung ist die ganz falsche Kategorie. Ihr müsstet ja zweierlei bedenken.« Sie bückte sich und zog einen ihrer

Schnürsenkel aus dem Schuh, um sich die Haare zusammenzubinden. »Erstens: Wir müssen uns an irgendeinem Punkt damit konfrontieren, dass die höchste Kultivierung der Naturwissenschaft wie Mystik erscheint. Wenn man sich ganz den Abstrakta von Physik und Mathematik, der Lehre von Darwin und den Fixsternen verschreibt, dann beginnt man das Alltägliche irgendwann auch als ein Abstraktum zu sehen. Und das ist ja eben mystisch. Man rechnet mit ganz normalen Ziffern, mit denen man im Alltag die Anzahl von ein paar Äpfeln bestimmt. Man dividiert ein bisschen herum, man bildet Brüche – und auf einmal tauchen Konstrukte auf, die ins Unendliche reichen. Das Auf-die-Spitze-Treiben des Rationalen ist das Irrationale. Aber keins von beiden wird dabei übernatürlich.«

»Verstehe ich nicht«, sagte Hans ganz aufrichtig. »Hier –« Er kaufte einem Mann, der aus einem Bauchladen heraus Getränke feilbot, von seinem letzten Geld drei Flaschen Bier ab.

»Danke. Nun, Hans, denk einmal an die neueren Fortschritte in der Naturwissenschaft«, sagte Klara. »Stück für Stück schreiten wir von Atomen zu kleineren Einheiten – von festen Grundsubstanzen zu Elektronen, die nur mehr Ladungen sind, wie Thomson bewies. Aber was ist wiederum eine Ladung? Relation – das Verhältnis von zwei anderen. Die Art, wie wir die Welt konstruieren, *muss* einem ja schon fast magisch erscheinen.«

»Du windest dich um die Tatsache, dass wir eben keine Elementarpartikelchen sind, sondern dass uns etwas widerfährt. Und jetzt drück dich mal klar darüber aus, was deiner Meinung nach die Gründe für unsere Erscheinungen sind«, sagte Adam gereizt.

Er trank die Flasche auf ex aus, stieß auf und setzte dann – ganz luzide – wieder fort:

»Du hast vorhin gesagt, es gebe zwei Gründe für unsere Erfahrung des Übernatürlichen. Was ist nun der zweite?« Jetzt grinste Klara, als hätte sie etwas ganz Teuflisches ausgeheckt.

»Na, dass ihr Männer seid.«

»Bitte was?«, fragte Hans.

»Nichts für ungut. Aber nur junge, gelangweilte Männer, deren Mägen voll sind und deren Gehrock neu ist, kommen überhaupt auf die Idee, solche Séancen zu halten und Geheimgesellschaften zu gründen. Man braucht den Hang zum Melodramatischen und eine gewisse Absicherung. Nur die Fadisierten, die nie um ihr Leben kämpfen mussten, wollen in den Krieg ziehen, um einmal das Existenzielle zu erfahren. In den Vorstädten, wo das Wasser durchs Dach läuft, leben derweil die erzwungenen Materialisten.«

»Mein Gehrock ist doch nicht neu«, sagte Hans verstimmt.

»War eine Metapher.«

Für einen Moment herrschte Stille.

»Nein, ich denke, du liegst falsch. Was wir erleben, ist viel zu spezifisch«, sagte schließlich Adam. »Dass etwa 500 Menschen von einem Kronleuchter träumen – alle vom selben! Und dass zufällig alle ihren psychischen Zustand in dieselbe Metapher kleiden?«

»Sei dir ob der Spezifizität nur nicht zu sicher. Es könnte zum Beispiel sein, dass der eine einen Luster sieht und der andere eine Menorah – wenn seitens der Analytiker aber eine gewisse Erwartungshaltung vorherrscht, korrigieren diese die Terminologie möglicherweise so lange, bis sie sich überlappt. Die meisten, die sich eine Therapie leisten können, sind ja auch Bürgerliche. Sie haben einen ähnlichen Bildungshintergrund. Ähnliche Lebensumstände. Natürlich träumt man da ähnliche Dinge. Was es nicht weniger relevant macht«, fügte sie hinzu.

Adam seufzte wie einer, der die Besserwisserei eines anderen schier nicht aushält, aber da war auch eine unleugbare Anerkennung. Ja – Klara fand rhetorisch immer einen Weg, das musste man ihr lassen.

»Gut, dann glaubst du eben an gar nichts. Wir sind alle Geisteskranke, deren Erleben eine Einbildung ist. Mich wundert's aber schon etwas, dass du jeden Tag deine Träume protokollierst. Wozu dann eigentlich?«

»Jetzt hör mir doch erstmal zu. Natürlich gibt es das, was wir erleben. Wir haben einfach – und in unserer Zeit in großen Maßstäben – zur selben Zeit die gleichen Gedanken.«

»Ja, das ist ja überhaupt nicht magisch«, sagte Adam schnippisch.

»Schwelende Ideen, die die Moderne, die Geschwindigkeit unserer Zeit hervorbringen. Neurosen. Chemie. Die Psyche und der Nationalstaat – Sexualität und das Volk. Und jetzt eben rezent der Krieg.«

»Der Krieg ist keine Idee, sondern politische Realität.«

»Die politische Realität ist selbst eine Idee.«

»Ach, jetzt halt einmal den Rand, du Sophistin, wir verstehen dich ja schon längst nicht mehr«, sagte Adam und gähnte. »Was ist mit dir, Hans? Bist du gläubig?«

»Ja«, sagte dieser nach kurzem Nachdenken. Das Gespräch zwischen den beiden hatte ihn aufgekratzt. »Wobei, vielleicht auch nicht. Aber ich würde das Übernatürliche nicht einfach so verwerfen. Ich habe nämlich, neben allen schönen Theorien, die ihr aufgezählt habt, noch etwas gelesen, das mir auch plausibel vorkam. Kennt ihr denn *Wandlungen und Symbole der Libido*?«

»Um Gottes willen, geh mir doch mit der Esoterik weg!«, sagte Klara und verdrehte die Augen. »Carl Gustav Jung, was für ein Kitsch.«

»Ach, ist ja auch egal, vergesst es eben.« Hans hatte erwartet, seine Freunde würden erfreut reagieren, wenn sie erfuhren, mit welcher Entschlossenheit er einen Gymnasiallehrer zwei Dörfer weiter dazu gebracht hatte, ihm ein seltenes Buch zu bestellen.

»Wer ist denn das?«, fragte Adam.

»Entschuldigung, Hans, es sollte nicht so heftig klingen«, sagte Klara und dann, an Adam gewandt: »Ein ehemaliger Partner von Freud, der aber an das Okkulte glaubt.«

»Du erzählst es ganz vereinfacht«, sagte Hans scharf. »Es geht darum, dass es universale Symbole und Typen gibt, die seit jeher für die Entwicklung der Kultur eine Rolle gespielt haben. Strukturen, die unter der Zivilisation liegen. Du hast doch gerade eben genau das Gleiche gesagt, Klara. Dass in uns allen zur selben Zeit Dinge aufsteigen – Motive, Ideen; und vielleicht sind wir eben dazu erwählt, sie als Erste zu bemerken.«

»Erwählt! Hans, bitte, ich will nicht rüde sein, aber dieser Jung ist – er glaubt ans Magische. Ans Tischerücken. An irgendwelche Weltenseelen und Heldenmythen. Solche Dinge sind deswegen so beliebt, weil sie die Welt ins Schwarz-Weiße einteilen und weil die Kunst so gut mit Symbolen hantieren kann, ohne sich mit echter Komplexität auseinanderzusetzen. Können wir vielleicht endlich das Thema wechseln?«

»Ich wechsle gar nichts. Ich fühle nämlich genau wie Adam«, sagte Hans trotzig.

»Ha! Guter Mann«, sagte Adam erfreut. »Aber erzähl doch bitte, wie es sich für dich anfühlt.«

»Als ob ich in gewissen Momenten am Bewusstsein anderer partizipieren könnte«, sagte Hans und dachte einen Moment nach. »Eine starke Gewissheit, dass alles ganz real ist, begleitet diese Episoden. Und vielleicht sogar ein Eindruck von Normalität. Ja – etwas ganz Ordinäres. Vielleicht kann ich es mit den Pferden erklären.«

»Den Pferden?«, fragte Klara.

»Ich habe über eine Dekade lang jeden Tag mit Pferden verbracht. Man beginnt irgendwann ganz selbstverständlich, die Welt mit ihren Augen zu sehen. Nein, mein Argument ist eigentlich, dass man das nicht tut.« Der Alkohol machte es nicht unbedingt leichter, seine Gedanken zu formulieren. »Ich geb euch ein Beispiel. Pferde sehen im Gegensatz zu uns fast rundum – nicht nur in die Richtung, in die ihr Kopf gedreht ist. Sie sind ja Fluchttiere, die Peripherie hat einen ganz anderen Wert. Das ist für das Welterleben ein Paradigmenwechsel. Auf der anderen Seite können sie keine Gegenstände von zwei Seiten erkennen; das heißt – sie scheuen auf dem Rückweg oft vor etwas, was sie vom Hinweg her eigentlich kennen sollten. Perspektive ist ihnen fremd. Versteht ihr, was ich meine?«

»Ehrlich gesagt, nicht ganz«, sagte Klara.

»Ich meine erstens, dass die Welt, die wir wahrnehmen, gespalten ist in tausend Parallelversionen. Für andere Spezies ist die Realität eine andere. Ihre Sicht ist aber genauso real wie unsere. Treffen unsere Begriffe auch auf ihre Welt zu? Das habe ich mich oft gefragt. Ist das Objekt von der einen Seite dasselbe wie von der anderen? Dann aber – und das ist vielleicht das noch wesentlich Bedeutsamere – ist da ein gemeinsames Fundament. Ich konnte immer verstehen, was Margarethe *meint*.«

»Wer?«, fragte Klara.

»Das Pferd, das ist der Name des Pferdes« – Hans rieb sich die Augen. »Ich und die Pferde, und alle Menschen und alle Tiere. Wir haben trotz aller Differenz ein Gemeinsames, das das Fundament des Verstehens ist und auf dem sich – obwohl es gegen jede Vernunft ist – Wahrheit und Verständnis entfalten können. Ich habe begriffen, wenn sie traurig war oder Hunger hatte, wenn sie schlafen wollte oder vor Energie sprühte. Die Freude des Frühlings –«

»Das ist doch mehr Projektion als sonst was«, sagte Adam.

»Nein, es ist mehr. Es gibt eine Sphäre gemeinsamer Herkunft, die älter ist als unsere Wahrnehmung selbst, und in dieser Sphäre können sich Gefühle übertragen. Vielleicht leben unsere parapsychologischen Affekte in etwas, das ebenso basal ist – nicht übernatürlich, sondern als Fundament des Natürlichen. Ganz einfach vorgängig.«

»Nun, mein Freund«, sagte Adam und lachte. »Ich bin mir nicht sicher, ob das plausibel ist.«

»Ich doch auch nicht«, sagte Hans.

»So, jetzt gehen wir ins Trabant. Es ist nur ein Kilometer.« Klara rüttelte ihn an der Schulter, und sie standen auf. »Oder eineinhalb. Aber dir wird's gefallen, ich verspreche es.« Wie einen Mantel legte sie sich seinen Arm um die Schulter, leicht und selbstverständlich, und als er seinen Kopf zu ihr drehte, konnte er ihren Duft einatmen. Sie roch überirdisch: wie eine über einen langen Sommer getrocknete Wiese, die im ersten Herbstregen wieder feucht wird. Gesunde Gärung. Fruchtig und warm.

»Ich will aber nicht, dass ihr jetzt denkt, ich sei ein Fundamentalist. Mein Glaube liegt ganz anderswo«, sagte Adam viel zu laut und lief ihnen nach.

»Ich glaube, es reicht für heute mit den Philosophemen«, sagte Klara.

»Jetzt hör doch zu! Ich sage nicht, dass er Gottes Sohn war, ehe er am Kreuz starb! Ich sage auch nicht, dass ich Erinnerungen habe, die mir aus dem Jenseits gesandt werden. Ich sage, dass uns manchmal ein Hauch der Zukunft erreicht und dass das Realisieren dieses Hauchs die Zukunft heraufbeschwört, was natürlich zirkulär ist, weil erst die Einbildung der Zukunft sie erzeugt.«

»Betrunkene Gespräche mit dir verlangen viel Geduld. Es reicht wirklich.«

»Aber eins hast du uns trotzdem nicht verraten, Adam«, sagte Hans und hielt Klara fest an ihrer Schulter. »Bist du denn nun für oder gegen den Krieg?«

»Ich bin dagegen, dass ich in den Krieg ziehen muss, und ich bin dagegen, dass die anderen jungen Männer, hinter denen grabkalte Methusaleme die Goldreserven in ihre Taschen wandern lassen, von eben diesen verheizt werden.«

»Also bist du gegen den Krieg«, sagte Klara.

»Ja und nein.«

»Nein, inwiefern?«

»Freunde, ich glaube eins – dass wir in einer vollkommen verdorbenen, verkrusteten Welt leben. An das passive Wahlrecht eines jungen Menschen ist nicht zu denken, was heißt, dass unsere Politiker Beziehungsprofiteure und alter Adel sind, der –«

»Und das soll durch den Krieg besser werden? Du bist ein Opfer der Propaganda, Adam! Es ist die Sozialdemokratie, die wirkliche Veränderung bewirkt.«

»Scheiß auf die Sozialdemokratie!«, rief Adam laut über die Straße, und ein paar Jungen vor ihnen stießen ihre Fäuste lachend in die Luft, wie um diese Aussage zu bestätigen. »Es geht doch um viel Elementareres. Darum, dass die alte Welt einer neuen weichen muss. Dass die Strukturen, die über tausend Jahre gewuchert sind, dem Fortschritt nicht gewachsen sind. Wir haben Fernsprecheinrichtungen, sind elektrifiziert, die sinkende Kindersterblichkeit wird Metropolen auf der ganzen Welt keimen lassen. Wir haben Ideen für eine wirkliche Herrschaft des Volks und eine Revolution im Bereich der Sexualität. Achtzehnjährige begreifen das Tempo der Welt besser als ihre Eltern. Und dennoch leben wir in einer Gesellschaft, die die Vergreisung preist.«

»Wie lange denn noch bis ins Trabant?«, fragte Hans.

»Adam, genau diese Jugendlichen, die die Welt begreifen, werden von Kugeln zerlöchert im Schützengraben liegen. Ist das die Revolution, nach der du dich sehnst?«

»Nein, ich meine, nein, natürlich nicht«, stotterte Adam. »Aber dieses verlotterte Laissez-faire, das von den Franzosen herübergeschwappt ist, *das* kann der Krieg beseitigen. Eine ganz eigene Freiheit für die Deutschen bringen. Neue Werte! Dass Menschen wie du verfolgt werden – dagegen geht jetzt ein Befreiungsschlag, es ist unser großes Opfer an die Zukunft.«

»Menschen wie ich?«, fragte Klara.

»Ja, genau. Die Monarchie muss aus ihrem Dauerschlaf gerissen werden.«

»Das, was Adam sagt, macht Sinn«, sagte Hans, wiewohl er sich über den Geisteswandel seines Freundes wundern musste, der den Krieg vor einigen Stunden noch als irrational verworfen hatte. »Dort, wo ich die letzten Jahre gelebt habe, sind Regeln eherne Mauern. Niemals dürfte man außerhalb seiner eigenen Klasse heiraten; mein Fall in den Bauernstand war ein permanenter. Es war nicht von Belang, dass man mich aus dem Gymnasium gerissen hatte. Das Individuum hat keinen Wert.«

»Hans – diese Dinge ändern sich durch Sozialreformen

und nicht dadurch, dass die, die es betrifft, gemeinschaftlich sterben.«

»Nach dem Krieg beginnt die Neuordnung. Denk an die Napoleonische Periode. Ich habe das Gefühl, dass viele Menschen so denken. Junge Menschen, die sich über die soziale Herkunft erheben und zusammenschließen müssen«, sagte Hans, der einen gewissen Stolz entwickelte, als er merkte, wie ernst seine Worte genommen wurden.

»Unsinn. Die Arbeiterkinder wird man verheizen, sonst nichts. Dieser verschissene Friede zwischen den Klassen«, sagte Klara, »ist doch ein Scheißdreck von einem Täuschungsmanöver.«

»Aber eine Chance. Ihr wisst doch gar nicht, wie es auf dem Land ist. De jure gehöre ich nicht dem Bauern, ich bin ja nicht sein Leibeigener. De facto aber wird er nach Wien kommen und versuchen, mich als den Seinen nach Hause zu holen. Und selbst wenn ich mich ihm entwinde, gibt es noch immer tausend Knechte wie mich, die nicht nach Wien entkommen. Alles, was mir von meiner ursprünglichen Identität geblieben ist, ist das –« Er zog sein Medaillon unter dem Hemd hervor.

»Unsinn, Hans, wie soll der Bauer dich denn jemals finden – es wäre ja eine Weltreise«, sagte Klara. »Verdammt, du bist siebzehn, du kannst die Schule nachholen und studieren.«

Obwohl er wusste, dass nie eintreten würde, was sie gesagt hatte, war der kühle Morgenwind in seinen Geist gefahren und hatte ihn wie ein flatterndes Taschentuch erhoben.

»Wisst ihr, ich habe mir Gedanken gemacht. Darüber, was mein Alleinstellungsmerkmal sein kann. Und das ist eigentlich nur eins.«

»Und zwar?«, fragte Adam.

»Die Gabe, dieselben Gedanken wie andere kurz vor ihnen zu denken. Überlegt doch einmal, das kann kriegsentscheidend sein.«

»Kriegsentscheidend? Krieg dich ein, Hans«, sagte Klara.

»Kriegsentscheidend – davon bin ich überzeugt. Vielleicht kann ich lernen, es zu steuern und zu kultivieren. Mit einem Wort –« Sie blieben alle stehen, da sie vor einem großen, hell erleuchteten Eingangstor angekommen waren. »Ich werde mich morgen Abend freiwillig melden, sobald das deutsche Ultimatum abgelaufen ist.«

»Bist du wahnsinnig?« Er sah im Schein der hundert Lampen Klaras riesige braune Augen. Weil er wegschauen musste und weil er den Kopf dafür zur Seite wandte, konnte er im flackernden Licht lesen, was über der Tür stand: *Nayrus Panoptikum im Trabant.*

KAPITEL 6

DIE IDEEN VON 1914

Als Helene Cheresch, 1877 in Stammersdorf bei Wien geboren, eines Nachts neunzehnjährig mit Sack und Pack aus der Vorstadtvilla ihrer Kindheit floh, hatte sie den vagen Ehrgeiz, sich in der neu entstehenden Lehre über die neurotische Verfasstheit sexueller Störungen zu profilieren.

Ehe sie die Tür des elterlichen Anwesens hinter sich schloss, warf sie den Schlüsselbund auf ein Polster im Inneren, das sie zur Absorption des Klirrens dort platziert hatte. Von diesem Augenblick an würde sie aus einem Leben des Überflusses auf den Boden des sozialen Gefüges sinken – das wusste sie. Wie in Gedanken an das gerade Verlorene strich sie noch einmal über die Baluster der Veranda; sie waren als geschnitzte Dioskuren ausgeführt, die ihr Vater nach seinen Angaben hatte anfertigen lassen. Dann lief sie, den Koffer mit der Kleidung in der einen Hand, den mit dem Hut in der anderen, über den Anger und in Richtung Floridsdorf, wo eine Freundin sie mit einem Gespann erwartete.

Für über elf Monate hatte sie das Grundstück ihrer Eltern nicht mehr ohne Begleitung verlassen. Bewacht wurde sie entweder von ihren Brüdern, wenn sie sich einen Ausflug nach Wien ertrotzt hatte, oder aber von ihrer Mutter, die sie wie einen Hund zur Kirche ausführte. Als sie einmal im Café Landtmann saß und ihr Bruder Richard für einen Moment den Tisch verlassen hatte, versuchte sie, mit ihren Freundinnen, die sie per Brief verständigt hatte, eines der handgeschriebenen Skripte auszutauschen. Ein Mitglied ihrer Gruppe hatte die Vorträge von Breuer und Freud mitgeschrieben. *Über männliche Hysterie* hatte ihr Vater, der ihren Schrank wöchentlich durchsuchte, nur Tage später gefunden. Er hatte die Worte *sexuelle Anomalie*, *Neurose*, *Hypochonder* und *Penis* gelesen und die Schrift sofort verbrannt. Dann hatte er Helene, zum ersten und einzigen Mal in ihrem Leben, verdroschen. Das wurde im Rest der Familie zwar als peinliche Entgleisung seitens des Vaters verstanden, jedoch auch als eine gerechte Tat akzeptiert. Es war ja immerhin so, dass die Reputation der ganzen Familie noch immer unter dem geflüsterten Gerücht litt, die älteste Tochter der Chereschs habe sich im Internat *mit einer Mitschülerin vergessen*. Es war ja nicht so, als hätte die Familie nicht ebenso gelitten wie sie, sagten sie sich.

In größter Eile war Helene vor knapp einem Jahr aus dem Gymnasium Sacré-Cœur entfernt und fortan von einem männlichen Privatlehrer unterrichtet worden, in dem man auf einmal die personifizierte Harmlosigkeit sah.

Helene war bei herabgelassenen Fensterblenden im orangefarbenen Salon gesessen und hatte das Lispeln des Mannes durch sich hindurchbrausen lassen. Sie musste die Tränen gar nicht halten. Sie bereute. Das war etwas Gutes. Szenen ihres Poussierens zogen immerzu an ihrem inneren Auge vorbei, und durch das tausendfache mentale Wiederholen wurde sie sich selbst zur Fremden. Sie hatte sich nicht in der Gewalt gehabt, fühlte sie und löste eine trigonometrische Formel. Es hatte gar nichts mit ihr zu tun gehabt. Das war mehr Wunsch als Feststellung, denn gleichzeitig spürte sie dieselben Gedanken wie immer in ihrem Körper.

Danke, sagte sie – bitte danke – Mittagspause, und sie durfte sich für einen Moment in ihrem Zimmer hinlegen. Trotz dieses Zugeständnisses spähte zwischendurch die Mutter zu ihr hinein. Natürlich: Sie war verliebt gewesen, und vor diese Verliebtheit hatte man eiserne Rollläden herabgelassen. Die Mittagspause war vorüber, sie musste wieder an die Algebra. So vergingen die Wochen: in Gleichmut und leise und von äußerer Schlichtheit getragen.

Aufwachen, essen, lernen, essen – natürlich musizieren –, lernen, essen, schlafen – und das ohne jedes Ermessen, wohin das ganze Herbeistudierte kanalisiert werden sollte. Ein Studium war ausgeschlossen. Nur eine baldige Heirat – vielleicht ließe sich ein Freier aus Kärnten oder der Steiermark finden, ja, warum nicht gleich aus Deutschland? – würde die Probleme lösen: das Gerede und Helenes Auskommen.

Die Striktheit des von außen verordneten Tagesablaufs ging ihrem Innenleben jedoch bedauerlicherweise ab. In den eineinhalb Stunden, die sie zwischen dem letzten Bissen Familienleben und der verordneten Bettzeit einschieben konnte, schrieb sie in ein Tagebuch, das sie Tag und Nacht bei sich trug und durch das sie in ihr psychisches Schisma starrte.

Sie hasste sich. Sie empfand eine unbändige Lust an sich. Im Grunde fiel ihre Geistesverfassung stets in eine von zwei Schubladen, die sich miteinander nicht einmal eine Wand teilten. Die erste öffnete sie zu jenen Anlässen, in denen sie von der Mutter oder der Hausbesorgerin zum Einkaufen ausgeführt wurde. Wenn dann die anderen Damen im Feinkostladen zu flüstern begannen, erfasste sie eine so tiefe Scham vor allem, dass sie sich auflösen wollte. Eine zerstörerische Empfindung wütete tagelang in ihr wie ein Tier. Sie war krank, war sie sich dann sicher, eine karzinogene Anomalie. Wäre sie dazu imstande gewesen, hätte sie Hand an sich gelegt, aber ein verzärtelter Geist auf der einen Seite, ein analytischer auf der anderen, trieb sie doch dazu, lieber das medizinische Handbuch zu konsultieren. *Konträrsexuelle,* las sie schaudernd. *Die Urningin oder Uranierin bildet ein viertes Geschlecht neben Mann, Frau und dem inversen Mann. Sonstige seelische Eigenschaften können mit Transvestismus zusammenhängen. Die aktiv-objektbezogene Bindung an die Mutter ist störanfällig. Der voll ausgebildete Urning kleidet sich als Mann und sucht seinen Trieb mit anderen Urningen durch gegenseitige Onanie zu befriedigen.*

Sie nahm sich bei dieser Lektüre – nicht ohne einen abnormen Stolz – selbst als eine perverse Fallgeschichte wahr, deren Wurzeltriebe sie in ihrer Kindheit aufspüren wollte. Es schien ein Seelenheil im psychologischen Ausbeinen zu liegen, und wie ein Metzger musste man eine gewisse Aggression gegen den eigenen Körper vorbringen. Hart und asketisch ging sie in diesen Monaten gegen sich vor. Die Ergebnisse ihrer Schlachtungen hielt sie in Einträgen fest, die ihre Abnormität dokumentierten. Sie schnitt sich tief ins Fleisch, aber nur mit der Feder.

Dann wieder konnte es sein, dass sie am nächsten Morgen aufwachte und die Luft eine ganz andere Qualität bekommen hatte. Nichts band sie mehr an die empfundene Schwermut: Vielleicht war es ein Frühlingstag, an dem übervolle, reife Knospen endlich aufbrachen. Oder der Herbst drängte mit erregenden Stößen das Laub von den Bäumen – sie hatte stets eine große Empfindsamkeit gegenüber der Natur gehabt. Immer waren diese Gemütsumschwünge begleitet von einer gesteigerten Sensibilität des Leibes, als würde die flüchtigste Berührung sie in die Ekstase treiben können. Wenn sie in diesen Zuständen an einer anderen Frau vorbeiging, und an einer jungen zumal, schien ihr Geistiges und Sinnliches in einen unerhörten Einklang zu geraten. Sie hob für den Rest des Abends ihr Weinglas anders an die Lippen, sie atmete ganz eigentümlich. Frauenkörper, selbst ihr eigener, waren dann überirdische Zeichen, über die man mit Blicken, Lippen und flüchtigen Gesten verfügen konnte.

Diese beiden Tendenzen wollten natürlich nicht miteinander harmonieren. Während sie sich in jenen Phasen nonnenhaft pathologisierte, wurde sie sich in diesen ihres aufblühenden Leibes bewusst, und die schlanke Gewandtheit ihrer Glieder erregte sie.

Die Idee, dass unter der Welt mit ihren verknöcherten Gesellschaftern eine zweite war, in der ein verborgener Blick eine Einladung sein konnte, ließ sie in den Termini einer Geheimgesellschaft denken. In solchen Launen versuchte sie, das Gesicht von Straßenkokotten mit italienischen und griechischen Bildnissen in Übereinstimmung zu bringen. Sie bedauerte, dass es keinen weiblichen Mythos gab – nicht ein einziges Ideal des Leibes, das nicht von den Männern kultiviert worden wäre. Da war kein weiblicher Ganymed, den Zeus als Adler in den Himmel zog, und kein Erastes, der von alters her diese Verhältnisse mediiert hätte. Als sie Jahre später erfuhr, dass schon Isabella von Parma ihrer Schwägerin Marie Christine homoerotische Briefe geschrieben hatte, fühlte sie sich auf merkwürdige Weise erlöst.

Es gab da aber sonst nichts, in das sich hätte Wurzeln schlagen lassen: Ihre Gefühle zerfielen in wolkige Schattenexistenzen, da sie sich nirgendwo widerspiegelten.

So verbrachte sie drei Monate, ohne auch nur einmal einer

Empfindung darüber nahezukommen, ob sie nun eigentlich etwas Schändliches oder Erhabenes getan hatte. Unablässig schlugen asketische Sittlichkeit und dionysisches Verlangen ineinander um. Sie verteufelte, dass man nicht aus sich selbst heraussteigen und sich psychologisch bearbeiten konnte; und dann wieder fasste sie Hoffnung darin, dass es immerhin ein Zweitbestes gab: die Analyse, die Psychologie.

Im jungen Café Sperl hatte sie sich, schon lange vor dem Vorfall, mit zwei Freundinnen wöchentlich über die neuesten Entwicklungen in der Medizin ausgetauscht, denn Hilde, eine der beiden, hatte einen Bruder, der Medizin studierte. Er war dem Anliegen der Mädchen nicht abgeneigt.

Sie hatten Krafft-Ebings Sexualstudien ebenso gelesen wie Theodor Lipps' Schriften über den empirischen Zugang zur Psyche. Doch obwohl diese – von Mach her aufkeimende – Verheißung der naturwissenschaftlichen Beobachtung sie verstandesmäßig ansprach, war es doch ein anderer Arzt, dessen Ideen die kleine Gruppe am intensivsten verfolgte und der wenige Monate zuvor im *Neurologischen Zentralblatt* den Term *Psychoanalyse* geprägt hatte. Von da an war alles ein Rausch gewesen. Alle drei hatten Hildes Bruder bestürmt, sich in den Arbeitskreis des Psychiaters Freud einzugliedern und ihnen Abschriften und Informationen zu besorgen. Natürlich war jener Bruder ein weit fortgeschrittener Internist und nicht im Entferntesten willens, so die Register zu wechseln. Sie hatten wieder auf dem Trockenen gesessen.

Dass eine von ihnen gar eines Tages selbst studieren würde, davon fantasierten sie zwar, aber keine von ihnen nahm diese Grillen ernst. Die Nachricht, dass die philosophische Fakultät ab dem nächsten Jahr auch Frauen aufnehmen würde, änderte daran nichts. Nie würden ihre Väter dem zustimmen. Mochten sich doch die Töchter irgendwelcher Sozialdemokraten den Protesten aussetzen, hieß es, wenn doch einmal eine zu fragen wagte. Sie jedenfalls würden nicht dabei zusehen, wie sich ihr Nachwuchs im Hörsaal mit Eiern bewerfen ließ.

Allein – der Gedanke ließ Helene doch nicht los. Wenn sich die anderen erst ein Jahrzehnt hatten bewerfen lassen, rechnete sie, würden die Burschen irgendwann müde werden. Sie wäre dann immer noch erst sechsundzwanzig, ja, konnte ein ganzes Leben von vorne beginnen.

Nach Wochen des bangen Wartens hatten sie im vergangen Januar beieinandergesessen und auf Hermann, Hildes Bruder, gewartet, der ihnen eine langerwartete Studie mitgebracht hatte: den Fall der Anna O.; nicht neu, aber bis dahin schwer zu bekommen.

»Ich hab's von einem Kollegen in der Psychiatrie, der genauso verrückt ist wie ihr«, sagte er und setzte sich. »Aber er hat mir etwas erzählt, was euch sicherlich noch narrischer machen wird.« Diese Ankündigung ließ er für einige Sekunden genussvoll auf sich beruhen, während er sich seine Pfeife stopfte. »Freud lässt nämlich auch Frauen hören. Und sehr junge zumal.«

»Sehr junge«, hatte Helene gesagt und aus Fahrigkeit ein Glas Wasser umgeworfen. Dann hatte sie gleich peinlich berührt das Thema gewechselt.

Nun also, knapp ein Jahr später, machte sie – den Rock über die Furchen und Pfützen des Ackers hebend, ihren Weg in die Stadt hinein. In den folgenden Jahren, in denen sie sich als Waschfrau, als Kindermädchen und Obstverkäuferin verdingte, hatte sie oft an diesen Augenblick zurückdenken müssen: sie selbst, eine junge Frau, die im Sonnenaufgang endlich den Einspänner ihrer Freundin kommen sah und eine Gewissheit in sich trug: Es war beschlossene Sache – die Analyse war ihre Zukunft.

Es hätte aussehen können, als hätten vor dem Varieté bloß ein paar Buben zwischen den Vorstellungen geraucht.

Als sie näherkamen, sah Hans aber, dass sie sich vom übrigen Publikum abhoben. Man konnte den Finger nicht auf die Kluft legen: drei Halbstarke mit Schiebermützen und Breeches, die von den viel zu sorglos scheinenden Herren und Damen wie durch einen Riss getrennt waren. Sie wirkten *unterrichtet* – das war das Wort.

»Komm mit, Hans«, sagte Klara. Sie traten zwischen die Jungen.

Mit rasch austreibenden Seitenblicken vergewisserte sich der eine, dass man unbeobachtet war, und bedeutete ihnen – alles ohne ein Wort – ihm hinter das Gebäude zu folgen. Da war eine Einmündung in einen kleinen Hof, aber was sollten sie dort? Es gab keinen Eingang, und sie standen umher wie ein Haufen verlegener Tiere. Von hinten schlossen sich ihnen zwei Mädchen und ein ekelhaft verdreckter Mann an. Mit einigem Befremden sah Hans, dass er Jackett und Anzughose auf der nackten Haut trug.

Da geschah das Eigenartigste, dessen er je Zeuge geworden war: Der Junge, der sich als Anführer dieser spontanen Rottung etabliert hatte, bückte sich und hob den Kanaldeckel an.

Hans fürchtete zu träumen.

Adam schritt ganz selbstverständlich auf das Loch zu, ebenso der Schmutzige, dessen Lider so tief hingen, als würde er bereits schlafen, schließlich auch Klara. Alle schoben sie sich reihum in den Boden und blieben verschwunden. Der Bursch hatte jetzt auch Hans zugenickt, dass die Reihe an ihm sei, und er trat vor den Schacht wie die anderen. Eine Leiter ins Nichts. Er schloss die Augen und stieg ab.

Schwarz wie Jauche warf sich die Dunkelheit über ihn. Sie wurde durch die Stille verdichtet, die mit jeder abwärts gestiegenen Stufe die Straßengeräusche von ihm fortzuziehen schien. Hans griff nach den gusseisernen Haken, die senkrecht der nackten Mauer entsprangen; er tastete unsicher wie ein Blinder, seine Arme waren trotzige Stöcke. Unten stieß er wieder auf die Kolonne. Der Bub von vorhin trug eine Gaslaterne vor ihnen her. Durch jenen Lichtkelch hindurch ahnte Hans nun, dass dies noch nicht der eigentliche Abstieg gewesen war.

Sie befanden sich in einem Schluf, der etwa sechs Fuß hoch sein mochte, gerade so, dass er den Kopf ein wenig einziehen musste. Am Boden kroch ein leise murmelndes Rinnsal. Links verlief vielleicht ein Geländer, seine Augen hatten sich noch nicht gewöhnt. Weil der Kandelaber ganz vorn getragen wurde, erreichten ihn alle Formen nur als wabernde Gespinster, doch der Tross hatte sich in Bewegung gesetzt. Es schien ihm ganz natürlich, dass er dem Mädchen, das vor ihm ging, die Hand auf die Schulter legte – sein Hintermann wiederum hielt sich auch an Hans.

Mit Trippelschritten bewegten sie sich vorwärts.

Die Decke breitete sich über sie wie steinerne Augenlider. So wie hinter jenen das Spiel der Lichter sich in weiche Formen warf, wenn man im Begriff war, in Träume zu kippen, sah man oben durch den Straßenablauf immer wieder Schemata vorbeiziehen. So fern schien das – es hätte sich genauso gut in einer anderen Dimension abspielen können. Hans bemühte sich nur immer, seine Schuhe anzuheben – er fühlte sich so träge.

Über eine Wendeltreppe waren sie in eine Art Halle gelangt. Er musste sich die Hände vors Gesicht schlagen, um den Gestank ertragen zu können. Sie standen auf einem Grat, der hoch über einen Schacht führte, durch den das Schmutzwasser donnerte. Braun toste die Gülle in Tonnen und Abertonnen über eine Staustufe – das gesammelte Abwasser der nach allen Seiten ausgestreckten Metropole. Täglich kippten hunderttausende Frauen ihr Waschwasser in die Wien, die über der Stelle, wo die Karawane nun ihren Weg machte, mächtig in den Boden drang. Hunderte Latrinen, die jede Stunde in die Abgüsse geleert wurden, Dreck und Auguststaub, der von den Bottichen der Aufräumer unters Trottoir gekippt wurde. Der Kot der Gespanne und der Müll, den die Menschen achtlos auf die Trottoirs warfen, stürzte dem tiefsten Punkt unter Simmering zu. Und Hans und die anderen am Rande dieses Trichters –

Gleich darauf war es, als hätte eine riesenhafte Hand den ganzen Lärm weggewischt. Sie waren in einen winzigen Gang geschlüpft – Hans musste fast auf den Knien rutschen –, und von ihm zweigten stille Kämmerchen ab, in denen eigene Lichter brannten. Kurz konnte man in der Bewegung einen Blick in sie erhaschen: Auf einen Laubhaufen gebettet, lagen ein paar Männer, Stiefel und Hüte noch angezogen. In einem anderen Gelass, aus dem die Rauchschwaden schlugen, kochte jemand in einer Metallbüchse Würste. Was war das nur für eine merkwürdige Stadt? Eine Stadt-unter-der-Stadt. In einer schmutzigen Kammer verrichtete ein Mädchen ihre Notdurft in einen Eimer.

Sie gingen auf Zehenspitzen, wie um ein fieberndes Kind

nicht zu stören. Es war ein Nachtmahr, sagte sich Hans, *sie* waren der Nachtmahr. Bald waren sie wieder auf den Knien, bald streckten sie sich. Wie lange die Reise dauerte, war unmöglich zu sagen. Wenn ein Licht sich in sein Blickfeld verirrte, war er wie geblendet, so hatten sich seine Augen schon ans Dunkel gewöhnt. Mehr und mehr war es ihm, als hätte ein ungeheurer Druck sich um sie alle gebildet – als wären sie auf den Grund eines schwarzen, tiefen Meeres gefallen. Die Schwere der ganzen Welt lastete auf ihnen, und alles war wie komprimiert. Kein Lichtstrahl, der dieses Becken mehr verlassen konnte. Hans duckte sich instinktiv.

Blinde, schauderhafte Albinokreaturen, wie sie bei Jules Verne beschrieben wurden, mochten hier leben – borstig und fast transluzide. Explodieren würden sie, wenn man sie an die Oberfläche brächte; hier aber gedieh ihr adriges Naturell, diese fleischigen Kiemen, diese kitzligen Flossenwulste. Hans fuhr herum: nichts. Und doch fühlte er das Animalische an sich rühren – einen Ursumpf, in dem Triebe, Impulse und Geschlechtlichkeit sich in einer solchen Dichte um ihn pressten, dass er einen Augenblick in Panik geriet. Das Zivilisierte, sein ganzes Menschsein war so unendlich weit fort; nie und nimmer würde er aus dieser Schwere wieder auftauchen können. Wölbungen, Schenkel, Tentakel – schnappende Fischmäuler. Das Saugen eines braunen Schlunds an seiner Hüftbeuge. Von irgendwo hörte er ein Stöhnen. Immer wieder musste Hans sich ermahnen, dass es nur eine Illusion der Kanalfäulnis war, die ihn da heimsuchte.

Da stieg er auf einmal in etwas Weiches. Schlamm, dachte er und wollte seinen Stiefel herausdrehen, da packte es ihn. Wie ein Kraken umfing ihn die Gallerte aus der Dunkelheit, es würde ihn hinabziehen, dachte er panisch. Er fühlte einen Körper seine Beine umschließen, zwischen seine Schenkel dringen, in ihn, um ihn, zu ihm; und aus tiefster Seele schrie er wie zur letzten Wehr. Ihn durchpeitschte in Wellen sein Puls, da drehte sich die Kolonne, und der Vorderste kam mit der Gaslampe zurück. Es war Adam, der ihn jetzt an der Hand nahm und weiterzog, aber Hans wandte sich noch einmal um. Er war in einen Menschen gestiegen, der ihn aus dem Traum heraus gepackt hatte. Nackt lag er da, auf feuchten Jutesäcken. Ein Teig aus Fleisch, keine Form.

Jetzt, den Weg ausgeleuchtet, fühlte Hans sich schon halb gerettet – sichtbar jetzt die Feuchtigkeit, der Schimmel. Ein fernes Rauschen – da richteten sie sich alle auf: TRABANT.

Das stand auf handbemalter Emaille, in der linken Ecke des Raums, in den sie eingetreten waren. Jetzt war alles ausgeleuchtet. Sie waren zurück in der Gesellschaft. Das Zimmer mochte etwa fünf mal fünf Meter messen, und es schien, als ob es in der Vergangenheit Arbeitern als Jausenkammer gedient hatte. Es standen Bänke und Regale an den Wänden, für deren Alter eine Patina aus grauem Staub bürgte. Es war merkwürdig, dass die Polizei eine solche Besetzung nicht auflöste. Dann sah er aber, dass beide Eingänge in die Kammer zugemauert gewesen waren und mit einem Hammer wieder eröffnet. Deswegen also hatten sie durch die Kanalisation kriechen müssen.

Abgesehen von den letzten Hinterlassenschaften der Arbeiter hatte der Ort nichts Pragmatisches mehr an sich, stellte Hans fest. Das Mauerwerk des Untergrunds war von dicken Fellen bedeckt. Tücher inhalierten das rötliche Licht der Lampen und warfen es zittrig wieder an den Raum zurück, der kreisum mit etwa zwei Fuß hohen Bettlagern aus Bastmatten ausgekleidet war. Auf diesen lagen und krümmten sich, saßen und küssten einander Menschen, die unterschiedlicher nicht hätten sein können. Hans zählte zehn Soldaten in makellosen Paradeuniformen. Daneben hockten – im Schein hunderter Kerzen zu erkennen – einige jener Strotter, die sie auf ihrem Weg hierher gesehen hatten. Sie trugen sogar im Liegen noch Hüte auf dem Kopf und hatten die schmierigen Fetzen, die sie anstatt von Schuhen verwendeten, am Boden verteilt. Unfassbare Wunden an den Beinen eines Greises – verwachsene Furchen, Kraterlandschaften aus Fleisch, wie mit dem Beil gezogen. Einen Meter weiter wand sich ein vielleicht zwanzigjähriger Mann, dem der Schweiß in ein fein tailliertes Hemd lief. Seine Hände und sein Kopf hingen herab wie in tiefem Schlaf; doch seine Augen waren weit geöffnet, und die geröteten Pupillen starrten entsetzt in eine unsichtbare Hölle. Wieder daneben lag eine schwangere Frau, nur war ihr Bauch nicht rund, sondern ausgebeult wie ein zerrissenes und mit Kissen ausgestopftes Nachthemd. Man hätte glauben können, etwas versuche, aus ihrem rissigen, nach der Seite herabhängenden Leib zu entkommen.

Hans musste sich wegdrehen. Das Lokal war eine Opiumhöhle, nur dass es keine Pfeifen gab. In der Mitte des Raums stand ein imperial anmutender Schreibtisch, um den ein paar Fauteuils platziert worden waren. Es balgten sich die Gerüche und Gestänke miteinander – mal dunsteten die eitrigen Wunden eines Bettgehers zu ihm herauf, dann zogen die kleinen Schwaden der Öllampe in Hans' Nase, die Adam jetzt nach oben hielt, um der Gruppe eine Gewöhnung an die Lichtverhältnisse zu gestatten.

Niemand schien von ihrem Kommen Notiz zu nehmen, selbst als sie schon in der Mitte der Kammer standen.

»Du gehst hinüber zu deinem Kind«, flüsterte Klara Adam zu, dessen müder, unendlich müder Blick all dem nichts entgegenzusetzen hatte. Tatsächlich verschwand Adam ohne Widerrede. Konnte es wirklich sein, dass seine jugendliche Mätresse hier – in den Kammern neben den Branntweinleichen – ein Kleinkind aufzog?

Ein Liegeplatz war frei geworden, und nachdem Klara ihm mit einer Geste bedeutete, man solle sich dort niederlassen, legten sie sich, geschlichtet wie Sardinen, auf die Matten.

Binnen weniger Sekunden ließen alle Körperfasern Hans los. Zum dritten Mal an diesem Tag glaubte er, endlich schlafen zu können – nur um wenige Minuten später wieder von Adam wachgerüttelt zu werden, der ihm etwas dicht vors Gesicht hielt.

»Sie war nicht da – aber das hier«, sagte er triumphierend. »Nimm.«

Eine Tablette. Nicht einmal seine Hand streckte er aus, sondern ließ sie sich direkt auf die Zunge legen, so wie er früher die Hostie vom Pfarrer empfangen hatte. Auch Klara ließ sich von Adam zureichen.

Dann fiel Hans zurück und schloss die Augen. Sofort übereilte ihn die alte Müdigkeit wieder, ein Erschöpfungszustand, der ihn ins Bodenlose fallen ließ. Die wahllos verwürfelten Töne eines Geigenspielers, der es sich in der Ecke bequem gemacht hatte, störten ihn nicht, er zuckte schon hinüber auf die andere Seite und berührte mit dem Außenrist seines Verstandes das große Becken –

Da riss es ihn wieder in die Senkrechte.

Mit einem Mal war er hellwach, luzider, als er es je in seinem Leben gewesen war. Er wandte sich hilfesuchend zu beiden Seiten, und da saßen auch Klara und Adam. Kerzengerade.

»Was haben wir genommen?«, flüsterte er, und Adams Lippen formten, ohne etwas zu sagen: Heroin. Es war nicht wie Hans sich einen Rausch immer vorgestellt hatte; bunt und mit sich drehenden, aufwuchernden Kaleidoskopen. Stattdessen rückte ihm alles, was schon vorher da gewesen war, in eine unendliche Nähe. Er roch plastisch, was weit entfernt war, und sah klar wie durch Facettenaugen, dass die Bewegung der anderen verlangsamt war. Durch dieses Heranrücken aller Dinge wurde ihm die ganze Welt zu einer warmen Stube, in die man aus einem Schneesturm zurückkehrt. Als hätte er sich auf einem Kanapée ausgestreckt und eine Decke um sich geschlungen und als breitete eine wohlige Wärme, ein Sich-gehalten-Fühlen sich bis in seine Seele aus. Jetzt verstand er auch, wie wunderbar das alles war – dass die unterschiedlichsten Menschen, und er dazu, sich hier versammelten, ohne dass der eine vom anderen eine Rechtfertigung verlangte. Fremde, die beieinander lagen wie zwei greise, miteinander vertraute Männer, die sich pfeiferauchend Gesellschaft leisteten. Es war aber gleichzeitig auch alles unfassbar komisch!

Klara drückte Hans, als dieser begann, laut zu lachen, ins Liegen zurück, und er ließ es geschehen. Er beobachtete die durcheinanderwogenden Trapeze der Deckensteine, die sich wie in einer Ringkür heraufstemmten. Er fühlte seine breite Brust und seine massigen Schenkel. Ja, er war so erwachsen! Männlich, ganz und gar instand gesetzt zu allem, was ihm die Zukunft bringen würde. Ihm kam eine vage Idee von Heldentum – hinüberrauschen zu den Frauen wie ein Wagnerfragment und sich dort zu Tönen zerschlagen lassen. Mit der Hand am Abzug des Leitmotivs sterben. Diese Phrase ließ ihn ein weiteres Mal in Gelächter ausbrechen. Sie hieß nämlich ja gar nichts! Oder sich die Hand an eine offene Wunde halten und wie ein Katholik das Verhängnis akzeptieren. Er sah

Jesus Christus am Kreuz hängen, auf den Lippen ein mahnendes, doch freundliches Lächeln.

Hans wollte die Verantwortung für alle im Raum übernehmen, Lasten tragen. Eine universale Schuld dampfte aus dem Gedärm des Kellers zu ihm auf. Er musste sie alle retten, alle Elenden, wie sie da auf ihren Matten hingestreckt waren. Wie in einer universalen Handreichung streckten die Liegen der anderen sich ihm entgegen. Er war alle, und alle waren er – da verstand er plötzlich, welch eine ungeheure Qual es die ganze Zeit gewesen war, ein Einzelner zu sein. Er hatte jetzt ein dauerndes Bedürfnis, von innen berührt zu werden.

Mit unendlicher Zärtlichkeit sah er zu, wie zwei Leute begannen, den Raum umzubauen; er fühlte seine Muskeln in ihnen wirken, als sie die Satinvorhänge fallen ließen und alles mit ausgetauschten Lampenschirmen in ein Dunkelrot tauchten. Alles fühlte sich groß und wunderbar an: die leise flackernden Gaslaternen, die nun in die Ecken gehängt wurden, und dass die Leute, wie gemeinschaftlich beseelt, sich aufsetzten. Ein Glöckchen wurde in der Zimmermitte aufgehängt. Er beugte sich nach vorne und warf den Kopf hin und her vor Überfülle, er hätte den Tod wie einen Gast empfangen wollen, wenn es in diesem Moment aus gewesen wäre mit ihm. Glücksübervoll wäre er gewesen.

Und dann rüttelte ihn Klara am Ärmel und deutete in die Mitte des Raums. Hans sah in ihre schwimmenden Augen und wusste, dass sie ähnlich Großes erlebt hatte wie er. Noch einmal zeigte sie in Richtung des Schreibtischs, auf den sich die Umbauarbeiten zentrierten. Ein Mann hatte sich redebereit positioniert, und Hans fühlte mit derselben Intensität, mit der er vorher sich selbst wahrgenommen hatte, das Nahen eines Einschnitts.

»Herzlich willkommen, meine Damen und Herren, im Klub Trabant, dem Fernsprechapparat zur anderen Welt. Herzlich willkommen, meine Damen und Herren. Es gibt hier kein Diesseits. Unsere Einstellungen beruhen auf den ganzheitlichen Systemen des Hans Driesch und der *Society for Psychic Research*, wonach alle künftigen Geschehnisse die geometrische Summe aller einzelnen Bewegungen und Kräfte der materiellen Elemente sind.«

Hans hatte sehr große Mühe, einer einzelnen Stimme zu folgen, denn immer wieder zogen andere Geräusche, Gerüche, Töne seine Aufmerksamkeit an.

»Auf dem Boden der Tatsachen, nämlich der Wechselwirkung jedes einzelnen Teilchens mit jedem anderen, bewegt sich das Komitee des Trabant in die Gefilde der Feinstofflichkeit. Die Agentin unserer Reise heißt –«

Und wie in einem Chor sagten alle um ihn Anwesenden wie mit einer einzigen Stimme: »Bilha.«

Gleichzeitig fiel einer der roten Vorhänge und eine Nische offenbarte sich. Hans' Raumempfinden stürzte in sich zusammen – dort, wo sich jetzt eine Öffnung befand, das erinnerte er ganz genau, war doch vorher eine Mauer gewesen? Der ganze Raum war, wie es schien, eine Fiktion aus Paravents und verrückbaren Wänden. Doppelbödig, dreifachbödig, gleich meinte er in seinem Rausch wieder, sich in diesem Labyrinth unrettbar zu verirren.

Doch da sah er, dass aus der Nische ein Mädchen hervorgetreten war, sicher jünger noch als er. Sie trug ein silbrig glänzendes Paillettenkleid und ein dazu passendes Diadem.

»Bilha ist eine Wahrsprecherin aus dem Volk, die hier im Trabant seit drei Jahren die Nachrichten der Geosphäre bündelt. Jener machtvollen Energie, die wir alle durch unsere Handlungen und Wahrnehmungen beeinflussen und die zu leugnen der Individuationswahn unseres Zeitalters uns befiehlt. Wir sind die Abgesandten. Sprechen Sie Bilha nicht an; sie ist nicht mehr Teil dieser Welt.«

Es überschauderte Hans, als er sie ansah – aber es überschauderte ihn wohlig. Das Mädchen war bleich. Nun, indem sie vortrat und sich vorsichtig an den Tisch setzte, sah sie aus wie jemand, der die längste Zeit nicht senkrecht gestanden hatte.

»Für den Empfang des eigentlichen, durch den Äther hindurch empfundenen Überpersönlichen besteht Bilha, unsere Agentin, darauf, ihre Zeit in einer vollkommen abgedunkelten Kammer zu verbringen. Sie ist darin gegen die Signale und Sendungen des Grobstofflichen abgeschirmt. Sie spricht mit keiner Menschenseele. Sie isst nur das Nötigste an Nahrung. Dies geschieht auf ihren ausdrücklichen Wunsch hin.«

Ihr Haar, das einmal prachtvoll lockig gewesen sein musste, war schütter, als hätte sie es sich selbst ausgerissen. Hans erinnerte sich an einen zurückgebliebenen Buben an einem Hof in Telfs, den seine Eltern im Keller gehalten hatten und den er, als er sich einmal in der Tür geirrt hatte, auf dem Boden kniend fand. Das Kind, dem Gesicht nach ein Greis, doch von Gestalt und Wuchs eines Fünfjährigen, hatte ganz ähnliche Male am Kopf gehabt. Hans hatte gleich begriffen, warum, denn das Kind riss sich vor seinen Augen die Haare aus, um sie zu verspeisen.

Aber dieses Mädchen war anders. Obwohl man unter ihrem Kleid die Haut vor Auszehrung spannen sah, hatte Hans das Bedürfnis, ihr nahe zu sein. Etwas an ihr war schön und erhaben geblieben. Jetzt trat ein Mann von hinten an sie heran und zog ihr ein weites, wallendes Hemd über, das mit fluoreszierenden Streifen benäht war. Die meisten der Lampen wurden wie in geheimer Absprache gleichzeitig gelöscht.

Bilha war ein auf den Grund eines Beckens gesunkenes Tuch. Hans fand die Szene auf einmal unendlich traurig. Ihm war zum Weinen zumute, doch nun läutete das Glöckchen, das in der Mitte des Raumes hing. Niemand hatte an es gerührt. Nur Bilha hatte ihre Augen auf das Publikum gerichtet und zu sprechen begonnen.

»Das Universum ist ein riesiges, tausendfach verzahntes Rätsel, das keinem anderen Zweck dient, als eines Tages gelöst zu werden. Jedes noch so kleine Ding steht in einer Relation zu jedem anderen Ding. Unzählige Verschlüsselungen sind aufeinander platziert, sodass stets eine neue Metaphernlandschaft auf uns wartet, wenn wir eine Schicht endlich durchdrungen haben. Gott hat den Schlüssel verloren – er hat ein Rätsel konstruiert, das so kompliziert ist, dass er selbst es nicht zu lösen vermag. Uns, die Menschen, hat er zum alleinigen Zweck geschaffen, ihm bei der Entwirrung seiner Schöpfung zu helfen. Hunderte Generationen hat es gebraucht, um auch nur die kleinsten Dinge zu verstehen – tausende Jahre, bis wir überhaupt erkannten, *dass wir leben, um ein Mysterium aufzulösen.* Wir irren durch die Labyrinthe, wir pflanzen uns in ihnen fort, ohne sie zu begreifen – in der namenlosen, verzweifelten Hoffnung, es möge eines Tages einer kommen, der das *Rätsel durchdringt.*«

Hans war sich nicht sicher, ob es noch die Wirkung des Heroins war oder die Rede selbst, aber er fand das alles tödlich komisch. Was war von einem Orakel anderes zu erwarten als Orakelsprüche? Aber noch viel witziger als das, was sie sagte, war die Aura der Ergriffenheit, die in den Augen des Publikums erstrahlte. Die Menschen hatten die Hände vors Gesicht geschlagen, als würden sie die Erwähnung dieser süßen Mysterien kaum ertragen. Hans kicherte. Sie hatte doch gar nichts verkündet! Oder etwa doch?

»Ich, Bilha, stamme aus der Zukunft und wurde euch gesandt, um die Ansätze zu verkünden, die unsere Ahnen uns zur Lösung des kosmischen Rätsels überliefert haben. Die Geschichte ist auf eine Messerschneide zusammengestürzt, um sich endlich zu spalten.

Hört also meine Prophezeiung:

ERSTENS: Die Zeiten erlangen ihre Ordnung erst von hinten besehen; in der erlebten Gegenwart kann Geschichte nicht verstanden werden. ZWEITENS: Was man glaubt, als Vergangenheit begriffen zu haben, ist in Wirklichkeit die Zukunft. Das Prophetische tarnt sich stets als Erinnerung. DRITTENS: Jeder sieht seinen Tod einmal im Leben, versteht ihn jedoch nicht als den eigenen, sondern nur als eine Reminiszenz. VIERTENS: Ganz kreisförmig und wie in einer zenonischen Paradoxie entsteht unsere Zukunft durch ebenjene Verwechslung. Genug davon!

FÜNFTENS: Nicht nur den Menschen ergeht es so, sondern auch den Zeitaltern selbst. Die Affekte haben sich von den Menschen emanzipiert und flottieren frei zwischen uns als unabhängige Entitäten. Sie ergreifen uns, wenn es ihnen passt, und lassen uns wieder fallen – sie erobern die Massen im Sturm und dringen als frecher Inkubus in den Schlafenden, der darauf als ein anderer erwacht. Das Individuum gibt es nicht mehr. SECHSTENS: Dass alles Belebte und scheinbar Unbelebte nebeneinander existiert – gleichberechtigt, verschlungen, beseelt. Dass die Gebäude und Berge, die Stoffe, das Holz, die Erde, das Wasser Agenten sind. Nichts ist ohne Seele. Genug davon!«

Aber jetzt war Hans wie erstarrt. Es fröstelte ihn. Er schüttelte den Kopf – hatte er richtig verstanden? Das Holz – die Erde – das Wasser. Das hieß alles nichts, sagte er sich, es war leere Rede. Aber der Raum war so zittrig. Um die Gardinen, die ihm auf einmal unheimlich wurden, strich ein Lufthauch.

Leere Rede. Da fiel ihm ein, dass er einmal gelesen hatte, dass auch die Kaaba, das Allerheiligste der Muslime, leer war; dass die vielen Millionen Gläubigen in Mekka und all die Tonnen Alabaster das Nichts umschlossen. Und der Mischkan, das Zeltheiligtum, mit dem die Israeliten durch die Wüste zogen, war der Parochet, der bestickte Vorhang um die Nichtpräsenz. Die Bundeslade war ja verloren. Das Gewand schnürte ihn ein wie eine gewaltige Hand. Er griff nach dem Wasserglas, wie um sich zu erlösen. Er fand es nicht.

»SIEBTENS: Da die Zeit nichts als ein Echo ist, ist alles, was wir erleben, nichts als ein Widerhall. ACHTENS: Die Rufe, die von Anbeginn der Zeit uns und unser Leben lenken – das Flüstern der Pharaonen und die Schreie der punischen Krieger, die Laute der Urmenschen und die Reden der Waschfrauen bleiben in diesem gläsernen Dom des Universums für immer erhalten. Das daraus entstehende Gewebe nennen wir die Zeit. NEUNTENS: In diesen unendlichen, einander durchkreuzenden Fäden entstehen wie beim einfachen Schall Interferenzen. Auf einmal klingen ganz andere Dinge zurück als jene, die ursprünglich gerufen wurden. Vereinfacht gesagt: Zwei treffen sich und tauschen ihre Gedanken aus – aber aus diesem Austausch ersteht ein Drittes, das beiden fremd ist und sich als etwas Eigenständiges in die Welt erhebt. Was aber, wenn der Austausch von Milliarden für immer an den makellosen Flächen der Ewigkeit hin und her geworfen wird?

Was für Ungeheuer werden da entstehen? ZEHNTENS: Unsere eigenen Gedanken können wir nicht identifizieren. Denn wie beim Dopplereffekt werden sie gestaucht und gedehnt, je nachdem, von welcher Seite wir ihnen begegnen. ELFTENS: Sie mögen glauben, ich würde von Esoterik und Geisteswirkung sprechen – in Wirklichkeit ist es aber die Wissenschaft, die das Unfasslichste ist, was einem begegnen kann. ZWÖLFTENS: Die Gesamtheit der Interferenzen und Verwerfungen der Zeit nennen wir die Materie.«

Er konnte sich nicht entziehen – ja, ja, sie hatte recht: Er erkannte seine Gedanken nicht. Er betrachtete die Leuchtstreifen an Bilhas Ärmeln und nahm ein Flattern wahr. Es erfüllte ihn mit Grauen. Rechts unter ihrem Ellenbogen hatte das Tischtuch sich erhoben und stand – waagrecht wie unter einer steifen Brise – vom Tisch ab, obschon es im Raum vollkommen windstill war. Und Hans sah, dass es auch Klara sah – und das entsetzte ihn noch mehr.

»Hört das Gesetz der Prophezeiung als das Gesetz aller Prophezeiungen: Die Gegenwart bedeutet nichts. Erst in der Zukunft erlangen die Dinge ihre *Bedeutung*, und erst dann lässt sich beurteilen, ob eine Entscheidung ›richtig‹ oder ›falsch‹ ist. *Verstehen* ist ein Kriterium der Zukunft. *Überprüfen* ist ein Kriterium der Zukunft. Ist es also sinnlos, geboren zu werden? Ist es sinnlos zu leben? Nein: Wir sind es, die dem Leben der Verstorbenen Sinn verleihen! Wir erst geben ihrem Leben Bedeutung. Und wir werden im Vertrauen darauf sterben, dass die nach uns Kommenden darum kämpfen, *unserem* Leben Sinn zu verleihen. Dies ist der erste Schritt in Gottes Rätsel.«

Bei diesen Worten fiel ihr Kopf nach vorn – und sowie das geschah, entgleiste alles.

Eine Münze, die vorher auf den Tisch gelegt worden war, stellte sich senkrecht auf. Es war etwas Grausiges daran, etwas Böses fast; die kleine Metallplatte zitterte, als würde sie schwer gemartert. Dann begann sie sich mit gewaltigem Schwung zu drehen. Ein lautes Raunen durchwogte die Menge, selbst die vom Heroin Niedergestreckten setzten sich auf. Magnetismus, dachte Hans panisch, man musste eine Spule in den Tisch eingelassen haben; es musste eine Erklärung dafür geben. Da rauschte es von der anderen Seite: Ein Stapel Papiere wurde wie von starken Lungen in den Raum verblasen, und die Menschen duckten sich, um nicht getroffen zu werden.

Hans' Körper war zum Zerreißen gespannt. Er war bis an den Rand der Liegefläche gerutscht. Und da – mit einem Schlag, der die ganze Menge aufschreien ließ, krachte die Tür in den Angeln, und der junge Mann, der sie vorher in ihr Gelass gebracht hatte, stand keuchend vor ihnen.

Letzte Papierfetzen flatterten zu Boden, dann verflüchtigte sich der Traum: Die Taschenlampe, die der junge Mann ihnen strahlend ins Gesicht hielt, hatte Hans in die Welt zurückgerissen.

»Alle Mann nach draußen«, rief er. »Russland hat soeben die Generalmobilmachung verkündet.«

—

Schlafwandler waren sie.

Die Lichter im Raum waren alle zur selben Zeit angegangen, und der Spuk hatte sich schlagartig verflüchtigt wie eine auseinanderfallende Dunstwolke. Für einen Augenblick konnten sie alle dieses Nebeneinander nicht fassen. Sie fanden keine Worte, und die Worte fanden nicht sie.

Mit halb geschlossenen Lidern standen sie auf und schleppten sich durch die gemauerten Gänge. Man spürte den Druck dieses Morgens warten, man fühlte, dass man zu spät war. So unwürdig musste man ihm gegenübertreten: verschwitzte Röcke und staubige Mäntel. Sie klopften sich den Dreck des Unterirdischen von den Westen, jetzt, wo das Dämmerlicht in Streifen durch die Gullideckel fiel.

Der Rückweg schien so kurz: Hans konnte kaum glauben, dass sie, was in der Nacht wie eine Weltreise erschienen war, in zwei Minuten hinter sich hatten. Sie kletterten über die Sprossen durch den steinernen Gebärkanal und waren wie geblendet: Schattenzeichen und gedämpfte Töne waren auf einmal offen präsent. Man kniff die Augen zusammen, man steckte die Finger in die Ohren – draußen brauste das Weltengericht.

Einspänner und donnernde Tramgarnituren hatten sich, wiewohl es noch nicht hell war, längst in Bewegung gesetzt. Zeitungsverkäufer schrien, ehe sie noch ihre Bündel zerschnitten hatten. Aber wie viele da aus dem Untergrund drängten –

Hans glaubte zu wissen, dass im Trabant höchstens fünfzig Leute Platz gehabt hatten. Und doch strömten schockweise die Menschen aus dem Asphalt – junge und alte, zerlumpte und solche im Tweed; Mädchen, die bei Tageslicht besehen nicht älter als zwölf sein konnten, sich aber im Souterrain wie Rotlichtdamen gegeben hatten. Übernächtigt und orientierungslos waren sie alle – halbe Kinder noch, selbst wenn sie schon Greise waren.

Nun waren es zweihundert Menschen, die sich in großer

Verlegenheit gesammelt hatten. Keiner wusste, wohin mit sich. Hans, Adam und Klara sprachen kein Wort miteinander. Sie und ihre hunderte Kompagnons waren mit einem Schlag zu Kameraden geworden. Aber in welcher Angelegenheit? Die Hälfte von ihnen war noch berauscht, jeder Einzelne unendlich müde. Die Erschöpfung kauerte auf ihnen wie ein nackter Affe. Viele setzten sich vorerst aufs Trottoir und rauchten. Einige trugen noch eine Flasche Schnaps im Hosenbund oder einen Flachmann in der Hand, den sie reihum weitergaben, wie um einen Fall zu bremsen.

So nahm auch Hans einen Schluck. Er saß auf dem Gehsteig und schaute in den Himmel, der sich in unendlicher Behäbigkeit rot verfärbte. Er konnte sich nicht daran erinnern, je so erschöpft gewesen zu sein. Alles war ihm gleich. Die Menschen hockten und legten sich auf die befahrene Straße. Auch Hans ließ sich deshalb nach hinten fallen. Und wie eine Mutter nahm Klara seinen Kopf auf ihren Schoß.

—

Filz an Filz. Flokatischichten, die den Schall in sich aufnahmen wie unendliche Räume.

Hans sah sich im Traum ein schwarz-braun vertäfeltes Zimmer durchqueren.

Erst in der Mitte dieser Bahn wurde er sich seiner selbst bewusst. Der Wind fauchte durch das poröse Holzgestell eines Fachwerkhauses: die Schindeln eine schief singende Dirne. Jetzt, wo er die Wände zu berühren versuchte, kräuselten sich die Steine wie Ölschlieren unter seinen Fingern. Auf schwankenden Böden sah er sich gehen – er floss dahin. Nur wenn er sich nicht bewegte, klärte sich das Bild.

Der Raum mochte etwa fünfzig Quadratmeter messen. Er setzte sich, um in Ruhe Orientierung zu erlangen. Das Mobiliar lag halb im Dunkel, halb war es von hereinscheinenden Laternen beleuchtet, deren Kegel jedoch vom draußen peitschenden Regen durchstanzt wurden. Er kniff die Augen zusammen. Immer, wenn er nur die geringste Bewegung machte, wenn er auch nur blinzelte, fielen die Eindrücke zusammen wie geraffte Tücher.

Man hätte sich ein solches Zimmer nicht ausdenken können. Ein Gewicht drückte von unten und von oben, denn auch die Decke, die wenig höher sein mochte, als er selbst groß war, war ganz und gar aus Holz. Und dieses Holz atmete und knirschte und trug unendliche Lasten. Eine Arche, zum Schwimmen gemacht.

Er blickte zum ersten Mal an sich herab: Er hatte ein seidiges weißes Kleid an, das von den Schultern abwärts floss wie gewobene Milch. So sauber, so geschmeidig – als er einen Arm hob, schmiegte es sich an ihn wie eine Luftspiegelung. Doch etwas war ihm unangenehm, das er noch gar nicht benennen konnte. Ihm war kalt, und seine Glieder schmerzten – draußen prasselte ja der Regen, und er saß hart. Wie ein lästiger Schmerz brach sich der Eindruck Bahn, dass diese Kleidung ihn nicht vor dem schützen konnte, was da wartete. Ja, sie *schützte weniger als nichts.* Als er aufstand, sich den weißen Umhang enger zu ziehen, sah er, dass der Stoff zu kurz war, um auch nur die Hälfte seines Körpers zu bedecken: Nackt war sein ganzer Unterleib. Das erschreckte ihn so sehr, dass er hätte schreien wollen.

Im selben Moment schien der Raum zu kippen, sich zu drehen – und der Fluchtpunkt der Perspektive war auf einmal an der gegenüberliegenden Wand: ein Kasten.

Ihm, der seinen Schoß nun mit Händen bedeckte, schien

es, dass darin etwas von lebenswichtigem Rang sei. Er stolperte über den sirrenden Grund und sah schon im Näherkommen, dass sich im Schrank weitere Gewänder befanden. Das war eine kolossale Erleichterung. Er müsste unbedingt etwas Passendes finden, sonst würde sich seine Lage nicht verbessern lassen. Es gab nur drei Monturen, die etwa seine Größe haben mochten.

Links hing ein mit goldenen Trapezen bestickter Anzug aus einem einzigen Stück, der ihn ungemein anzog. Geometrische Muster waren in einen glänzenden Stoff eingezogen, dass man hineinfiel wie in eine optische Illusion. Ein Aufzug für einen Rebellen oder eine Rebellin – ganz eindeutig. Er nahm das Kleidungsstück vom Bügel. Der süßliche Geruch von Mottenkugeln stieg aus dem Fabrikat auf; wie organischer Abfall, wie die Schweißflecken einer reifen Frau, dachte er –

Das hielt ihn aber nicht davon ab, mit dem Fuß in das eng geraffte Hosenbein zu steigen, in den Ärmel zu dringen – doch blieb er stecken. Irritiert zog er die Hand zurück und sah hinein. Alle Öffnungen waren zugenäht. Und nicht aus Versehen war das passiert – dicke Überwendlingsstiche hatte er vor sich, dass man es unter größter Kraftaufwendung nicht aufreißen hätte können. Ein gewisser Ekel befiel ihn, doch versuchte er, ihn mit großer Rationalität zu unterdrücken. Er wusste nicht, warum es eine solche Kreation gab, doch er würde sich eben einer anderen zuwenden.

Er zog die zweite Garnitur hervor. Auch sie schmeichelte, bei aller Exzentrik, seinem Auge. Maskulin war sie – das vor allem. Heldenhaft. Ein schlichtes Leinenhemd germanischen Zuschnitts und darüber ein Fellumhang. Über den Bügel gehängt war zudem ein kolossaler Gürtel – schwarzes, dickes

Leder und eine Schnalle, die so dick war wie seine Hand, daneben ein paar Eisenhandschuhe aus Kettenstoff. Wieder, und weil er ja noch immer nackt war, war er beflissen, sich gleich umzuziehen. Schon das Hemd aber war zu groß – wobei: Zu groß war gar kein Ausdruck. Die Proportionen hatten im Schrank noch ganz ordinär gewirkt, doch sowie er hineingeschlüpft war, lag der Stoff auf dem Parkett auf. War es gewachsen? Auch der Gürtel war ungemein weit. Wie für einen Riesen war er gemacht; er konnte mit der Hand nicht einmal den Dorn der Schnalle umfassen. Entmutigt und in der leisen Angst, in den Geweben zu ertrinken, zog er sich wieder aus und drängte die Tücher in den Schrank zurück.

Da blieb nur mehr eine – doch sowie er sich dem letzten Kostüm zuwandte, geschah etwas Wunderbares. Seine Sorge, das richtige Gewand auszuwählen, war umsonst gewesen. Das richtige Gewand hatte vielmehr gerade *ihn* gewählt.

Es passte, als wäre es allein für ihn gemacht worden. Er fühlte sich im Ankleiden zugleich gemeint wie auch berufen. Was für ein Stück das war! Ein fester, geschmeidiger Umhang in Flieder, dessen Kapuze das Haupt vollständig bedeckte, was ihm sehr angenehm war – und unter dem auf den Boden fallenden Überwurf eine mit Sternen bedruckte Hose, in deren Tasche er etwas Hartes fühlte. Es war ein flaches, goldenes Medaillon, in das Hieroglyphen eingelassen waren. Horus, ein Hund und das Auge. Löwenköpfe, Schlangen – ein Talisman. In dieser Aufmachung könnte er nach draußen gelangen, das spürte er deutlich, und nach nichts gelüstete es ihn nun mehr. Obwohl das Parkett sich noch immer kräuselte und wölbte wie geschmolzenes Metall, stand er nun auf festen Beinen.

Am westlichen Ende – oder dem, was er als Westen empfand – führte eine Wendeltreppe in ein zweites Stockwerk. Auf der zweiten Stufe riss es ihn von den Beinen. Es war, als wäre er gegen eine gläserne Wand gelaufen. Sein Blick wurde unscharf. Er konnte kaum erkennen, wo er hintaumelte, doch das ließ das Bedürfnis, aufwärts zu gelangen nur noch anwachsen. Die Augen geschlossen, griff er nach dem Geländer, um sich emporzuziehen. Doch die Balustrade brach aus wie trockene Brezelschalen. Sie war porös gewesen, zum Glück fiel er kaum einen halben Meter. Sowie er einige Schritte zurücktrat, konnte er wieder sehen. Dies war keine normale Treppe: Er begriff, dass hier eine undurchlässige Grenze wirkte. Das konnte er hinnehmen, das musste er respektieren.

Stattdessen trat er ans Fenster. Noch immer nieselte es, doch mehr in eleganten Schleiern.

Es war ein hübsches Dorf, das sich im dämmriger werdenden Licht um ein Rathaus hundert Meter weiter erstreckte. Jetzt sah er, befestigt mit einer Stange an der Fassade des Hauses, in dem er sich befand, auch ein Schild schaukeln: *Kostümverleih Dollmann*. Wie er so nach draußen sah, wurde ihm alles viel deutlicher – insbesondere die Figuren schienen ihm wie mikroskopiert, als könnte er seine Augen mit Okularen auf die Brennweiten drehen, die ihm beliebten.

Gegenüber saß ein Schuster vor einem zweigeschossigen Geschäftshaus und polierte seine Ware. Hinter ihm stand ein Uhrglas, durch das geschmeidig die Sandkörner flossen. Hans wurde schlagartig bang, ohne dass er wusste, vor welcher Frist.

Ein Gespann mit Maulesel sollte ein paar Fässchen Bier zu einem Gastgarten transportieren, der im Schlagschatten des Rathauses versank. Ein Bursche musste die Kutsche anschieben, denn das Tier schien sich nicht bewegen zu wollen. Hässlich verlebt waren seine Züge, obwohl er erst zwölf oder dreizehn sein mochte – durchfurcht wie die Umbrüche eines alten Ackers. Aus einem Wirtshaus, das den Namen *Axis Mundi* trug, fiel ein alter Mann, und sein nasser, schütterer Skalp schlug hart in einer Schmutzpfütze auf.

Die Körper waren ausdrucksarm und wirkten skizzenhaft, fast wie Nebelschwaden, durch die die Hände und Füße stachen. Die Gesichter waren zwar feiner gearbeitet, doch etwas an ihnen beunruhigte Hans zutiefst.

Es war die Art, wie die Leute einander anschauten, mit der etwas nicht stimmte: Sie sahen einander in einem Misstrauen nach, wie er es noch nie erlebt hatte – nicht der Zweifel über die Absichten waren das Problem. Nein: In einem ganz *fundamentalen* Sinne glaubten sie einander nicht. Als würden sie die Existenz des anderen verneinen.

Ein Kreischen, eine heftige Bewegung – knapp vor dem Fenster war ein entstellter Rabe gelandet, dem die Augen fehlten, und hatte sich flatternd wieder erhoben. Hans überlief es kalt, er drehte sich kurz ins Zimmer zurück, aber dort hielt es ihn nicht lange. Diesmal sah er gebückter nach draußen, wie einer, der nicht entdeckt werden darf. Ein Paar ging mit starren Blicken vorüber, er ihre Hand in der seinen. Sie hatte eine altmodische Schute auf dem Kopf und trug Spitzenhandschühchen, doch ihr Gesicht widersprach dieser erzwungenen Lieblichkeit erneut. Da war nichts Lebendiges, kein freundlicher Ausdruck für ihren Gefährten. Sie bewegte sich wie auf Schienen. Als das Paar näher kam, sah Hans, dass, was er für die Hand des Mannes gehalten hatte, eine Prothese war – eine hölzerne Hand, an deren Ende die Finger wie Krallen aus einem Stumpf hervorragten. Da drehte der Mann ruckartig den Kopf in seine Richtung –

Mit einem Mal wusste Hans, dass er es war, nach dem sie alle Ausschau hielten. *Er* war der Fremdling hier, und ihm würde Grauenhaftes drohen, wenn der wirkliche Herr über diese Räume nach Hause käme. Wie hatte es ihm nicht auffallen können? Dollmann, Dollmann, Dollmann, wiederholte er leise, und ihm kam dieses Wort vor wie eine scheußliche Beschwörungsformel. Er warf sich auf den Boden und kroch zu einem an der Kopfseite des Zimmers gelegenen Fensterchen. Vorsichtig hob er sich wieder übers Brett. Keine Menschen in der Nähe.

Auf einer sachten Anhöhe lag ein weißes Herrenhaus. Wie die schönste Rotunde des Vestatempels stand es inmitten eines kleinen Gartens. Ein Portikus auf vier Säulen zeigte Szenen aus den Evangelien, Hans erkannte den Sünder beim Vergraben seiner fünf Talente. Es spielte gar keine Rolle, dass das Haus weitab lag. Er sah jedes Detail wie unter kosmischen Prismen und konnte sich nicht davon abhalten, sie zu studieren. Vor dem Grundstück stand ein Polizist, doch Hans wollte sich diesmal nicht so leicht beunruhigen lassen.

Und dann, den Blick erhebend, fand er ihn. Den Luster.

Das rammte ihn nieder: ein Begehren, wie er es noch nie empfunden hatte.

Prächtig illuminierte der Kandelaber das obere Stockwerk; gleichsam heraustretend aus der gläsernen Balkontür. Es war eine Verlockung: ein Zurückhalten ebenso wie ein Verströmen. Berühren wollte er ihn, und doch wusste er, dass kein Küssen, kein Umarmen, kein Reiben von Kopf bis Fuß jemals ausreichen könnte, um diesen Durst zu stillen. Dieser Luster: Das Erscheinen des Erzengels Gabriel hätte ihm nicht wunderbarer sein können. Doch hatte seine Lust etwas Zerstörerisches an sich. Er wollte dieses Ding, nach dem es ihn so gierte, in einem animalischen Rausch zerschlagen und es fressen.

Er musste zum Luster.

Er musste zum Luster. Es hing alles davon ab. Selbst wenn er dafür sterben müsste, wenn ihn die anderen auf der Terrasse dieses Hauses zerfetzten. Der Drang erweichte seine Knie. In einer Augenblicksentscheidung fuhr er hoch und zertrümmerte mit der nackten Hand die Fensterscheibe. Blut rann an seinem Arm hinab und hinterließ Schlieren auf dem Fensterbrett, über das er sich zu stemmen versuchte. Nur kam er nicht weiter als eine Handbreit hinter die Fensterscheibe. Er prallte ab: Die Luft verdichtete sich zu einem Wall, der in einer konkaven Umfassung seine Stirn zurückdrückte. Wie ein Wahnsinniger versuchte er gegen diese Barriere anzukämpfen, schreiend, tobend, als sich auf einmal der Kopf des Polizisten schnappend zu ihm drehte.

KAPITEL 7

DIE ZWEITE SASONOWSCHE FORMEL

Im Morgengrauen waren sie in Favoriten angekommen, ohne ein Wort zu sagen. Die Wege grau in grau und eine Luft, dass man unter offenem Himmel zu ersticken meinte. Klara schoss unbeirrt voran.

Die großen, rotziegeligen Bauten zogen sich wie Gefängnisanstalten über unbefestigte Wege. Sie überquerten einen Hof, der den Anschein eines todkranken Patienten machte: Mit Holzlatten notdürftig zusammengehalten, drängten sich hinter löchrigen Fassaden Kinder neugierig nach vorne, die ungewöhnlichen Gäste schon zum Spielen auffordernd. Es war nicht später als halb fünf. Daneben, nackt und ganz ohne Scham, bückten die Frauen sich zu den Bottichen, um sich in aller Öffentlichkeit zu waschen. Ein magerer Mann hatte einen Bauchladen umgespannt und stank, als er sich ihnen näherte, so bestialisch, dass Hans sich die Hand vors Gesicht halten musste. Ihm wurde klar, dass er keine Ahnung davon gehabt hatte, was Elend wirklich war.

Die wenigen Fenster, die die Front jedes Hauses durchbrachen, waren samt und sonders eingeschlagen, nur seitlich ragten die Scherben aus der Fassade. Die Hauseingänge waren klaustrophobisch winzig; sie mochten nicht höher sein als 180 Zentimeter, und warum jemand solche Zwergeneingänge duldete, war ihm uneinsichtig, bis Hans die Bewohner sah. Aus einer Branntweinstube mit dem exzentrischen Namen »Oper Moretti« stürzten erwachsene Männer, die Hans bis an die Brust reichten. Obwohl um diese Uhrzeit, bedingt durch die Arbeitszeiten der Fabrik, schon hunderte Menschen umherschlurften, sahen sie sich doch alle ähnlich: kurze, halslose Gestalten mit tiefliegenden Ohren. Kinder von Säufern, die selbst längst Säufer waren. Hans hatte das Wort Lumpenproletarier gekannt, nicht aber seine wirkliche Bedeutung.

Die alten Häuser waren mit notdürftigen Anbauten versehen worden, die den Abort und Feuerstellen beherbergten. In jenen glosten Flämmchen, auf dem die eine oder andere Kaffeekanne ihren Dienst tat. Zwischen Metallresten und Misthaufen spielten derweil Kinder in zerfetzten Baumwollkleidern.

»Hier also bist du aufgewachsen?«, fragte Hans endlich Klara.

»Ja, bin ich. Da müssen wir links«, erwiderte diese knapp.

»Und in einer dieser – dieser Wohnungen liegen deine Scheine von der Universität?«

»Leider. Ich bete, dass sie nichts weggeworfen haben. Aber es ist zumindest die perfekte Uhrzeit.«

So getrieben Klara die ganze Nacht über gewesen war, so brüchig wirkte sie nun. »Meine Eltern werden gerade zum Frühdienst aufgebrochen sein, aber die Hausbesorgerin ist noch wach und wird mich hineinlassen. Sie ist eine gute Frau.«

»Das ist es«, sagte Adam.

Wenn der Krieg nicht erst heute begonnen hätte, hätte man meinen können, diese Baracke sei sein erstes Opfer gewesen:

Sie traten in einen dunklen, muffigen Gang. Menschliche Ausdünstungen verschlugen einem den Atem. Die Wände schimmelten, das auch – aber sie schienen auch etwas Organisches aufgesogen zu haben. Gangräne überzog das Mauerwerk, dachte er, obwohl er rational wusste, dass Zement sich nicht zu Abszessen entzünden konnte.

»Mir ist ein wenig blümerant«, sagte Klara. »Wir müssen dann noch rasten und etwas essen, wenn ich die Präsentation halbwegs gut überstehen soll. Es ist alles so schnell gegangen.«

»*Du* wolltest ja unbedingt ins Trabant«, sagte Adam und gähnte.

Hans hing den vergangenen Stunden nach. Was hatte er in dieser kurzen Zeit nur alles zu Gesicht bekommen? Er hatte mit den feinsten Menschen der Stadt gegessen und sich in einem marmornen Bad in einen mandelgrünen Anzug gekleidet, der jetzt – vom Abstieg in die Kanalisation – von den Beinen aufwärts besudelt war. Er hatte vorgestern noch den Stall des Viehs ausgemistet und würde in wenigen Stunden eine Analyse beginnen. Es schien alles gar nicht real.

»Hier rauf«, sagte Klara.

Durch einen fensterlosen Gang machten sie ihren Weg in den zweiten Stock. Aus teils offen stehenden, teils gar türlosen Kammern kroch die Verwesung. Zehn oder mehr Menschen lagen ausgestreckt auf hingeworfenen Matratzen und schliefen den Todesschlaf des Branntweins. Sie waren voll bekleidet, teils nicht einmal schlecht, und in Jackett, Hose und Hut hingesunken wie mitten in der Tätigkeit. Neben improvisierten Bettstätten lag flaschenweise Wein. Sie waren gerade die zweite Stiegenflucht emporgeklettert, als sie einer Frauengestalt mit Wäschekorb begegneten.

»Frau Vuković!«, rief Klara ihr hinterher, die ob ihres Alters etwas schwerhörig zu sein schien. Sie hatte sich mit einem schmutzigen Besen daran gemacht, den Kehricht aus dem zerbrochenen Fenster zu werfen. Eine Hausbesorgerin in einem solchen Gebäude zu haben, war wie einen Schneider auf ein abgebranntes Baumwollfeld zu stellen, dachte Hans.

Klara nahm die alte Frau an der Hand. Ihr Gesicht, kaum dass sie erkannt hatte, wer da hinter ihr stand, hellte sich auf wie am Christmorgen.

»Klara!«, stieß sie überrascht aus, »ich hab schon dacht, dass du tot bist –«

»Ich wohn jetzt anderswo, zur Untermiete, verstehen Sie?«

»Die Alten sagen mir ja nix. Schütteln den Kopf, wenn ich nach dir frag oder nach dem Rudolf.« Die Alte trug ein Kopftuch und eine geblümte Schürze. Ihr Haar war an den Seiten schütter, aber sorgfältig zurückgebunden. Ihre Aufmachung rührte Hans. Frau Vuković, die Adam und Hans gar nicht wahrzunehmen schien, klapperte mit einem tausendschlüsseligen Bund, aus dem sie wie durch ein Wunder den richtigen hervorzog.

»Hier hat Klara also wirklich gewohnt?«, fragte Hans Adam.

»Sie wohnt noch hier. Offiziell«, flüsterte dieser zurück. »Mit drei Schwestern und ihren Eltern.«

»Ui«, rief die Hausbesorgerin. »Der steckt ja von innen.«

»Was? Sind Sie sicher? Es gilt doch der übliche Schichtplan für die Ziegelfabrik?«, fragte Klara und legte das Ohr an die Tür.

»Vielleicht is wer krank wurn.«

»Ich fürchte, die Operation wird ein wenig schwieriger als geplant«, sagte Klara an Hans und Adam gewandt. »Ihr wartet am besten da drüben. Oder besser noch: einen Stock drunter. Es ist darauf zu wetten, dass die Alten schlechte Laune haben.«

»Freilich«, sagte Adam, und sie stiegen die knarzenden Treppen wieder hinab.

»Warum sollen wir hier warten?«, fragte Hans, als sie sich auf den Dielen im ersten Stock niedergelassen hatten.

»Na ja, die Frage kannst du dir wohl selbst beantworten«, sagte Adam, der sich gegen einen Rahmen gelehnt und die Augen geschlossen hatte. Ein vergebliches Unterfangen. Wie in einem Bahnhof flatterten die Menschen zur Tür herein, ließen sie offen stehen und schossen zur andern wieder hinaus. »Sie will nicht, dass wir sie so sehen. Dass wir sie anhand ihrer Herkunft beurteilen, verstehst du?«

Hans verstand keinesfalls. Vielleicht mochte das für Adam gelten, er selbst hatte hingegen einen guten Teil seines Lebens im Pferdestall geschlafen, auch wenn er zugeben musste, dass die Tiere eine bessere Körperhygiene hatten als die Bewohner dieses Hauses.

»Was meintest du vorhin mit offiziell wohnen?«, fragte Hans weiter. »Und warum in aller Welt hat sie denn an diesem Ort noch Dokumente für ihr Rigo- ... Rigoro- ...«

»Rigorosum. Na, weil so eine Dissertation eben ein jahrelanges Unterfangen ist und sie aus gesellschaftlichen Gründen noch immer hier gemeldet ist.«

»Was heißt gesellschaftliche Gründe?«

»Paragraf 113 und 114. Steht ja unter Strafe, dass zwei Frauen so zusammenleben. Deswegen musste sie während ihrer Gymnasialzeit und auch während der ersten Studienjahre phasenweise hier sein. Um Gerüchte zu zerstreuen.«

»Scheußlich.«

»Natürlich hat ihr Vater sie jedes Mal unheimlich verdroschen.«

Hans versuchte sich vorzustellen, wie dieser Aufstieg zugegangen war, aber es gelang ihm nicht. Klaras Leistung schien ihm so ungeheuerlich groß, dass er sie nicht überblickte.

»Dass man hier ein Interesse für die Mathematik entwickelt«, sagte er versonnen.

»Na ja, es waren da schon auch andere Faktoren im Spiel. Man hat ihr ja auch gut zugeredet, weißt du?«, sagte Adam.

»Wie meinst du?«

»Helenes Gruppe. Die Morgenröte. Sie bezahlen ja Klaras Studium. Weil sie ein sehr großes Interesse daran haben, dass aus ihren Reihen junge Naturwissenschaftlerinnen aufsteigen.«

»Du sagst das immer so, als würde Klara ausgenutzt werden. Ich finde den Zweck einen sehr löblichen. Ist doch gut, wenn beide Seiten etwas davon haben«, sagte Hans fest.

»Du hast ja recht. Vielleicht ist es auch nur die Kombination von allem. Ich sage es ja nicht aus Missgunst, sondern weil ich mir manchmal Sorgen um Klara mache. Der Preis, den sie für diese akademische Karriere bezahlt –«

»Welchen Preis?«

»Na, menschlich. Zum Beispiel, dass Helene zu jeder Tages- und Nachtzeit Klaras Zuwendung braucht; dass sie sie manchmal sogar aufweckt, wenn sie das Bedürfnis hat, sich ihr auszuschütten. Natürlich ist das Leben bei ihr besser als *hier*, aber –«

»Du redest über sie wie über einen Vampir und bist dennoch bei ihr in Therapie.« Er hatte den leisen Verdacht, dass Adam diese Brandrede auch deswegen führte, weil *sein* Traum von niemandem getragen wurde.

»Sie ist ja auch ein brillanter Kopf! Sie ist ein zu brillanter Kopf. Solche Menschen können andere für ihre Zwecke gewinnen, ohne dass diese es merken. Klara ist meine Freundin.«

»Aber sie ist ja auch nicht dumm. Man könnte sie gar nicht manipulieren.«

»Man kann jeden manipulieren, mein Freund, wenn man nur die richtigen Knöpfe findet.« Adam dachte kurz nach. »Ich weiß, dass Klara schon lange darum kämpft, finanziell auf eigenen Beinen zu stehen, und dass sie bei Helene ausziehen will. Was los sein wird, wenn sie ihr das erzählt, kannst du dir wohl vorstellen. Helene ist gleichzeitig wie ein eifersüchtiger Ehemann und eine Glucke. Die Traumclustersache kommt ihr ja gelegen, weil Klara dafür allmorgendlich ihre Aufwartung machen muss.«

»Vielleicht missverstehst du die Situation, und das Ganze ist beidseitig. Vielleicht nützt auch Klara die Morgenröte aus und verbringt im Geheimen bereitwillig ihre Nächte mit Mädchen wie Elisabeth. Aber was weiß schon ich.«

»Es ist eben eine schwierige Sache, wenn man so auf einen Menschen angewiesen ist und dabei auch wirklich eine gewisse gerechtfertigte Dankbarkeit empfindet. Ich habe ihr schon angeboten, ihr Geld zu borgen, aber sie hat abgelehnt. Sie will nach dem Doktorat eine Stelle finden.«

»Unterrichten denn überhaupt Frauen am Mathematischen Institut?«

»Wenigstens ein paar bereits.«

Aus einer Türe knapp vor ihnen polterte eine dicke Proletarierin – ein schreiendes Kind hinter sich herziehend, dem die Hose noch halb in den Knien hing –, es sah aus, als wolle sie es auf die Toilette schleifen, dann nahmen sie aber die Stiegen, und ihr Rufen verlor sich in der Ferne. Nur aus der Türe, die noch immer einen Spalt offen stand, hörte man schwach das Weinen eines Babys.

»Gott«, stöhnte Hans und hielt sich den Kopf. »Warum haben wir überhaupt die ganze Nacht gefeiert, wenn heute angeblich der wichtigste Tag in Klaras Leben ist?« Hans lehnte den Kopf gegen das Geländer. »Glaubst du wirklich, wie du vorher gesagt hast, dass Klara die Mathematik gar nicht so wichtig ist?«

»Natürlich habe ich das nicht genau so gemeint. Aber zumindest glaube ich, dass es schwer ist, ehrlich zu sagen, was man wirklich tun will, wenn man bettelarm ist und eine einzige Sache sehr gut kann.« Er zögerte. »Und wenn man sehr reich ist, ist es vielleicht noch schwieriger.«

Hans dachte nach; was Adam gesagt hatte, erschien ihm plausibel. »Also kann es sein, dass auch sie gar keine Zukunft hat. So wie wir«, sagte er schließlich.

Da richtete sich Adam, alle Trägheit von ihm abgefallen, auf und sah Hans stier in die Augen.

»Aber hör mal! Nichts habe ich weniger gemeint! Wir drei haben eine Nacht als Gleiche verbracht, Hans, und ich verstehe, dass du in uns allen eine Verwandtschaft entdeckt hast. Aber du verkennst etwas.« Er richtete den Zeigefinger gegen seine Brust. »Wir beide sind Teil einer untergehenden Welt, während Klara das ist, was bleiben wird.« Er schlug Hans auf die Schulter, wie um diese Entmutigung auszugleichen. »Merkst du das denn nicht? Sie hat eine Kraftreserve, die durch keinen Wechselfall, durch kein Unglück der Welt aufgebraucht werden kann. Wir beide und alle großen Männer, die jetzt pompös auf den Straßen paradieren, werden am Fortschritt vorbeisterben.«

»Woher willst du wissen, dass ich sterben werde?«, fragte Hans lauter, als er es beabsichtigt hatte. Adam mochte paradiert haben – er selbst hingegen hatte gestern überhaupt erst zu leben begonnen.

»Ach, so meine ich das nicht. Selbst wenn wir steinalt werden, Hans, schaffen wir es nicht ins 20. Jahrhundert. Selbst wenn wir hundert Kinder zeugen, sterben wir lange davor – wir sterben ideell.«

»Was soll auch das heißen?«

»Wir, die jungen, selbstbewussten Männer, die in Mark und Bein aus Kaiser und Vaterland bestehen, blasen uns durch diesen Krieg selbst den Totenmarsch. Und dennoch ist für uns dieses Requiem als Abschluss nötig, weil der leise Wandel uns nicht beigebracht wurde.«

»Du hypostasierst da etwas zu einem Ideal, das für viele zu einer sehr weltlichen Realität werden wird. Es werden viele Menschen sterben, Adam, das zu beschönigen ist nicht sittlich.«

»Vielleicht drücke ich mich unklar aus. Es geht um etwas viel Größeres. Dass es Menschen wie Klara gibt – besonnene, politisierte Menschen. Sie besitzen Verstand und Durchhaltevermögen und lassen sich von der Größe nicht in die Knie zwingen –«

»Aber warum lässt du dich dann nicht zum Sozialisten bekehren und gehst für eine höhere Gesinnung ins Gefängnis?«

»Herrgott, nein«, lachte Adam. »Ich will uns Männer ja nicht so kleinmachen.«

»Uns Männer! Es gibt ganz verschiedene Männer mit verschiedensten Hintergründen.«

»Auch unsere Gesinnung ist ja das Denken an etwas Höheres. Wir jonglieren ja auch mit diesen – diesen – Begriffen. Die Nation, der Kaiser, das Volk. Aber das sind irgendwie falsche Abstrakta, kommt mir vor. Sie sind nicht zu Ende gedacht.«

»Ich habe das Gefühl, dass du dir widersprichst.«

»Ich bin ja auch noch betrunken.« Adam schloss wieder die Augen. Für längere Zeit verschaffte die Stille sich Raum zwischen ihnen, sodass die leiseren Töne des erwachenden Baus plastischer wurden.

»Sag, Adam, was, wenn wir ganz einfach verrückt sind? Wenn der einzige Grund, dass wir alle in Behandlung müssen, der vollkommene, unheilbare Irrsinn ist?«, fragte Hans schließlich.

»Das wäre doch eine recht vereinfachte Erklärung.«

Hans betrachtete Adam von der Seite. Ein anämischer, leicht erregbarer Knabe im Grunde, zum Neuropathischen geradezu prädestiniert.

»Denkst du nie daran, dass wir psychisch krank sind? Dass alles Einbildung ist?«

»Nein, daran denke ich nie.«

Diese Antwort ließ es in Hans' Innerem nur noch stärker rumoren: Was für ein ausgesuchter Hochmut war es eigentlich, für das Übernatürliche seine eigene *Auserwähltheit* verantwortlich zu machen? Aber was war dann mit ihm selbst? Fühlte er sich nicht auch berufen?

Mitten in Hans' Gedanken hinein polterte es über ihren Köpfen. Es war Klara, die eine Sekunde später die Stiegen herabfuhr, eine Frau im Schlepptau, die durch Habitus und Wuchs sofort als ihre Mutter erkennbar war.

»Abgang, Männer«, sagte Klara. Sie trug eine Mappe unterm Arm, die sich als Insignie einer erfolgreichen Mission verstehen ließ.

»Du gehst überhaupt nirgendwo hin«, sagte die Frau, die auf dem einen Arm ein kleines Kind mit sich trug, in der anderen einen sinnlosen Fetzen. »Bleib stehen, du Luder. Oder haust schon wieder ab mit deinem Bonzen?«

»Gestatten«, sagte Adam und tippte sich an die Stirn. Dieses schmierige Tuch, das die Mutter schwenkte, schien wie die Kulmination einer ganzen Existenz. Man konnte sicherlich nichts damit putzen, ohne dass es danach noch schmutziger war als zuvor, und noch weniger jemanden darin einwickeln, ohne dass dieser die Pestilenz entwickelte.

»Jetzt bleib stehen. Dass ich dich aufgezogen hab!«, plärrte sie. Aus einer Tür lehnten sich ein paar Kinder, um dem Schauspiel beizuwohnen. »Du Schnepf gehst am Strich, oder?«

Sie waren beide Stiegenfluchten abwärts gelaufen, ohne dass Klara sich ein einziges Mal umgewandt hätte – erst jetzt kochte sie über.

»Missgeburt. Selbst wenn ich am Strich gehen tät, wär ich immer noch moralischer als du, oide Schachtl«, zischte sie.

Hans glaubte erst, sich verhört zu haben.

»Die Milli muss jetzt auf die Jüngeren aufpassen, dabei is sie erst zwölf. Das is dir lieber? Krätzn. Ich schäm mich, dass du meine Tochter bist.«

Sie waren nun wieder im Erdgeschoss angelangt und im Begriff, diese stinkende Hölle endlich zu verlassen, aber die Mutter setzte ihnen schimpfend nach.

»Stirb einfach!«, schrie Klara, die wie mutiert schien. »Und schleich dich.«

»Ich bring sie ins Waisenhaus, deine kleinen Schwestern.« Klara fiel in sich zusammen. Die Mutter, die sich breitbeinig im Erdgeschossflur aufgestellt hatte, lächelte triumphierend über diese Idee. »Was soll ich sonst machen? Ich arbeite Tag und Nacht, und ich brauch jemanden, der mir hilft.«

Im Tageslicht, das entschlossen zur Haustür hineinfiel, sah Hans jetzt, dass sie einmal schön gewesen war. Sie hatte dieselben Augen wie Klara.

»Ich bin auch von niemand anderem aufgezogen worden als von der Straße«, sagte Klara ruhig. »Jedes städtische

Waisenhaus ist besser als das hier.« Dann drehte sie sich um, und sie gingen. Die Mutter kam ihnen nicht nach.

»Das war das«, sagte Klara, als sie den Hof verließen. »Kommt, ich muss mich erst einmal wieder finden.«

Rings um sie begann nun der morgendliche Tumult in Richtung des Wiener Beckens zu streben. Im Gegensatz zu den meisten anderen gingen die drei aufwärts, zu einer kleinen Plattform oberhalb der Wohnkomplexe.

»Kommt, ich zeig euch noch was – von dort oben hat man einen ganz herrlichen Ausblick«, sagte Klara. Hans war überrascht, wie wenig die Konfrontation mit ihrer Mutter sie mitgenommen zu haben schien. Bald waren sie auf einem betonierten Aussichtspunkt angekommen, der vom Wienerberg hinab auf die Stadt blicken ließ. Klara bedeutete ihnen, sich auf eine Bank zu setzen, die vor einem Obelisken stand. *Für die Helden des Spanischen Erbfolgekriegs*, war darauf zu lesen.

»Wer war denn beispielsweise ein Held des Spanischen Erbfolgekriegs?«, fragte Hans; er fühlte, dass er vor Erschöpfung schon ganz blöde war. Die anderen beiden antworteten nicht.

Auf einmal brach eine Blaskapelle aus einer der Bauten. Hans fuhr herum, so unerwartet traf ihn das. Eine *Blaskapelle* – ausgerechnet, von allen Dingen auf der Welt! Und dann – das war vom Aussichtspunkt aus klar zu verfolgen – sammelte sich eine Horde Jungen, um den Bläsern nachzutollen und Knallfrösche zu werfen.

»Wie spät ist es denn?«, fragte Klara, als wäre das der interessanteste Aspekt der Geschehnisse. Sie alle schienen etwas nicht aussprechen zu wollen, obwohl dieses Etwas schon impertinent an die Tür klopfte.

»Halb sieben jetzt«, antwortete Adam.

Unten war alles in Bewegung. Niemand schimpfte aus den Fenstern, niemand gebot dem immer lauter anschwellenden Rufen Einhalt, obwohl es erst kurz nach sechs war.

»Herrgott, wieso denn die Wacht am Rhein!«, schrie Adam auf einmal, dass sie alle auffuhren. »Und dann noch so schief. Sollen wir nicht aufbrechen?« Diese Aufgekratztheit – das war nicht die kurze Nacht allein.

»Jetzt kommen die Deutschnationalen sogar von hier, wo früher alle Sozialisten waren«, sagte Klara, richtete ihre Wut aber sofort auf Adam. »Und ich wär dir sehr verbunden, wenn du nicht auch noch kreischen würdest.«

»Es ist aber nicht auszuhalten«, greinte Adam und lief in Richtung der Adhoc-Kapelle. »Ihr degoutanten Ärsche! Ja, ihr!« Nur der Hinterste hatte ihn hören können und sich umgedreht.

»Was ist denn los mit dir?«, rief Klara. Hans hingegen wusste ganz genau, *was los war* – ganz und gar verstand er. Es war *der Morgen*. Jener, den sie die Nacht hindurch geflohen waren: der Morgen eines neuen, um 14 Jahre und 211 Tage verspäteten neuen Jahrhunderts. Der Tag der Einrückung.

»Wir kämpfen doch für Österreich-Ungarn, nicht für Deutschland«, sagte Adam noch sinnlos, mehr zu sich selbst als zu irgendjemandem sonst, während er sich wieder zurück auf die Bank setzte.

Da durchfuhr es auch Hans: Vielleicht würde es nie ein Wiedersehen geben, dachte er, schob diesen Gedanken aber sofort wieder weg von sich. Trotzdem – trotzdem. Er musste alles loswerden, ehe es zu spät war.

»Ich habe im Übrigen vorher einen Traum gehabt, der euch interessieren könnte«, brach es aus ihm. »Und außerdem glaube ich, dass das Trabant ein Hokuspokus ist.«

»Wie hängt denn das zusammen?«, fragte Adam mürrisch.

»Ich meine, ja, natürlich ist das Trabant nur ein Schauspiel, was hast denn du gedacht?«

»Hat das Opiat ein wenig zu stark angeschlagen, hm?«, fragte Klara abwesend.

»Ja, also gut, dass ihr das ähnlich seht. Aber es gibt noch etwas. Es ist nämlich so«, sagte Hans und band sich die Krawatte, die die ganze Zeit lose um seinen Hals gehangen hatte, wieder fest. »Ich hatte vorhin auf dem Trottoir einen Einblick.« Im Grunde wusste er gar nicht, wie er beginnen sollte. »Ich glaube, ich habe das Dorf betreten.«

»Welches Dorf?« Klara hatte offenkundig nicht begriffen.

»Na, das Dorf, das Dorf. Das Dorf des Säkulumclusters.«

»Den Weiler?«, fragte Adam.

»Das kann ich mir kaum vorstellen. Du hast ja auch kaum fünf Minuten geschlafen«, kam es wieder von Klara.

»Nur hast du auch geschlafen und kannst es nicht präzise beurteilen«, sagte Adam. »Wir alle haben geschlafen, zumindest für einen Moment.«

»Jetzt hör mir doch einmal zu, Klara. Ich war in einer Art Kostümverleih, von dem aus ich die Straße sehen konnte, auch das Herrenhaus. Im Erdgeschoss war es dunkel.«

»Ich habe keinen Moment lang geschlafen«, sagte Klara zu Adam. »Und Hans, ich sage dir jetzt offen, dass man sich auch täuschen kann.«

Hans wurde unleidlich zumute. Als hätte sie ein Anrecht darauf. Als hätte sie allein ein Anrecht auf *seinen* Traum.

»Wir sind aber doch Freunde, habe ich gedacht«, sagte er. »Selbst wenn es eine Täuschung wäre – können wir denn nicht wenigstens darüber sprechen? Außerdem war es sicher keine Täuschung«, setzte er gleich hinzu.

»Wir sind Freunde, ja. Und genau deswegen versuche ich dir nahezubringen, dass die Beschäftigung mit dieser Angelegenheit ein Pfuhl ist, in den wir uns jetzt nicht verstricken wollen. Ich habe in sechs Stunden Rigorosum. Wir alle brauchen ein Bad und ein wenig Schlaf.«

So war das also. Sie drehte sich um und warf sich die Tasche über die Schulter, ohne auf das einzugehen, was er sagte. Er bekam gewaltige Lust, sie festzuhalten.

»Es dauert doch keine zwei Minuten, mir meine Fragen zu beantworten und ein wenig Kontext zu geben«, sagte Hans; mit zusammengebissenen Zähnen sagte er es.

»Das dauert keine zwei Minuten, sondern bedarf einer professionellen Konsultation, um die Authentizität solcher Träume festzustellen.« Hart war sie.

»Ich verstehe, dass du diesen Lügnern gegenüber, die dich verfolgen, unnachgiebig bleiben musst. Aber was hast du gegen mich?« Das schien ihr einzuleuchten, denn sie fuhr die Aggression merklich zurück.

»Hans«, sagte sie, nun wieder ganz sachte, und setzte sich auf die Bank. »Da, kommt her. Ich wollte nicht rüde sein. Alles, was ich sage, ist, dass ich dir von Beginn an gar nichts hätte erzählen sollen, weil ich dich damit suggestibel gemacht habe. Ich hab das ja hunderte Male erlebt.«

»Ich bin nicht suggestibel«, sagte Hans, vor allem, weil er nicht wirklich wusste, was das Wort in diesem Zusammenhang bedeutete. »Du hast mir ja gar nicht erst zugehört.«

Waren diese Menschen wirklich seine Freunde? Die ganze Zeit hatte er gedacht, mit ihnen gemeinsam an etwas Unerforschlichem, Großem teilzuhaben. Jetzt fiel ihm wieder nachdrücklich ein, dass er sie keine vierundzwanzig Stunden kannte.

»Es ist nicht so einfach, wie du denkst«, sagte Klara.

»Warum glaubst du, was ich denke, sei einfach?«, schrie Hans.

»Bitte bleib ruhig, ich will ja versuchen, dir deine Fragen zu beantworten. Ich möchte nur meine Erfahrungen vorausschicken, sonst hat, was ich dir sage, ja gar keinen Wert. Wenn einem etwas erzählt wird, das sich dem Verstand sehr einprägt, dann neigt der Verstand eben dazu, es im Schlaf zu wiederholen.«

»Ich habe es aber nun einmal gesehen. Es war echt, das ist etwas, was man spüren kann. Es war so *sinnlich*«, sagte Hans.

»Ja, Hans, das spreche ich dir doch nicht ab. Aber das Sinnliche ist eben auch allzu oft durch den Verstand gefärbt.«

»Ich kann dir gar nicht sagen, wie dieses hochkandidelte Zeug um diese Uhrzeit mich ankotzt«, sagte Adam, der sich ostentativ auf der Bank ausstreckte.

»Was heißt um diese Zeit? Es ist sieben Uhr an einem Donnerstag.«

»Ich will nur pissen und schlafen. Nur pissen und schlafen« – jetzt stand er wieder auf und erleichterte sich ganz ungeniert hinter einem Busch.

»Damit sagst du aber, dass auch der ganze Säkulumscluster nur eine Einbildung sein könnte.«

»Ich schließe diese Option nicht aus.«

»Ach Unsinn, Klara«, rief wieder Adam hinein. »Das wurde doch alles überprüft und aufgezeichnet. Das geht über Schulpsychologie hinaus.«

»Alles geht über Schulpsychologie hinaus. Das ist es ja. Ich glaube, dass man niemals gegen seine Umwelt abgeschlossen ist. Etwas wie einen Einzelnen gibt es nicht, es ergreifen einen immer Gedanken, die ursprünglich von anderen mitbestimmt sind. Es gibt kein klar abgegrenztes ›Außen‹ und ›Innen‹.«

»Du übertreibst, Klara. Und ich nehme dir auch nicht ab, dass du dich selbst so im Zweifel befindest«, sagte Adam.

»Wir sehen doch gerade in unserer Zeit, an jeder Ecke, wie Eigenes und Fremdes sich in den Köpfen vermischt. Da unten, schau! Da, da diese Blaskapelle. Der ganze Krieg. Eine einzige Idee erfasst ganze Länder, und jeder denkt, dass er von ganz allein auf die Idee gekommen ist, die Russen zu hassen, obwohl er persönlich keinen Grund dazu hat. Als Rechtfertigung beruft man sich auf die Idee des Staates, die man ebenfalls nie am eigenen Leib erlebt hat. Dann nimmt man Bezug auf die Rasse, und so weiter. Gedanken, die weder Realität sind, noch von einem selbst herrühren. Es ist natürlich etwas ganz anderes als das, was uns verbindet, aber es ist von derselben Natur.«

»Du klingst ja plötzlich wie Bilha. Kollektivpsyche – Ewigkeit – Zeitenwende. Jetzt krieg dich wieder ein. Hans hat dir nur erzählen wollen, dass er einen Traum hatte.«

»Ja, genau«, bestätigte Hans sofort.

»Was ich sagen will, ist, dass zwischen unseren ›Gaben‹ und den Mechanismen, in denen alle Menschen an der Kollektivpsyche teilhaben, kein prinzipieller Unterschied besteht«, sagte Klara. »Diese Ideen, die sich in allen gleichzeitig formieren, sind ebenso Symptome dieser Anlage. Da: Die Leute denken, sie würden freiwillig in den Krieg ziehen, dabei …«

»Ich denke sicherlich nicht, dass ich freiwillig in den Krieg ziehe, das weißt du genau.« Adam fuhr wieder hoch. »Aber wenn du es schon wissen willst, dann finde ich, dass Frauenzimmer wie du leicht reden haben, wenn sie alles als Propaganda beurteilen, als eine Fata Morgana. Du musst ja nicht aufs Schlachtfeld.«

»So war das nicht gemeint.« Klara wurde still.

»Du sagst, dass der Krieg nichts ist als eine Fiktion. Und ein Schuss in den Rücken, das ist auch Fiktion? Und wenn ich Kameraden verliere, die mir seit Jahren ans Herz gewachsen sind?«, fragte Adam. »Erwartest du eigentlich, dass man deine Scheiße einfach frisst?«

»Ich wollte ja auch von Anfang an nicht darüber reden.«

»Ist ja egal«, sagte Adam, und sie schwiegen.

»Wollen wir einfach gehen? Ein wenig Rast wird guttun«, sagte Hans nach einer Weile vorsichtig. Antworten hatte er freilich keine erhalten – zu viel Metaphysik, und seine Probleme schienen ihm eigentlich recht handfest. »Ich habe außerdem Hunger.«

»Du hast recht.« Klara atmete tief durch. »Der Plan ist so – wir gehen nun alle in ein Tröpferlbad –«

»Ein was?«

»Eine öffentliche Badeanstalt«, erklärte Adam.

»– in der man sich für eine Stunde eine Brausekabine mieten kann. So kann ich ja wohl nicht zum Rigorosum gehen, wir haben Glück, wenn uns in diesem Zustand ein Gespann mitnimmt.«

»Ich kauf uns neue Hemden«, sagte Adam zu Hans.

»Dann essen wir eine Kleinigkeit, und um 13 Uhr –«

»Aber ich hab um vier meinen Termin bei Helene«, warf Hans ein.

»Bis dahin bin ich fünf Mal fertig, außerdem wird Helene beim Rigorosum sein.« Natürlich würde sie dort sein, dachte Hans. Sie war ja gewissermaßen ihr Faktotum.

»Und, danach – ja, danach –« Klara sprach nicht weiter.

Ja – was danach? Nichts war danach. Was würde er machen, fragte sich Hans, ohne diesen hastigen Zeitplan seiner Freunde – ohne ihr stetes Drängen, an den nächsten Ort eilen zu müssen?

»Danach ist danach«, sagte Adam, der Ähnliches gedacht haben mochte, »und jetzt brechen wir auf, wir schlagen hier ja noch Wurzeln.«

Mit dem Abstieg den Wienerberg hinunter hatte sie der Lärm des Alltags wieder. Am vor Geschäftigkeit wuselnden Reumannplatz tummelten sich die Leute. Marktfrauen schleppten ihr Gemüse vorbei und traten enerviert mit dem Fuß nach ihrem in Lumpen gekleideten Nachwuchs. Drüben machte sich schon ein Werkelmann mit amputiertem Bein bereit, seine Melodien aus dem Kasten zu drehen.

»Es ist nicht mehr weit, keine Sorge«, sagte Klara.

Sie überquerten die Erlachgasse und standen vor einem gräulichen Häuschen, das in roten Lettern die Aufschrift BRAUSEKABINEN trug. Den Einlass von gerade drei Kreuzern zahlte Adam. Er und Hans auf der einen, Klara auf der anderen Seite, bogen sie nach zwei verschiedenen Richtungen ab. Gekachelte Hitze umgab sie, die von den kleinen blauen Fliesen wie in der hohlen Hand gehalten wurde.

Man konnte das Gebäude weder als sonderlich luxuriös noch als heruntergekommen bezeichnen. Hans, der sich meist in Trögen gebadet hatte, in denen der gesamte Hofstand vor ihm die Toilette vollzog, hatte angenommen, in einer kostenpflichtigen Badeanstalt würde man hauptsächlich Bürgerlichen begegnen. Ein Kreuzer war nicht nichts, drei Kreuzer in der Woche waren zwölf im Monat, und das konnte einiges meinen, wenn der Magen leer war, dachte er. Doch es waren ganz normale Menschen, die nun die Umkleidekabinen bevölkerten. Zwei junge Männer legten die von der Nachtschicht steif geschwitzten Uniformen auf die Holzbänke. Daneben saß ein alter Herr, der sein ganzes Hab und Gut in zwei Koffern wohl deshalb mit sich trug, weil er kein Zuhause hatte. Dann wieder waren da andere, deren Gebaren ahnen ließ, dass sie versuchten, sich in ihrer Freizeit wie römische Konsuln in der Therme zu fühlen.

Was für ein unwahrscheinlicher Ort war das, dachte Hans.

Wie sich einer ohne Scham neben einem Fremden die Fingernägel schnitt und ein dünner Mensch sich mit einem vom Nebenmann ausgeborgten Rasierer den Bart kürzte –

»Du kannst entweder in die Brause gehen oder ins Warmbecken«, sagte Adam. »Du sperrst von innen zu und hast dann eine Stunde Zeit. Es ist aber schon zehn, wenn du ein wenig eher fertig bist, schadet es nicht. Es ist überhaupt ratsam, sich zu beeilen, wenn die Wasserspeicher gerade voll sind, es heißt nicht umsonst Tröpferlbad. Wenn gleich die Stoßzeit beginnt, ist die Anstalt schnell überlastet.«

»Du kennst dich ja gut mit den Gegebenheiten hier aus.«

»Nützt nix, wenn man zuweilen lieber tot wäre als daheim. Sperr deine Sachen da ein.«

»Ich habe gar kein Handtuch«, fiel Hans ein. »Und auch keine frische Kleidung.«

»Ich hab gerade einen Burschen mit zwei Kronen losgeschickt, damit er uns je ein Hemd und eine gerade geschnittene Anzughose kauft. Hab ihm gesagt, den Rest kann er behalten. Und Handtücher kann man sich leihen.«

»Öffentliche Handtücher sogar!«

»Ja, das kann man so sagen.« Adam lachte. »Dann bis später.«

Hans entschied sich fürs Baden und schloss sich in eine der Kabinen ein. Er sorgte sich aber, dass er in der Wanne einschlafen könnte, und beschloss, sich kerzengerade ins Becken zu stellen. Am Dampf, der durch keine Ritze entkommen konnte, sondern sich in langsamen, feintröpfeligen Bewegungen umwälzte, merkte man, dass die Kammer nahezu vollkommen isoliert war.

»Echo«, sagte er leise, und in fast unveränderter Lautstärke hörte er sich selbst, schallschnell gebrochen wie einen Geräuschdiamanten. Er ließ sich in die Wanne gleiten. Das Wasser umfasste ihn luftlos, abstandslos, unbedingt. Er fühlte sich plötzlich wie auf dem Grund des Meeres.

Und jetzt, erst in dieser Ruhe, erfasste es ihn: Er würde also an die Front gehen – das donnerte auf ihn ein wie ein Drucklufthammer. Er war verrückt. Er war gerettet. Er war in Analyse. Was noch?

Er tauchte seinen Kopf unter Wasser, und wenngleich die Flut der Gedanken sich verlangsamte, schoss sie beim Luftholen mit unveränderter Kraft wieder auf ihn ein. Damit, dass er Gedeih und Verderb von zwei Fremden abhängig gemacht hatte, die er nie wiedersehen würde, hatte es überhaupt erst begonnen. Tausend Menschen auf der Welt träumten dasselbe! Dann musste er wieder an die Strotter denken, die in den Kanälen der Stadt hausten, was ihm bei Tageslicht wie ein aufgeblasener Spuk vorkam. Vielleicht kroch eine Frau mit ihrem Kind gerade unter ihm durch, genau dort, wo der Stöpsel der Wanne steckte. Und dann die namenlosen Botschafter, die die Fäden dieses Landes zogen – es war alles zu viel.

Es gab ein unüberschaubar großes Gewebe, in das sie alle in wüsten Zöpfen und Verfilzungen eingewoben waren. Kein wohlgeordneter Kosmos, wie ihn sich die Griechen ersonnen hatten. Es war vielmehr ein Teppich, verklebt vom Kot der Verstorbenen und gesteift mit der Stärke eines metaphysischen Kleides. Wenn man an einem Ende zog, dann glitt auch das andere abwärts, und wenn man waagrecht einen Faden entfernte, fielen die senkrechten Laschen in sich zusammen. So war die Welt. Oder war das doch nur ein Theatervorhang gewesen? Das Trabant nur ein Trick, ein Kartenspiel? Und was wusste er schon von Helene? Dass sie einen Suffragettenclub unterhielt und in Kästen Träume hortete.

Es hatte alles miteinander zu tun und doch auch wieder nichts. Hans tauchte wieder unter. Er hielt den Atem an, bis ihm die Lunge brannte. Man konnte eben doch nicht ewig die Augen schließen, dachte er, stieß sich nach oben und riss den Atem in sich: Krieg. Krieg, Krieg, Krieg.

Hunderttausend junge Männer, die sich aus den Basteien die hechtgrauen Waffenröcke holten und hunderttausend Frauen, die Nähnadeln und Rotkreuzuniformen wie Attribute dienender Kriegsgöttinnen hochhielten. Was ging ihn das an? Er riss sich fast die Haut vom Kopf, so hart schamponierte er seinen Skalp. Was, was ging ihn das an? Alles: Er würde ja einrücken. Er stieg aus dem Wasser. An der Seite der Kabine befand sich ein großer, von unten gewärmter Vorsprung aus Zement, auf den man sich legen konnte. Die feine Körnung war angenehm; er drehte sich wieder und wieder zurecht und begann sich schließlich zu rasieren.

Die Klinge fiel ihm aus der Hand. Freilich, sagte er sich, es war unverkennbar, dass er dünnhäutiger war in Wien und dass die vielen Gespenster, die die Straßen bevölkerten, ihn bis zur Grenze der Erträglichkeit gereizt hatten. Er fand hier keine Ruhe mehr. Es drängte ihn, wieder nach draußen zu gehen und mit der realen Überforderung die innere zu bekämpfen.

Nach einiger Zeit, in der Hans so durch seine Emotionen rotiert hatte, klopfte es an der Tür. Es war Adam, der ihm Hemd und Hose durch den Türschlitz reichte.

»In zehn Minuten draußen, gut?«

Hans zog sich an und sah in den Spiegel. Er erkannte sich kaum wieder. Was waren das für linkische Bewegungen, wer war dieser fremde, aus ihm herausgerückte Mann? Aber es war an der Zeit.

Als Hans nach draußen trat, erwarteten ihn seine Freunde

bereits. Die Julisonne schien an ihrem letzten Tag mit sich selbst um die Wette. Dass Klara wunderschön war in ihrem weißen Kleid, das sie für diesen Festtag angelegt hatte, nahm er nur kurz wahr, da Adam bereits die Tür zu einem Fiaker aufhielt, in den sie verschwand.

Auf dem Weg sprach niemand von ihnen ein Wort. Über die Unmittelbarkeit der Nacht war eine Lawine abgegangen: eine von Müdigkeit und Alkoholkonsum, von Gefahr und der plötzlichen Scham, auf den Grund des anderen gesehen zu haben. Da war das Licht, das ihre Gesichter nun ausleuchtete und Schlagschatten in Furchen warf, die man vorher nicht bemerkt hatte.

Was hätten sie auch sagen sollen, während Klara noch schleunig ihre Notizen überflog? Aber Hans fühlte auch abseits dessen einen Grabenbruch; eine tektonische Dehnungszone, die den gemeinsamen Boden brüchig machte.

Er erinnerte sich jetzt an das Wochenende, an dem er mit einem anderen Buben aus dem Dorf den Almauftrieb hatte besorgen müssen. Je zwölf Stunden lang hatten sie am Samstag und Sonntag das Vieh in Tranchen auf den Berg geführt, bald die Art auswendig gewusst, wie der andere saß, wie er lachte, wie er aß. Dieser Eindruck der großen Vertrautheit hatte keinen Sinn ergeben, denn man hatte ja überhaupt nur zwei Nächte nebeneinander gelegen. Doch die Intensität der Begegnung hatte einen besonderen Trugschein erzeugt. Man hatte am Feuer viel zu schnell intime Geheimnisse voreinander ausgeplaudert.

Montags waren sie wieder ins Tal gestiegen und hatten sich die Hand gereicht – zwei einander Unbekannte.

Man sagt, dass um 12.52 Uhr, als das Telegramm von Kaiser Wilhelm II. mit der Kriegserklärung an Russland eintraf, der deutsche Botschafter in St. Petersburg, Friedrich von Pourtalès, in Tränen ausbrach. Er hatte den Auftrag erhalten, die Botschaft um 17.00 Uhr zu übergeben. Vier volle Stunden lang musste der Mann, dessen Schlichtungsversuche der Julikrise von einem tiefen Glauben an ein deutsch-russisches Bündnis getragen worden waren, die Last des Schriftstücks allein ertragen, ehe er es Sergei Sasonow überreichen durfte. Der russische Außenminster schickte Pourtalès sofort über Schweden zurück nach Deutschland.

Das Band war gerissen.

Zu genau jener Zeit, zu der der traurige Diplomat seine Runden im Konsulat drehte und sich überlegte, mit welchem Gestus er das Ende seines Lebenswerks unterzeichnen sollte, wussten Millionen von Menschen auf den Straßen der Hauptstädte längst Bescheid. Das Ultimatum war verstrichen; die Geschichte ereilte die Menschen.

Auch auf der Ringstraße war alles auf den Beinen. Man täuschte einander nicht einmal mehr vor, sich auf einem Weg irgendwohin zu befinden: Das ganze Land war stolz in Bewegung. Da waren keine getrennten Interessensgemeinschaften mehr. Frauen, Männer, Kinder aller Schichten standen zusammen und *warteten* ganz einfach. Das Volk war die Interessensgemeinschaft.

Der Fiaker, in dem sich die drei befanden, hatte Mühe, einen Weg zwischen den Menschen hindurchzufinden, und Klara sah nervös auf die Uhr.

»Sie können uns hier aussteigen lassen«, sagte Adam, da der Verkehr in der Schreyvogelgasse zum Erliegen gekommen war. Sie setzten sich in ein Kaffeehaus direkt gegenüber der Universität. Adam und Hans versuchten, sich mit linkischen Bewegungen an Menükarten und Salzstreuern abzulenken, während Klara noch immer ihre Notizen studierte.

»Die Votivkirche«, sagte Adam aus dem Nichts und zeigte aus dem Fenster.

»Was?«

»Dort hinter dir.« Hans drehte sich pro forma um. »Der Schneidergehilfe János Libényi versuchte 1853, den erst dreiundzwanzigjährigen Kaiser Franz Joseph mit einem Küchenmesser zu erstechen. Das Unglück wurde durch das energische Eingreifen des Wiener Fleischhauers Josef Ettenreich – gleich darauf Ritter von Ettenreich – abgewandt, und dies wiederum war der Anlass zum Bau der Votivkirche.«

»Ach, ist das so?«, fragte Hans zerstreut. Von draußen drangen gedämpft die Schreie von Spontankundgebungen herein und wurden tragisch konterkariert vom Geklapper des Bestecks, das die Kellner feierlich auf die weißen Gedecke legten. Als hätte das noch die geringste Bedeutung. Hans beobachtete einen Greis rechts von ihnen – fast blind, aber schwer behängt mit Monokel und Goldkette –, der sich über eine makellos geschichtete Torte beugte. Zuweilen meinte er, der Mann sei inmitten seiner Bewegung eingefroren, dann zitterte ihm doch wieder die Hand, und schließlich traf er mit einem schmatzenden Geräusch den zahnlosen Mund.

Hans überkam plötzliche Unruhe – er stürzte zu den Magazinen und riss die *Wiener Zeitung* an sich.

Adam beugte sich über den Tisch, um das aufgeschlagene Blatt sehen zu können.

»In den Niederlanden und in Frankreich berät man. So, so«, sagte Hans kryptisch.

»Scheiß doch auf die Zeitung«, sagte Adam. »Ich hör's doch auf den Straßen, da brauch ich keine Dreckspresse, um noch zusätzlich aufgewiegelt zu werden.«

»Jetzt beherrsch dich doch«, sagte Hans. Zwischen ihnen war eine unerhörte Dünnhäutigkeit, und jeder schien bereit, dem anderen wegen einer Lappalie an die Gurgel zu gehen. Draußen wurde der Lockmarsch getrommelt.

»Gut, wir können gehen«, sagte Klara, die den Konflikt gar nicht bemerkt zu haben schien. »In zwanzig Minuten ist Rigorosum, Männer.«

»Ja, freilich«, sagte Adam überrascht. Klara warf eine Krone auf den Tisch und schlichtete ihre Papiere in die Mappe, dann stand sie auf. Ihr hinterher Hans und Adam – aber schon auf den ersten Metern waren sie wieder mit demselben Problem konfrontiert wie zuvor. Die Straßen waren angeräumt mit Menschen, die es fast aussichtslos erscheinen ließen, sich schnell von a nach b zu bewegen.

»Zwanzig Minuten also?«, fragte Adam.

»So ist es.« Sie drängten sich durch die Masse über die Universitätsstraße.

»Wohin, Genosse?«, fragte ein stämmiger junger Mann Hans. »Die Nachrichten werden am Rathaus angeschlagen, da runter!«

»Hey, schauen wir bitte, dass wir einander nicht verlieren«, rief Klara.

Die drei hatten sich an den Händen gegriffen, um nicht auseinandergezerrt zu werden, aber die Wellen von Schaulustigen zogen sie mal da, mal dorthin. Man sang *Prinz Eugen der edle Ritter*, und immer wieder riss jemand triumphal einen Arm in die Höhe, um eine Proklamation zu verlesen. Dann stob die Menge wieder auseinander, weil ein Automobil mit dekorierten Offizieren laut bejubelt werden musste.

»Lasst euch nicht von den serbischen Banden beunruhigen«, schrie ein Mann, und hunderte jubelten.

»Hoch Österreich«, schrie eine Frauengruppe – kurz meinte Hans, unter ihnen Klaras Stimme zu hören, doch die war nirgendwo zu sehen.

»Sie ist weg –«, bemerkte nun auch Adam. Selbst Hans, der es gewohnt war, andere um einen Kopf zu überragen, überblickte das Gewühl von Fahnen, berittenen und behelmten Menschen nicht mehr.

»Ich hab eine Idee, komm her –«, sagte Adam und bedeutete Hans, er solle in die Knie gehen. Leicht wie eine Feder war er, als er auf seine Schultern kletterte, und als Hans sich wieder aufrichtete, lachte Adam aus vollem Halse.

»Das ist wie ein Meer, ein Meer aus Köpfen! Es sieht so absurd aus von hier oben«, rief er und schaukelte ganz selbstvergessen hin und her. »Da! Da ist Klara – Klara! Geh nach rechts, da drüben, bei der Laterne.« Hans versuchte, so gut es ihm mit einem schwankenden, gestikulierenden Freund auf den Schultern eben gelingen konnte, seinen Weg zu machen.

»Etwas weiter noch, da – ja, lass mich runter.« Tatsächlich hatte er Klara an der Hand gepackt, die dabei gewesen war, sich wie ein Maulwurf durch die Menschen zu graben.

»Wo warst du, Klara?«, fragte Adam noch immer lächelnd.

»Da, gleich haben wir's.« Klara schien ihre kurze Abwesenheit gar nicht bemerkt zu haben, und alle drei packten sie einander wieder fest an den Händen. Endlich kamen sie an der Universitätsstiege an. Allein, auch dort war Gedränge: Einige Dutzend Männer standen am Rand der Masse stramm. Hans verstand nicht gleich: Ihre Uniform war nicht zu deuten; es handelte sich zweifelsfrei nicht um Angehörige des k. u. k. Heeres.

»Wohin?«, fragte einer, als sie näherkamen. Er hatte ein

schwarz-goldenes Band um die Brust und einen Säbel an der rechten Seite – poliert, geschärft und offenkundig unbenutzt.

»Zur Mathematischen Fakultät«, sagte Klara, korrigierte sich dann aber. »Also dort, wo sie früher war, meine ich. Rechter Trakt.« Der aggressive junge Mensch verstellte ihnen den Weg.

»Es gibt keine Fakultäten mehr, die Professoren haben sich solidarisch mit dem Kaiser erklärt«, sagte er. »Und ein Frauenzimmer hat dort ohnehin nichts zu tun.«

»Das Frauenzimmer hat in ihrem Leben zehn Mal so viel geleistet wie du und wird von den genannten Professoren erwartet. Der Universitätsbetrieb wird im Übrigen ganz normal weitergehen«, sagte Klara mit einer Ruhe, die Hans fast übermenschlich schien. Nun traten dem Besäbelten drei weitere zur Seite und vereinigten sich mit diesem zu einer Mauer aus Fleisch.

»Mannsweib«, sagte ein Rothaariger, an dem Hans das erste Mal sah, was ihm als Gerücht schon so oft begegnet war. Eine mensurzerhackte Wange, die schief zusammengewachsen war. Für jeden Ausdruck war daher zu wenig Platz da, die Stirn wurde heftig in sein Grinsen mitgezogen. Bundesbrüder einer Burschenschaft also.

»Du solltest dich da unten für den Dienst melden, in einer Küche oder einer Näherei, um unseren Kameraden an der Front einen Dienst zu tun«, sagte der Zusammengenähte zu Klara.

»Und in welchem Regiment dient ihr?«, fragte Adam. »Wenn ihr denn überhaupt einem Korps angehört, dann darf ich darauf wetten, dass ihr meinen Anweisungen als Offizier zu gehorchen habt. Und die lauten: wegtreten.«

»Du und Offizier?«, fragte der Große mit ungespielter Verwunderung.

»Wenn der Offizier wäre, würde er heute nicht in Zivil dastehen und diesem Gör bei der Staatssabotage helfen«, gab der mit dem Säbel zu bedenken.

»Nicht Mannsweib genug, als dass ich sie nicht mit Genuss übers Knie legen würde«, meinte der Dritte, und auf einmal verstand Hans, dass sie schutzlos waren. Unbewaffnet.

Eine neue Gerichtsbarkeit hatte sich über die Welt gesenkt, eine Kriegsordnung, die mit einem Schlag das zivile Recht ersetzt hatte. Selbst wenn sie nach Hilfe schreien würden, würde niemand kommen. Selbst wenn sie alle gegen einen aussagen würden, würde er die Oberhand behalten. Jeder Mensch hatte an diesem Morgen einen neuen Wert erhalten. Jedes Glas Wein, das man trank, jedes Stück Brot, das man verzehrte, war nun Staatsangelegenheit, weil er von der Solidarität oder Abweichung mit und von dieser Masse zeugte, die da unten wogte. Die Volkskörper, die dies kontrollierten, standen stramm vor ihnen.

»Ich ordne an, dass ihr zur Seite tretet. Sonst wird euer Handeln Konsequenzen haben«, sagte Adam scharf, aber Hans packte ihn an der Schulter.

»Komm, wir überlegen uns etwas anderes.«

»Etwas anderes? Und was genau?«, schrie Klara. Es lief auch wirklich schon über zehn, aber was sollten sie gegen bewaffnete Männer tun, die es nach Duellen dürstete? Doch schien Adam das im Gegensatz zu ihm selbst mitnichten begriffen zu haben. Er stieß nun heftig gegen die Menschenbarrikade, die ihm den Weg blockierte. Der Große fiel ein Stück nach hinten. Nur waren ihm die drei Korpsbrüder allein schon zahlenmäßig überlegen. Der eine warf ihn mit beiden Händen zurück, und Adam wäre die Stiege geradewegs hinabgestürzt, hätte Hans ihn nicht abgefangen. Da hatte der

Vernähte und Vernarbte schon nachgesetzt und wollte Adam eine Backpfeife gegen die Wange schleudern, doch Klara zog ihn fort.

»Ich bringe dich um!«, rief der Rothaarige ihnen nach.

»Du musst aber doch hinein«, sagte Adam noch im Fortgeschobenwerden. »Ich werde meinen Vorgesetzten sprechen und herausfinden, in welchem Regiment –«

»Bis dahin ist doch mein Rigorosum längst vorbei.« Sie setzten sich, nun wieder unten, wo die Demonstrationszüge donnerten und lärmten, auf die Steinstufen, die an der Außenseite des Universitätsgebäudes entlangliefen.

»Ich weiß, du willst das nicht hören«, wandte sich Hans vorsichtig an Klara, »aber vielleicht wurde das Rigorosum ohnehin abgesagt? Aufgrund der weltpolitischen Umstände?«

»Weltpolitik für den Arsch«, antwortete Klara. »Der Dekan würde wegen dieser Unruhestifter kein Rigorosum verschieben. Zudem ist ja der ganze Frauenclub hier, schon seit morgens, Helene hätte mir Bescheid gesagt.«

»Hätte sie doch gar nicht können. Ihr habt euch nicht einmal gesehen«, sagte Hans.

»Na, ich habe ihr doch immer telegrafiert, wo wir waren«, sagte Klara. »Erst vorhin war ich auf der Post.«

»Bitte wann? Du warst die ganze Zeit bei uns«, fragte Hans verblüfft. Wie Klara war und wie sie schien, das waren zwei verschiedene Dinge, dachte er – hier der souveränste Mensch der Welt, ein Kosmos, eine Visionärin – und dort unter der Fuchtel ihrer Liebhaberinnentherapeutin. Es passte nichts zusammen an ihr.

»Aber wie kommen wir denn nun nach drinnen?«, fragte sie.

»Der Hintereingang war auch blockiert«, sagte Adam, der seinen schmerzenden Kopf gegen die kühle Steinbalustrade gelehnt hatte. »Bleibt nur zu hoffen, dass sie uns holen.« Mit einem Mal entwich alle Kraft aus Klara. Sie ließ sich neben Hans fallen und stützte den Kopf in die Hände.

»Um halb zwölf kommt schon der Nächste dran«, sagte sie. »Das heißt, es ist ganz einfach vorüber. Der Idiot am Eingang hatte schon recht. Gott weiß, ob sie in diesen Zeiten überhaupt neue Termine vergeben.« Dann verstummte sie, und alles, was Hans hörte, war das Skandieren der Masse. »Marsch auf Belgrad« konnte er verstehen und las: Die *k. u. k. Bäckervereinigung*. Was hatten denn Bäcker mit Serbien am Hut? Wieder andere zogen Bierfässchen hinter sich her, aus denen sie glasweise auf der Straße verkauften, wohl wissend, dass sich im und mit dem Krieg noch weitere gute Gelegenheiten ergeben würden. Die Jugend, wie auf einem gewaltigen Maifest einander anstachelnd, sprach dem Angebot fleißig zu.

Da packte Adam Hans und Klara an der Schulter.

»Ich weiß es«, sagte er und hockte sich auf die Steinkante. Ganz glasig war sein Blick, wie nach kurzem Schlaf. »Es gibt einen Lieferanteneingang an der Ostseite. Wenn man den passiert, kommt man zu einer Toilette, wo jemand eine Absperrung offen gelassen hat, durch die wir zur Hauptstiege kommen können.«

»Woher weißt du das?«, fragte Hans noch, aber Klara, als wäre eine solche Himmelseingebung das Alleralltäglichste, war schon aufgesprungen.

»Ich erinnere mich eben«, sagte Adam noch zu Hans, dann liefen sie los.

Tatsächlich stand ums Eck eine kleine Seitentür offen, die aber ins Souterrain zu führen schien. Allerlei Hauspersonal wetzte dort die Textilien und Putzutensilien, sodass sie im Gewirr von aufgehängten Tischtüchern und frisch gelieferten Butterfässchen nicht weiter auffielen.

»Dort entlang«, sagte Adam, wie auf magischen Schienen fliegend, und führte sie durch eine Art Kellergelass, das wie eine Sackgasse wirkte. Doch mit traumwandlerischer Sicherheit fand er tatsächlich das Gatter, das wie vorausgesagt unbefestigt einen Korridor verstellte. Sie sahen sich hastig um, aber es war ganz unnötig – die Menschen, die hier an den Hintergrundprozessen werkelten, waren so sehr mit sich beschäftigt, dass gar keine Zeit blieb, jemandem nachzustellen.

Da waren sie auf einmal im Hauptgebäude.

So schnell konnte Hans gar nicht laufen, dass er es nicht anstaunen hätte müssen: Er hatte sich die schönsten italienischen Kathedralen nicht imposanter vorgestellt als die weißglänzenden Marmorarkaden, durch die sie sich jetzt bewegten. Die Chargierten konnten keine sonderlich gute Arbeit geleistet haben, denn auch die Universität war bis zum Zerplatzen angeräumt mit den verschiedensten Menschen. Wie auf einem Jahrmarkt liefen Studenten, die noch den Anschein von Normalität bewahren wollten, zwischen Protestierenden hindurch, die sich ins Innere verirrt zu haben schienen. Wogegen war der Protest eigentlich gerichtet? Es schienen sich ja sowieso alle eine Meinung zu teilen.

»Hallo Kameraden«, sagte ein junger Mann, der mit einem Freund an der großen Stiege Spalier stand. »Wenn ihr eine Möglichkeit sucht, euch freiwillig zu melden, dann geht in die Mensa. Deutschland wird heute Nacht in den Krieg eintreten, heißt es, und dann wird der Sturm an die Front zu groß sein, um gleich einen Platz zu bekommen. Euer Studium könnt ihr noch beenden, wenn ihr nächstes Jahr zurückkommt.«

Wurden diese Menschen bezahlt?

»Nein, danke«, sagte Klara, und sie stürmten die Stiegenfluchten empor.

Oben sangen einige Männer *Preußens Gloria*. Wieder andere hatten – ob ironisch, ob kämpferisch, war nicht zu erkennen – auf Ungarisch *Der Honved* angestimmt. Das Bemerkenswerte war, wie jeder mit jedem gleichzeitig Bruderschaft zu schließen schien. Hans konnte sich, als sie schließlich die Mathematische Fakultät erreichten, kaum vorstellen, dass irgendjemand in dieser Stimmung ernsthaft ein Rigorosum ausrichten würde. Aber er wurde überrascht. Kaum waren sie durch die Marmorpforte getreten, wurde hinter ihnen eine Tür zugeschlagen und ein Schlüssel gedreht.

»Mein Gott, wir dachten, Sie würden nicht mehr kommen«, sagte ein älterer Mann mit Backenbart, der einen bodenlangen schwarzen Umhang trug. »Aber draußen ist ja auch die Hölle losgebrochen.«

»Mein Doktorvater«, sagte Klara, die sich schwer atmend gegen die Wand lehnte.

»Willkommen in der Fakultät«, sagte der ältere Herr, unter dessen buschigen Augenbrauen sich der freche Blick eines Sechzehnjährigen verbarg. »Oder treffender, der ehemaligen Fakultät, wir sind dieses Jahr in die Währingerstraße umgezogen. Freundlicherweise dürfen wir wegen der Größe der Veranstaltung aber heute hier sein.«

Welcher Größe?, dachte Hans.

»Entschuldigt mich kurz, da sind Furtwängler und Groß.« Und während Hans Klara dabei zusah, wie sie einem Mann mit Rauschbart lebhaft die Hand schüttelte, wie ihre Augen leuchteten, wie flink sie sich zwischen all den alten Männern bewegte und von allen mit einem Respekt empfangen wurde, der davon zeugte, dass sie hierher gehörte und nirgendwohin sonst, wurde ihm klar, dass er umsonst gezweifelt hatte.

Sie liebte die Mathematik, nichts war sicherer als das.

»Suchen wir uns einen Platz«, sagte Adam.

Direkt an das Vorzimmer, das nach der Art eines kleinen Empfangsraums eingerichtet war und in dem ein paar Fauteuils zum Lesen einluden, gelangten sie in einen Hörsaal. Nun wusste Hans auch, was mit *Größe* gemeint gewesen war: Es war ein abfallender Raum, in dem an Pulten sicherlich zweihundert Menschen Platz finden konnten. Alle Bänke waren konzentrisch um den Kern eines Halbkreises geschlichtet, in deren Zentrum eine Schiefertafel und ein Katheder aufragten. Die *Dozentenbank*.

Der Zuschauerraum war von einigen Dutzend Menschen bevölkert, wovon man ein paar gleich am vergeistigten Blick und den routinemäßig übers Papier gebeugten Köpfen als *Freunde der Wissenschaft* erkennen konnte. Am Rand hatte eine Gruppe Frauen Platz genommen – es mochten etwa zwanzig sein – und in deren Mitte: Helene Cheresch. Hans schlug das Herz in der Brust, dass er meinte, man müsste es hören – erstens, weil er sich nicht vorstellen konnte, wie Klara selbstbewusst vor dieses Publikum treten konnte. Und zweitens, weil ihm zum ersten Mal ganz präsent wurde, dass er in wenigen Stunden den Termin zur Analyse haben würde.

Die Frauen begannen eifrig zu tuscheln, als sie Klaras ansichtig wurden, die ohne jedes Zeichen der Unsicherheit zwischen die Menschen trat, um jedem der Anwesenden einen Stapel Papiere auszuteilen, mit denen sie ihren Vortrag begleiten wollte. Hans, der geglaubt hatte, Helene sei eine Frau, wie es sie nur einmal auf der Welt gab, musste dieses Urteil nun revidieren. Er hatte keine Begriffe, um sich zu erklären, *wie*, doch unter den Frauen, die da saßen – manche mit den großen, ausladenden Hüten des vergangenen Jahrhunderts und den schweren Ringen alter Adelsgeschlechter, andere wieder in ganz einfachen Arbeiterinnenkleidern –, war eine Gemeinsamkeit, die unverkennbar war. Sie nahmen sich Raum. Sie waren Raum.

Die Schreibhefte, in die sie notierten, und die Fächer, mit denen sie sich Luft zuwedelten, wurden nicht dicht am Körper gehalten, sondern beanspruchten ohne jede Scham ihren Platz. Man hatte sich vorstellen können, wie sie auf einem Pferd über die Wiesen preschten, ein Bein auf jeder Seite. Da war etwas Dynamisches, obwohl alle saßen –

Er konnte die Augen nicht von ihnen lassen. Doch da verstummte das allgemeine Gemurmel, und Klara trat nach vorn.

DIE INKOMMENSURABLEN

Die natürlichen Zahlen hat der liebe Gott gemacht, alles andere ist Menschenwerk.
Leopold Kronecker

Wenn es *reine Erkenntnis* gäbe – und Immanuel Kant war in der Niederschrift seiner ersten Kritik vollkommen sicher, dass es so war –, dann müsste es die Mathematik sein.

Die Vernunfterkenntnis aus der Konstruktion von Begriffen – das hieß für Kant, intuitiv Prinzipien erkennen, die unabhängig von aller Empirie a priori verstanden werden konnten. Geometrische Anschauung: die Vernunft gegen jeden Zweifel mit Lineal und Zirkel verfolgen.

Reine Erkenntnis, wie sie nur die Mathematik ist, kann so als vorbildhaft für jede Erkenntnis verstanden werden. In allen anderen Arten des Denkens ist sie hingegen getrübt wie ein See, den man nicht nur betrachtet, sondern durch den man schwimmt. In diesem Schwimmen, in jedem Tun, wirbelt man den Grund auf.

Bleibt man aber am Ufer stehen und verlegt sich auf die reine Erkenntnis, so wird man mit einzigartigen Einsichten belohnt – mathematischen. Apriorisch und zugleich welthaltig sind sie, rational und doch anschaulich.

Man bemerkt, meine Damen und Herren, durch Gewohnheit nicht mehr, wie einzigartig das doch ist. Es ist, in Alltagsbegriffen ausgedrückt, so, als würde man einen Fiaker betrachten und direkt die Idee des Pferdes schauen. Konzepte greifen, die die Straße bevölkern. Diese Auffassung, dass die Mathematik in jedem noch so profanen Objekt steckt, hat Tradition. Die Pythagoreer sahen, wenn sie den Kosmos betrachteten, wenn sie über Musik und Baukunst, wenn sie über die Sterne und den menschlichen Körper nachdachten, nichts als Zahlen. Wobei – das ist freilich zu unpräzise gesagt: Sie sahen nichts als *natürliche Zahlen* und deren *Verhältnisse*.

Dann aber begann ein neues Jahrhundert, und die Mathematik wandte sich gegen die Fesseln der Kantischen *Anschaulichkeit*.

Vor fast hundert Jahren arbeiteten Bolyai und Lobatschewski Entwürfe einer nichteuklidischen Geometrie aus, in der es keine parallele Gerade zu einer Linie durch einen bestimmten Punkt gab – oder noch seltsamer: zwei.

Und das war nicht der einzige Angriff gegen den *gesunden Menschenverstand*. Georg Cantor erkannte 1877, dass die Linie zwischen 0 und 1 ebenso viele Elemente enthält wie ein ganzes Quadrat mit der Seitenlänge 1.

Nicht lange danach wurde ihm klar, dass es Mengen gibt, die größer sind, also *mächtiger*, als die ganz ordinär gewordene Unendlichkeit. Galois und andere arbeiteten derweil aus, dass die Arithmetik statt mit Zahlen auch mit Körpern und Idealen betrieben werden kann. Mit einem Wort: Aus den Bemühungen nach Eindeutigkeit, Axiomatisierung und Verallgemeinerung wucherten Objekte, die so abstrakt und kompliziert waren, dass der Erkenntnistyp, der sich einem dafür offenbarte, immer schleierhafter wurde. »Entdeckte« oder »erfand« man die Mathematik? War das, was man entdeckte beziehungsweise erfand, eine *Idee* oder ein *Objekt*? Ließen sich diese Konstrukte in der Welt auffinden?

Meine Arbeit beschäftigt sich mit der Geschichte der Beweise von Irrationalzahlen wie jenen von Euler, Lambert, Lagrange, Riemann oder Cantor. Dass ich meinen Vortrag dennoch mit einer philosophischen Fragestellung beginne, liegt an meiner Absicht, diese Beweise nicht einfach für sich stehen zu lassen, sondern in diesem Rahmen einen Zusammenhang zu bieten. Ich bin überzeugt davon, dass eine ontologische Einordnung inkommensurabler Verhältnisse nicht nur zum Verständnis genannter Beweise beiträgt – sondern eine zwingende Voraussetzung darstellt.

Die ersten Überlieferungen sind dunkel. Die inkommensurablen Zahlen führten einer längst widerlegten Legende nach zur antiken Grundlagenkrise der Mathematik, nachdem die Unmöglichkeit, sie im Gemeinmaß 1 zu behandeln – und somit das ausschließlich Endliche als Ergebnis des Messens zu definieren –, die Pythagoreer in ihren Überzeugungen erschütterte. Nicht alles war natürliche Zahl. Nicht alles war Verhältnis. Dieses historische Ammenmärchen erzählt jedoch mehr von *unseren* Problemen mit den mathematischen Objekten und Widersprüchen der Mengenlehre als von den Problemen der Pythagoreer. Die philosophische Verwirrung darüber, dass die Verwendung harmloser algebraischer Operationen Zahlen ins Alogische und Unendliche mutieren lässt, nehmen wir als viel zu selbstverständlich hin.

Für ein wirklich tiefes Verständnis unserer täglichen Praxis als Zahlentheoretiker muss man weit ausholen.

Wir finden eine der ersten Beschreibungen des Inkommensurablen in Platons Dialog *Menon*, in dem Sokrates einem Sklavenbuben eine Aufgabe stellt. Ausgehend von einem Quadrat mit der Seitenlänge zwei, soll dieser ein zweites konstruieren, das exakt den doppelten Flächeninhalt des ersten hat. Zunächst versucht der Junge, die Seitenlänge zu verdoppeln, doch mit 16 cm^2 ist der Flächeninhalt freilich vier Mal so groß. Die Ratlosigkeit des Sklaven darüber ist gerechtfertigt: Die gesuchte Seite müsste die Wurzel aus acht Einheiten sein und ist mit der Seitenlänge des ursprünglichen Quadrats *inkommensurabel.* Sokrates löst das Rätsel gemeinsam mit dem Buben schließlich geometrisch: Indem ein Quadrat über der Diagonale errichtet wird, ist die Aufgabe erfüllt. Arithmetisch war dies für die Hellenen noch nicht möglich: Man konnte mit dem Konzept der Inkommensurabilität nicht theoretisch, wohl aber anschaulich umgehen.

In jedem Fall war die Problematik schon vor Euklids Elementen benenn- und problematisierbar.

Den historischen Lehrbüchern von Moritz Cantor

entnehmen wir, dass die Mathematik für die Griechen in einen abstrakten und einen sinnlich wahrnehmbaren Bereich zerfiel. Laut Cantor soll man nicht einmal von der *Irrationalzahl*, sondern vom *Irrationalen* sprechen, weil alles Inkommensurable zum damaligen Zeitpunkt eben *keine Zahl* war. Es war Verhältnis, und ein Verhältnis war im antiken Verständnis kein Ding. Hankel argumentiert, dass dies nicht allein der Zeit geschuldet war, sondern dass es sich um eine philosophische Entscheidung handelte. Sie galt, aber das ist nur eine Randnotiz, im Übrigen nur für den europäischen Kontext. Die Inder derweil rechneten in Produkten, Quotienten und Quadratwurzeln algebraisch, ganz wie wir es heute auch tun.

Die Fragen, die sich aus dieser kleinen Übersicht ergeben, sind keinesfalls bloß historische, sondern eben philosophische; und weitreichende zumal. Erstens: Ist Existenz eine Frage von Anschaulichkeit? Der Greifbarkeit in der Welt? Dies betrifft in weiterer Folge nicht bloß die Mathematik, sondern Ideen an und für sich.

Und zweitens: Beruht, wie das Wort *ratio* vermuten lässt, jeder Verstehensprozess auf einem Verhältnis? Handelt es sich nur dann um wirkliches Begreifen, wenn zu einem gegebenen Phänomen ein kommensurables Maß gefunden wird? Eines, durch das es gebrochen – aufgebrochen – werden kann? Verstehen als gemeinsamer Nenner?

Beide Fragen kulminieren, wenn man sie ernst genug nimmt, in der Frage der Inkommensurabilität.

Natürlich – das Inkommensurable der Antike, die Wurzel aus zwei etwa, stellt schon für ein heutiges

Schulkind weder in Darstellung noch Verständnis ein Problem dar. Aber dies folgt nur aus einer Gewohnheitspraxis heraus, die das Unfassbare ins schon Begriffene einfasst oder mit einem Symbol ersetzt.

Um zu meinen Fragen zurückzukommen: Wenn es ein inkommensurables Konzept gibt, das sich mit keinem anderen vergleichen lässt – etwa Gott, der keine einzige denkbare und bekannte Eigenschaft besitzt, durch die man ihn begreifen könnte –, dann kann von *Verständnis* nicht die Rede sein, auch wenn wir »Gott« in einem sinnvollen Satz gebrauchen können. Mystik und Wissenschaft werden einander faszinierenderweise ähnlich, wenn man sie bis zum Exzess betreibt.

Nun gehen wir davon aus, dass dieses Irrationale nur für eine Handvoll Sonderfälle gilt. Meine Arbeit vereint – wie einige von Ihnen schon gelesen haben – die Beweise zu sechs dieser Zahlen und scheint diese Annahme somit zu unterstützen.

Nichts könnte jedoch mehr täuschen. Wir sind umgeben von Irrationalität – nicht nur in der Mächtigkeit der Menge, die die rationalen Zahlen gegenüber den reellen zwergisch aussehen lässt – sondern auch in der Alltagswelt. Die Prozesse der Umwelt inkludieren diese esoterisch wirkenden sogenannten Sonderfälle dauernd. In der Physik ist die Eulersche Zahl in der barometrischen Höhenformel gebraucht – Pi als transzendentale Zahl in jeder Kreisbewegung. Sinus- und Kosinusfunktionen mediieren jede Wellenbewegung; Elektrizität und Schall, die Gezeiten und das Magnetfeld der Erde schließen uns ein in milliardenfach einander überlagernde irrationale Systeme. Das Inkommensurable ist nur deswegen ein Kuriosum, weil wir es isoliert betrachten und uns als Akteure einer gegen sie anlaufenden Vernunfttradition.

Die eigentliche Fragestellung lautet demnach, ob – sollte die Mathematik nach Kant tatsächlich vorbildhaft für die Erkenntnis an sich sein – auch das Verständliche ein Sonderfall im Meer des Unverständlichen sein könnte. Wir sagten: Kommensurabilität sei das Erschließen einer Sache durch einen oder mehrere uns bekannte Begriffe. Ein Kind kann sich fragen, warum morgens um sechs die Erwachsenen mit grimmigem Ausdruck und zerschlissenen Hosen in ein Fabriksgebäude strömen, das sie mit verpesteten Lungen und gebrochenen Rücken zurücklässt. Es wird dieses Phänomen nicht auflösen können, ehe es die schon bekannten, mit ihm kommensurablen Begriffe des Geldes, des Kapitalismus und der sozialen Ungleichheit besitzt. So verstehen wir die Welt. Die glückliche Fiktion des Rationalismus ist, dass alles versteh- und aufschließbar ist, wenn im Nenner nur die richtigen Prinzipien auftreten. Eine Axiomatik, eine Vereinheitlichung aller Mannigfaltigkeiten des Lebens. Wie ein Frevel gegen die Wissenschaft kommt es uns da vor, wenn einer behauptet, es könne etwas ganz und gar Inkommensurables geben. Esoterik, Spiritualität, Religion, denken wir dann automatisch.

Die Frage ist aber doch die: Wie wollen wir damit umgehen, wenn der festeste Grund, der unserer Erkenntnis gegeben ist – die Mathematik und die Physik –, auf unendlichen, inkommensurablen Feldern errichtet ist? Die 1 als das Maß der natürlichen Zahlen ist hier bloß als Metapher zu verstehen – eine Metapher für die einheitliche Fassbarkeit der Welt schlechthin und unsere Fähigkeit, messen zu können. Doch was, wenn unendlich viele Phänomene kein Maß haben?

Zurück zu den mathematischen Objekten.

Inmitten meiner Untersuchung der Irrationalitätsbeweise stellte sich vergangenen Herbst ein Wundern ein, wie es jeden Mathematiker bei seiner Arbeit wohl einmal überfällt. Beweisen, dass eine Zahl irrational ist – was hieß *beweisen* in diesem Fall? Im normalsprachlichen Sinn bedeutet etwas beweisen, seine Existenz zu belegen – man könnte sagen, etwas ontologisch zu verankern. Wenn Sherlock Holmes die Schuld von Jefferson Hope anhand von materiellen Indizien beweist, ist das definitorisch dasselbe wie das Beweisen der Gravitation.

Wir haben aber im mathematischen Kontext ein Problem. Denn was abstrakte von wirklichen Objekten trennt, ist, dass Abstrakta nicht in das kausale Netz der Dinge eingewoben sind. Sie sind angeblich *akausal* – sie haben keinen Einfluss auf andere Gegenstände. Sie sind zudem nicht zeiträumlich: Die Zahl neun ist nicht zu einer bestimmten Zeit an einem bestimmten Ort wie ein wirkliches Objekt. Die Kehrseite dieses Nicht-eingebunden-Seins ist eine unendliche utopische Freiheit, die die Mathematik fast als von den Naturgesetzen getrennt erscheinen lässt: leere Mengen, Induktionsmengen und Klassenkonstruktionen lassen sich *denken*.

Doch wie man es dreht und wendet: Zwischen uns und diesen abstrakten Objekten, von denen wir sprechen, besteht eine tiefe metaphysische Kluft, und es ist vollkommen unverständlich, wie wir diese Kluft überbrücken, um überhaupt Mathematik zu betreiben. Also:

Was heißt *beweisen*? Die Inkommensurabilität halte ich deswegen für ein so geeignetes Beispiel für das Gesamträtsel, weil sie illustriert, wie aus dem Umgang mit dem Anschaulichen – dem Handfesten, wenn man so will – etwas Ungreifbares wird. Man stellt zwei Mal die Eins in einem rechten Winkel aufeinander. Etwas Gewöhnlicheres könnte einem kaum einfallen; und wie durch Zauberhand zeigt sich etwas Transzendentes.

In der Idee der Dedekindschen Schnitte ist es systematisierbar zusammengefasst, dass man die Irrationalzahlen sowie die Gesamtheit des Reellen aus den rationalen Zahlen ableiten kann, das Irrationale aus dem Alltäglichen. Die Geometrie, in der griechischen Antike hervorgegangen aus der Vermessung von Ländereien, und die Arithmetik, die ihren Ursprung im Abwiegen von Mehl und Salz hat – schließen Kante an Kante an ein unsichtbares Meer aus ungreifbaren Konzepten. Die Natur dieser Abstrakta lässt sich von zwei Positionen aus betrachten, die schon im Universalienstreit zur Spaltung führten. Entweder begreift man diese Objekte als rein spielerische Fiktion, als bloße »Begriffe«, wie es die Vertreter des Nominalismus tun. Oder aber man folgt dem radikaleren Zugang, der die höhere Popularität besitzt. Frege schreibt in seinen *Grundlagen der Arithmetik*: »Denn die Zahl ist so wenig ein Gegenstand der Psychologie oder ein Ergebnis psychischer Vorgänge, wie es etwa die Nordsee ist. Der Objectivität der Nordsee thut es keinen Eintrag, dass es von unserer Willkühr abhängt, welchen Theil der allgemeinen Wasserbedeckung der Erde wir abgrenzen und mit dem Namen ›Nordsee‹ belegen wollen.«

Frege vertritt also die These, dass Abstrakta eine unabhängige Existenz von unseren Vorstellungen haben. Diese Haltung könnte man platonistisch heißen, wenn Frege nicht gerade das Gegenteil von dem meinte, was im platonischen Kontext eine Idee heißt.

Das Missverständnis ist aufgelegt. Denn ist die Frage ja eben nicht, ob eine Irrationalzahl dieselbe Seinsweise hat wie mein Rock, quasi »ein Gegenstand« ist. Vielmehr bezweifelte Platon in eleatischer Tradition die Realität des mit den Sinnen Wahrnehmbaren. Der Universalienstreit entzündete sich an der Frage, ob die Idee von einem Pferd real sei – Platon sagte: Die Existenz, wie wir sie im Alltag wahrnehmen, ist viel weniger real als die Idee! Sie ist bloßer Schein. Sich zu fragen, ob eine Idee ebenso real ist wie mein Schuh, ist, als fragte ich mich, ob ich genauso real sei wie Oliver Twist.

Haben als Konsequenz nicht wir die Ideen, sondern haben sie uns? Ich bitte Sie, mir in zwei abschließende Gedanken zu folgen, ehe ich Sie zum Technischen meiner Arbeit überleite:

As flies to wanton boys are we to the gods; They kill us for their sport, lamentiert Gloucester in *King Lear,* und dieser Gedanke war in der Antike noch gebräuchlicher als zu Shakespeares Zeiten –, dass Götter, quasi handelnde Prinzipien im Pantheon, sich unserer bemächtigen, war ein vollkommen gängiger Gedanke: Man denke an einen wütenden Eros, der sich unseren Körper wie einen Handschuh anzieht, um nach dem Begehrten zu greifen – oder Iustitia, die über die komplizierten Wege des antiken Dramas in Gestalt des angeblich toten Orestes erscheint. Man könnte auch sagen: Die Ideen verwenden hier die Menschen, nicht umgekehrt. Ein Gedanke, der so wenig behagt, dass wir ihn in der Neuzeit gegen den sogenannten freien Willen ausgetauscht haben.

Bestenfalls können wir ihn in der Rückschau ertragen – dass etwa die Idee der Freiheit sich die Menschen in der Französischen Revolution *zu eigen machte* oder dass die Idee der Infinitesimalrechnung Leibniz und Newton zugleich *erfasste*. Dass es sich bei uns ähnlich verhalten könnte, dass wir nicht Herren im eigenen Haus sind, diesen Gedanken verbietet uns der Anstand gegenüber uns selbst.

Im Bereich der Mathematik kann man diese Analogie auf mehrfache Arten fortspinnen. Dass die Mathematik auf die Naturgesetze so gut passt, wird plausibel, wenn man annimmt, dass vielmehr die Naturgesetze auf die mathematischen Ideen passen. Die Parabel eines Wurfgeschosses wäre dann die Materialisierung einer mathematischen Idee.

Nun ist aber in beiden Fällen, bei den Göttern wie bei der Mathematik, eine Frage noch unberührt. Sie ist der springende Punkt, um derentwillen ich Sie mit meinen ausgedehnten Vorbemerkungen bis jetzt gequält habe: Wenn der Ideenkosmos das einzig Reale ist – wieso *will er sich in der Materie ausdrücken*? Wozu braucht das Höhere die Verkörperung im Niedrigen? Dies ist ein Widerspruch, der sich auch durch den späten Dialog *Timaios* zieht; eine Frage, die Platon letztlich unbeantwortet lässt.

Kehren wir abschließend zur anfänglich geschilderten Geometrieversessenheit Athens zurück. Wie beschrieben, war die arithmetische Lösung vieler Probleme nicht bekannt – dafür aber ein einzigartiges Verhältnis zur

Anschaulichkeit gegeben. Die geometrische Algebra, in der Algorithmen durch Wechselwegnahme mit Lineal und Zirkel verwendet wurden, hatte einen großen Vorteil gegenüber der frühen Zahlentheorie: Im Gegensatz zu den Beweisen, die ich in meiner Arbeit präsentiere, konnte man die Irrationalität der Wurzel 2 schon nach dem Zeichnen zweier Quadrate und eines Viertelkreises unmittelbar *sehen.* Auf die vorher aufgeworfene Frage, wie der endliche Mensch dem Unendlichen begegnen kann, ist das Inkommensurable die Antwort: Zeichne ein rechtwinkeliges Dreieck mit der Seitenlänge eins – da ist es.

Nun vertrete ich die These, dass das Inkommensurable – in der Mathematik wie im Geistigen – die Verbindung zwischen Ideenwelt und der Materie darstellt. Dann wäre das Irrationale der Grund, weshalb das *ens realissimum* sich verkörpern muss: Die Idee zeigt sich nur unmittelbar in der Welt – im Geistigen ist sie inkommensurabel, weil es kein Konzept gibt, mit dem sie auf einen Nenner zu bringen wäre. Sie benötigt jedoch diesen geistigen oder algebraischen Anteil, weil es sich um ein Prinzip handelt – ein Prinzip, das sich zeigt. Unscharfe Krakeln im Sand, durch die sich unendliche Bestimmtheit ausdrückt; der Klang der Lyra, manifestiert im Saitenverhältnis –

Mitten in Klaras Vortrag krachten die Türen in ihren Angeln, und ein ohrenbetäubender Lärm erfüllte den Raum. Es dauerte einige Sekunden, bis Hans seine Verwirrung überwunden hatte und begriff, dass sich eine Rotte junger Männer gewaltsam Zugang zum Institut verschafft hatte. Sie trugen noch immer den Tisch, den sie als Rammbock eingesetzt hatten, in den Händen, als sie sich jetzt triumphierend über die oberste Sitzreihe lehnten.

»Mein Name ist Christoph Deutler«, sagte ein junger Mann, der sich am Kopfende des Raums auf eines der Pulte gestellt hatte, sodass er nun alle anderen überragte. »Und ich darf euch mitteilen, dass der Lehrbetrieb der Universität Wien aufgrund der geschlossenen Solidarität der Belegschaft mit der nationalen Sache ausgesetzt ist. Geht nach draußen, Kameraden, die Nation ruft euch an die Waffen.«

Das waren nicht die studentischen Coleurträger von vorhin, wie Hans zuerst befürchtet hatte, sondern Arbeiterburschen. Wohl hatten sie Musterungssträußchen an die Jacken gesteckt und trugen Fahnen um die Schultern, auf die der weiß-goldene Doppeladler gestickt war; doch darunter hatten sie aus Kraut und Rüben zusammengelesene braune Wollhosen an.

»Wir befinden uns mitten in einer akademischen Zeremonie, und Sie haben sich des Hausfriedensbruchs schuldig gemacht«, sagte der Mann, den Klara vorhin als ihren Doktorvater vorgestellt hatte. Der braunjackige Bursch schnitt ihm sofort das Wort ab.

»Dies ist keine akademische Zeremonie, sondern eine Selbstaffirmation von Helene Chereschs jüdischblütigem Frauenverein«, sagte er selbstzufrieden. »Und selbst wenn's eine wär – das Kriegsministerium hat angeordnet, dass alle Ressourcen im Staatsbesitz ab sofort für das völkische Interesse zur Verfügung stehen.«

»Mumpitz«, sagte der Mann – da segelte eine Holzlatte, die aus der Tür ausgebrochen worden war, durch die Luft und traf ihn an der Schläfe. Für einen Augenblick schienen selbst die Unruhestifter erschrocken – dann erfüllten Schreie der Entrüstung den Hörsaal.

»Ich kenne diese Männer, sie sind nicht zufällig hier«, kreischte Helene, die inzwischen aufgestanden war. »Das ist der Jägerbund Floridsdorf, den ich schon zwei Mal wegen Vandalismus angezeigt habe.«

Sowie sie das gesagt hatte, brach die Hölle los.

»Scheiß Suffragetten«, schrie einer der jungen Männer und warf einen mit Wasser gefüllten Ballon in die Frauengruppe, die schlagartig auseinanderbrach. Durch heftiges Stoßen einer der Damen fiel eine der anderen vornüber und stürzte in die nächste Reihe hinunter. Sogleich eilte ihr jemand zu Hilfe, doch inzwischen waren noch mehr Burschen hereingekommen, um in Schmutzwasser getränkte Schwämme in den Zuschauerraum zu werfen.

Hans drehte sich zu Klara und sah, dass diese dabei war, Helene zu helfen. Auf deren Stirn klaffte eine dünne rote Wunde – sie musste von etwas getroffen worden sein. Er stieg auf einen Tisch und kletterte Reihe für Reihe aufwärts, da die Gänge von flüchtenden Menschen blockiert waren. Eine Holzlatte flog knapp neben seinem Ohr vorbei, aber er war schon weit genug nach oben gelangt, dass die Eindringlinge nur mehr eine Armeslänge entfernt waren. Als er schon glaubte, den Rädelsführer packen zu können, tauchte aus dem Nichts ein anderer auf und zog ihm mit Schwung ein Stuhlbein über den Kopf. Hans ging zu Boden, und der Angreifer sprang über seinen Kopf hinweg in Richtung der Damen, unter denen erneut lautes Geschrei ausbrach. Hans hatte Mühe, sein Gravitationszentrum zu finden – ein lautes Klingeln erfüllte seine Ohren. Als er sich ins Gesicht fuhr, verstand er, dass ihm Blut in die Augen geronnen war. Dennoch hievte er sich auf die Balustrade und begann nun seinerseits, mit dem ausgebrochenen Stuhlbein nach den Burschen zu schlagen, von denen drei sich allein durch diese Gegenwehr augenblicklich vertreiben ließen. Angelockt vom Geschrei, strömten nun zudem Schaulustige, die an diesem sensationsgeladenen Tag nach weiteren ungehörigen Stimulanzien suchten, ins Zimmer und verkomplizierten die Situation. Und das alles war in wenigen Sekunden passiert!

Unten war Helene in sich zusammengesunken. Ein Buch – ausgerechnet ein Buch – hatte sie am Kopf getroffen, wie Hans nun im Näherkommen sah. Nicht weit davon hatte sich Adam positioniert und schmiss die Wurfgeschosse nach oben zurück, was es Hans erschwerte, zurück zu seinen Freunden zu gelangen. Doch immerhin zog sich die Gruppe der Unruhestifter nun immer weiter zurück, da sie ihr Hauptinteresse, die Verunglimpfung und Demütigung des Frauenvereins, erreicht zu haben schienen.

Immerhin war niemand ernstlich verletzt, und auch an Helenes Zustand war vorrangig der Schock schuld, wie Hans bemerkte, als er sie schließlich erreichte.

»Wie geht es ihr?«, fragte er Klara, die ein Tuch gegen ihre Stirn gedrückt hielt.

»Eine kleine Platzwunde, ein Verband wird reichen. Ich denke nicht, dass es genäht werden muss.«

»Aber ich will hier raus« – so selbstbewusst Helene das gesagt hatte, so schnell kippten ihr die Beine unter dem Körper weg, als sie versuchte aufzustehen. Kurzentschlossen griff Hans ihr unter die Achsel und hob sie in die Höhe. Ihr Hut rieb an seinem Hals, als das Gewühl der Ringstraße sie wieder erfasste.

KAPITEL 8

AUGUSTERLEBNIS

Klara, Adam und Hans, der Helene noch auf dem Arm trug, gelangten ungehindert nach draußen, ganz als würden die Gesetze eines geheimen Abkommens diese Richtung des Stroms bevorzugen. Auf der Wiese vor dem Rathaus setzte Hans Helene auf einer Parkbank ab. Selbst dort – unter den Bäumen im Dickicht – kauerten Menschen.

»Wir müssen in ein Spital gehen«, sagte Klara, die weniger ängstlich als aufgebracht schien. »Oder zur Polizei, um wenigstens zu melden, was passiert ist.«

»Ich habe diese Chose schon zwanzig Mal erlebt. Die Polizei wird keinen Finger rühren. Ich werde die Stadt sofort verlassen«, sagte Helene, die langsam wieder zu Kräften kam.

»Wohin?«, fragte Klara.

»Nach Strebersdorf, mit dem Einspänner. Ins Spital muss ich nicht, ich bin robust«, antwortete Helene. »Auch wenn ich froh sein kann, mit dem Leben davongekommen zu sein. Außerdem interessiert mich dieses Marsch-und-Gloria-Getue in der Stadt nicht sonderlich.«

»Aber ich habe doch heute meine Konsultation«, sagte Hans, der die Auffassung, knapp dem Tode entronnen zu sein, für reichlich übertrieben hielt.

»Du kannst mitkommen, wir fahren gemeinsam«, sagte Helene und rückte sich die Bluse zurecht.

»Ich komme auch mit, wir können –«, sagte Klara, aber Helene wies sie mit einer Handbewegung zurecht.

»Unsinn, du bleibst hier und passt derweil auf die Wohnung auf. Ich werde mich sicherheitshalber für zwei Wochen absentieren, und irgendjemand muss sich ja hier um alles kümmern.«

»Zwei Wochen?«, zischte Klara. »Du kannst mich doch nicht hier abstellen wie einen Wachhund.«

»Ich hätte auch gerne, dass sie mitkommt«, sagte Hans leise.

»Wachhunde fressen keinen Tafelspitz, mein Schatz. Und du musst dich außerdem um deine Promotion kümmern, du weißt ja nicht einmal, ob das als Präsentation anerkannt wird, nachdem diese Kretins – nun. Du kannst mich ja besuchen.«

»Ich will gar niemanden besuchen«, sagte Klara und drehte sich weg. Innerhalb weniger Sekunden hatte sie das Gebaren eines kleines Kinds angenommen.

»Sei nicht beleidigt, ich lass dir ja was da«, sagte Helene, die schon nach einem Gespann Ausschau zu halten begann, was im um sie herrschenden Tohuwabohu kein Leichtes war.

»Wo treffen wir uns dann abends?«, fragte Hans endlich; denn er hatte die Konsequenz aus all dem noch immer nicht ganz begriffen. Adam schüttelte den Kopf.

»Das weiß ich nicht, Hans, womöglich gar nicht«, sagte Klara matt. »Ich muss ja wirklich schauen, was mit meiner Doktorarbeit geschieht. Und ich bin hundemüde.«

»Aber wenigstens wir?«

»Heute ist mein Einrückungstag. Heute um 17 Uhr in der

Stubenbastei.« Adam hatte wie entrückt in die Bewegungen der Massen gestarrt. Für einen Moment folgten Klara und Hans seinem Blick und schauten gleichermaßen entrückt in das Hin- und Herwogen der Menschen. Niemand von ihnen wollte aussprechen, was das bedeutete.

Ihre Wege würden sich trennen.

Sie hatten die unsichtbare Grenze überquert, den Außenposten ihrer träumerischen Reise – und nun waren sie aufgewacht. Da trafen sich Hans' und Klaras Augen, und ihre Hand griff seine – drückte sie, drückte sie fest, während die andere nach der Adams griff. Hans fand sich ganz und gar außerstande, es sich vorzustellen – wie es ein Leben geben konnte ohne diese beiden.

»Ich weiß doch gar nicht, wohin mit mir.«

»Hans, versprich mir eins«, sagte Adam. »Wenn auch du einrücken solltest, dann versuchst du unter Berufung auf mich irgendwie nach Serbien zu kommen, an die Drina, wo mein Regiment ist. Dann kämpfst du unter meinem Schutz. Noch besser wär's natürlich, du würdest gar nicht einrücken.«

Er musste sie an sich binden, er musste ihnen auch ein Versprechen abnehmen, dachte er. »Da, Klara, ich borge dir das, und du versprichst mir, dass du es mir zurückgibst, wenn wir uns im Kaffeehaus wiedersehen« – bei diesen Worten hatte er ihr seine letzte Krone in die Hand gedrückt.

»Das kann ich nicht annehmen, du hast ja gar nichts bei dir«, sagte sie; nun fielen ihr die Tränen über die Wangen. Nur warum? Sie würden sich alle wiedersehen, das wusste Hans ganz genau.

»Natürlich kannst du, es macht das Kraut auch nicht fett, und du verdienst ein Glas Wein auf meine Kosten, um dein Rigorosum zu feiern. Und du, Adam, nimmst das, damit es dich im Gefecht beschütze.« Er hatte ihm das silberne Medaillon umgehängt, und sein Freund sah es mit großen Augen an wie etwas ganz und gar Übernatürliches.

»Ich verspreche, es dir heil zurückzubringen«, sagte er.

»Es ist ein Schwur«, besiegelte Hans.

Klara umarmte ihn, dann Adam. Hans hatte sich vorgestellt, dass diese Umarmung, in der sie sich trennen würden, sich in die Ewigkeit ziehen müsste wie durch ein kosmisches Band, das sie aneinanderkettete. Aber es war eine ganz normale Umarmung. Ein paar Sekunden, nicht mehr. Da war kein Band.

Helene hatte derweil ein Gespann aufgetrieben wie durch reine Magie, und so war sie umso beharrlicher dabei, Hans in das Gefährt zu bugsieren.

»Wir sehen uns im Café Votiv wieder«, schrie Hans noch aus der Tür. »Ich verspreche es. Ich verspreche es euch!«

Dann fuhr der Fiaker los.

Es war der Alsergrund – gerade angrenzend an das Gebiet, auf dem mit der *Alma Mater Rudolphina* die Quelle der Aufklärung ihre Strahlkraft entfaltete –, den Maria Theresia und ihr Sohn Joseph II. als Nukleus der Militarisierung auserkoren hatten. Obschon der Wahlspruch Österreichs »bella gerant alii, tu felix Austria nube« den Krieg als einen Habitus der anderen abschrieb, zogen die großen Reformer Wiens am Ende des 18. Jahrhunderts die *k. u. k. Gewehrfabrik*, die Alserkaserne und das Garnisonshospital hoch. Vielleicht war die Monarchin durch die Querelen des Erbfolgekriegs geläutert worden: Die lang ersehnte Umbildung der Armee hatte begonnen.

Das hatte in ihrem Haus wenig Tradition. Ihr Onkel, Joseph I., hatte sein Glück ebenso in der Errichtung von Lustschlössern gefunden wie in der Aufrüstung: In barocker Landschaftsfreude ließ er noch 1705 das kleine Jagdschloss im Augarten errichten. Man wollte sich damals französisch geben, quasi-absolutistisch.

Ein Stück weiter im Norden, wohin das Gespann nun fuhr, zerschlug der Praterstern die Stadt in ein ungleichmäßiges Heptagon, das die Gesellschaft auch früher schon in eine räumliche Ordnung aufgetrennt hatte: 1689 drängte die zehn Jahre zuvor von der Pest heimgesuchte Metropole wieder an die Auen, nur hatte Leopold I. den ganzen Prater und seine sechs Millionen Quadratmeter dem Adel zur alleinigen Nutzung zugesprochen. Die Dichte, in der die Keime wüteten, versus das Lose, das die Erlauchten bespaßen sollte. Drüben starben die Armen, hier lebten die Reichen. Der Fluss war auch früher schon eine Demarkationslinie gewesen: Eine einzige Brücke aus Holz hatte ab 1500 über dieses Gerinne geführt, das aller Technik der Zeit überlegen schien und Gedeih und Verderb der Gezeiten mit sich brachte. Floridsdorf war zu jener Zeit ein Ödland: Felder, nichts als Felder, und der Anschluss an die Stadt drei endlose Jahrhunderte weg.

Hans, der vor dem Moment, als sie die Donau überquert hatten, Wien noch als *eine* Entität hatte wahrnehmen können, hielt sich am Türgriff fest, da die Straße sich ab der Leopoldau in ein Schotterfeld verwandelt hatte. Dann wieder musste das Gespann den Rinnsalen der Auen ausweichen. Fischer waren die Leopoldauer bereits im Mittelalter gewesen. Obschon durch die Hussiten, die Epidemien, Brände und die schlichte Zivilisationsferne die Bevölkerung mehrmals fast ausgelöscht wurde, hatte sich das Dorf seit dem Frühmittelalter erhalten.

Man war die Antithese zur höfischen Stadtgesellschaft und hatte sich an diese Rolle seit jeher gewöhnen können. Als drüben – wo nun Wien war – der Siedlung Vindobona im Jahre 97 das antike Stadtrecht verliehen worden war, hatten hier die Römer die Linie zu den Barbaren gezogen. Hier hatten die Germanen seit der Jungsteinzeit gelebt, und im Gegensatz zu den distinguierten Städtern waren sie eins mit dem Land und seinen Lebensäußerungen.

Alles Künstliche war aufgelöst. Dort, wo eine einzige Straße das Rudiment des Lebens zusammenhielt und alle Augen aus den Jalousien sich auf sie richteten, hielt das Gespann.

Die Kalesche hatte sie in einem Dorf ausgesetzt, das aus einer einzigen Straße bestand, und postwendend umgedreht, wie um an diesem gottverlassenen Ort keine Sekunde zu verharren.

»Da wären wir«, sagte Helene müde. »Oberschleining. Vorort von Strebersdorf.«

Der Moment, den er zur Orientierung brauchte, hatte verzögert, was ihn auf einmal wie ein Schnellzug erfasste. Jetzt aber sah er es. Hans schüttelte den Kopf und sah es doch noch immer.

Er meinte sich aus der Zeit gefallen.

Da war die Kirche. Da war eine Schule. Da war ein Wirtshaus und dort die Greißlerin. Da war die Villa. Da war der Musiksalon, und da waren zehn Wohnhäuser.

Hans ging ein paar Schritte, nur um sich an einer Laterne festhalten zu können, denn ihm kippten die Beine unterm Körper weg, als er erkannte, wo sie waren – gleißend, wie in Aspik gegossen: der Traum des Säkulumclusters.

Er tastete sich voran wie einer, der auf einem schwankenden Schiff nicht weiß, wohin sich übergeben. Dort sah der Pfarrer aus der Kirche – da war im sodengedeckten Haus auf der Nordseite eine Mutter, die ihr Kind stillen wollte.

Der Weiler der Zehntausend. Der Weiler der Zehntausend!

Die Worte trafen auf kein Verständnis. Ihn hatte mit ungeheurer Wucht die Erkenntnis eingeholt, dass er kein Kriterium zwischen Traum und Realität besaß. Vielleicht schlief er. Er drehte sich um und rannte zurück zu Helene.

»Wo sind wir?«, fragte er.

»Das habe ich dir doch gesagt. In Oberschleining«, erwiderte sie und zündete sich eine Zigarette an. »Bei Wien!« – setzte sie noch hinzu, als hätte Hans eine im Grunde unverschämte Frage gestellt.

»Was – was ist das? Dieses Haus –« Es war genau jenes, von dem er in den frühen Morgenstunden geträumt hatte. Er musste also jetzt träumen, dachte er, nein – vorher wach gewesen sein. Ganz schwindelig in seinen Gedanken raste er auf das Gebäude zu, das er an seinem Fachwerk erkannte. Er hatte es durch das Fenster gesehen, unanzweifelbar. Tatsächlich gegenüber der Schuster – nur dass diesmal niemand vor dem Haus saß, sondern die ganze Straße in der Hitze flimmerte.

Unweigerlich, das Schild: Kostümverleih Dollmann.

Er brach durch den Boden, er stolperte über sich selbst. Es war, als hätte sein Kopf sich ins Offene gestülpt – und als könnte nun nach Lust und Laune die ganze Welt an seinen Gedanken partizipieren. Er sah seine Affekte und Wünsche aus sich rinnen. Alles in ihm sträubte sich dagegen, die Augen offen zu halten, als er näher an das Haus trat, um die Holzvertäfelung – die Kostüme – mit eigenen Augen zu sehen. Es war, als würde er lange vergessene Sätze, die er einmal in ein Tagebuch geschrieben hatte, wiederentdecken: Eine Mischung aus Fremdheit und zutiefst Eigenem rührte ihn an.

Zitternd griff er ans Fensterbrett und lupfte den Kopf über den Sims in der Erwartung, vom Dunklen verschluckt zu werden. Doch da war: nichts. Ein hübsches, weißes Wohnhaus und darin ein mit seinem Geschwisterchen spielendes Mädchen. Das Phantasma löste sich auf, und auch die Erinnerung an den Traum zog sich zurück. Hatte er denn geträumt? Der Traum ein Traum – ein Traum im Traum?

»Kommst du jetzt zur Therapie oder nicht?«, fragte Helene, die nach dem Ausrauchen die Geduld zu verlieren schien. Aber Hans war es, als wäre ihm – man konnte nicht sagen, der Boden unter den Füßen, sondern er selbst sich weggezogen worden. Als könnte er sich gar nicht überlegen, wie er sich wieder fassen sollte, weil er selbst fehlte.

»Aber der Kronleuchter«, sagte er, und das war wie ein Rettungsanker. Er kämpfte sich gegen eine Lawine von Emotionen den Hügel aufwärts, von wo aus er im Traum einen flüchtigen Blick erhascht hatte. Wenn er den Luster nur für einen Moment anschauen könnte und wenn dieses Anschauen die Folien des Tages und der Nacht in Übereinstimmung brächte, dann wäre er gerettet. So stürmte er die karge Landstraße hinauf.

Keuchend vor Hitze stand er nun am Kopfende dieser Traumstadt, dieser Kulissenstadt – und wie einem im Erträumten oft irrationalerweise etwas Böses angekündigt wird, so war es auch jetzt. Da war eine Villa – aber leicht verrückt. Wie von seidigen Gespinstern ins Unechte gedrängt. Kein Luster darin. Nirgendwo ein Luster. Jetzt wurde Hans wütend. Er lief unter Ächzen zurück und scheute sich nun nicht mehr, Helene aus vollem Halse anzuschreien.

»Wo ist der Luster, habe ich gefragt!«, kreischte er so laut, dass sich seine Stimme überschlug und eine Frau sich irritiert über ihnen aus dem Fenster lehnte, um zu schauen, was diesen trägen Sommernachmittag außer dem Krieg noch störte.

»Ich hoffe, du bist fertig, denn ich gehe jetzt nach drinnen.« Nichts an Helene geriet aus der Fassung – sie war wie ein Apparat, der auf Schienen glitt, auf geölten Schienen wie das Fatum selbst.

Weil ihm nichts anderes übrig blieb, folgte er ihr.

Es war ein schönes, weißes Jugendstilgebäude mit einem Garten, der aussah, als hätte eine kleine Gesellschaft ihn gerade verlassen, denn es befanden sich Gläser und eine Flasche Weißwein auf einem Tischchen, obwohl weit und breit niemand zu sehen war.

Wie er da so stand und die Dinge anstaunte, hörte er auf einmal ein Flattern. Hans rollte ein Gewicht von der Brust hinab in den Unterbauch.

»Wie in meinem Traum«, sagte er leise und sah die geblendeten Augen des Vogels, der wie ein Reisender aus einer anderen Welt schien.

»Ach, Unsinn«, sagte Helene. »Die kommen, weil wir im Garten immer Petits Fours essen, diese Mistviecher.« Und sie scheuchte, zu seinem tiefen Entsetzen, den Raben mit ihrem Schuh weg, ehe sie im Gebäude verschwand.

»Hallo, ist jemand da?«, schrie Helene in das Haus hinein, das nur leeren Hall zurückzuwerfen schien, ehe eine schmale Frau in Dienstbotenuniform herbeieilte.

»Frau Helene, wir haben Sie nicht erwartet«, sagte sie. »Ihre Eltern sind gerade ausgegangen, zu einer Feldmesse oder dergleichen.«

»Ich bleibe drei Tage, also bügeln Sie mir bitte ein Hauskleid und eine Nachtgarnitur auf und beziehen Sie mein Bett im Obergeschoss. Ist Karl da?« Das Mädchen verstummte einen Augenblick, fand seine Contenance aber schnell wieder.

»Frau Helene – Karl ist gestern eingerückt«, sagte sie leise. »In den Krieg.«

Hans meinte, Helenes Fassade müsse bröckeln, doch sie tat es nicht.

»Wir sind in jedem Fall oben, gut? Bringen Sie doch etwas Kaffee.«

Sie gingen in den ersten Stock. Auch wenn Helenes Familie nicht in jenen Verhältnissen von der Adams lebte, war es doch ein schönes Gebäude. Sie betraten ein Zimmer, das sofort als Arbeitszimmer erkennbar war, und wieder hatte Hans das Gefühl einer schaurigen Reminiszenz.

Das Zimmer und die Position der Möbel stimmte eins zu eins mit jenem in der Landesgerichtsstraße überein. Abgesehen davon aber, dass der Grundriss beider Räume wie mit Pauspapier übertragen war, hätte der Dekor verschiedener nicht sein können. Dieses Zimmer war ganz kahl – nichts lenkte von den weißen Wänden ab, bis auf eine Zimmerpflanze, die auf einem Sechzehneck stand, das von drei Glasplatten durchbrochen war und wohl als modern gelten sollte. Dahinter, auf einem äußerst schlichten Wandregal, standen exakt fünf äußerst dicke Bücher. Als sie sich beide gesetzt hatten, fiel eine drückende Ratlosigkeit über Hans, die die Stimmung noch unerträglicher machte.

»So – wie wollen wir denn nur beginnen?«, fragte Helene scharf. Sie war eine rüde Frau, oder vielleicht auch nicht – Hans war viel zu müde, um es klar beantworten zu können. Sie missfiel ihm, das war klar, aber er wollte sicherheitshalber höflich bleiben.

»Ich war ursprünglich wegen meiner Reminiszenzen

hier. Die Gedanken anderer Menschen, Sie erinnern sich«, sagte er, »und ich rechne es Ihnen unendlich hoch an, dass Sie meinen Fall anhören, obwohl ich ja kaum Geld habe, aber –«

»Ich hab Ihnen doch gesagt, dass das gar kein Thema ist. Nicht nötig.« Ruhe. Er musste ruhig bleiben.

»– aber es würde mich doch interessieren, warum das Dorf der Zehntausend gerade hier ist und warum dies niemand zu wissen scheint, wo doch so viele danach suchen, ich meine –«

»Es sind ja nicht wirklich zehntausend.« Sie steckte sich eine weitere Zigarette an, sie rauchte wie ein Schlot, unablässig, als wollte sie mit Siebenmeilenstiefeln dem Tod entgegeneilen. »Und ich würde dich auch sehr bitten, dass du – solltest du Klara wieder treffen – ihr nichts verrätst, ja? Ich werde das Experiment ohnehin, da die Hälfte meines Clusters von der Front nicht zurückkommen wird, bald beenden.«

»Bitte entschuldigen Sie, wenn ich ganz unzusammenhängend frage. Ich habe seit gestern so viel erlebt und so viel gesehen, dass es nicht in hundert Sitzungen passen würde«, sagte Hans. »Ich habe Menschen getroffen, denen es so geht wie mir, und begriffen, dass wir in einem Meer von Symbolen und Architekturen des Unterbewusstseins schwimmen, und da ist es geradezu bestürzend, dass draußen – dass dieses Dorf –«

»Und ich sage dir, dass es eben anders ist, als du es dir ausmalst. Du hast eine magische Nacht erlebt und glaubst jetzt, an etwas Größerem teilzuhaben«, sagte Helene.

»– und da wollte ich fragen, wie das zusammengeht, das Äußere und das Innere, denn wer könnte das besser beurteilen als Helene Cheresch?«

»Dass du es falsch interpretiert hast, habe ich gesagt. Auch dein Eindruck von mir entspricht nicht der Wirklichkeit.«

Aus der kleinen Wunde auf der Stirn hatte sich ein Tropfen den Weg gebahnt und war auf ihr cremefarbenes Kleid getropft. Sie sprang auf und suchte ein Taschentuch. Da fiel es Hans ein: Hatte Adam sich nicht genau daran erinnert? Aber was hieß erinnert?

»Ich habe ja nur nach dem Dorf gefragt.«

Er fühlte sich immer konfuser. Zum ersten Mal in seinem Leben wünschte er inständig, er möge eine seiner ungefragten Eingebungen haben, um zu verstehen, was in Helenes Kopf vorging. Doch es stellte sich keine ein. Mit unendlich viel Mühe versuchte er also – während sie noch mit dem Fingernagel das Blut aus ihrem Oberteil zu kratzen versuchte – zu deduzieren. Etwas sank in ihm nieder.

»Es haben gar nicht alle zehntausend ursprünglich von demselben Dorf geträumt, oder?«

Helene sah – mit den aus dem Dutt gelösten Strähnen und dem vom Handgemenge zerknitterten Kleid – nun fast wild aus. Da sie dies offenbar selbst bemerkte, richtete sie sich betont auf, strich ihren Rock glatt und setzte sich wieder.

»Ich glaube, es hat keinen Sinn, hier ein großes Theater aufzuführen, deswegen beginne ich von vorn. Also. Die Masse zeichnet sich durch mehrere Gefühlsregungen aus«, sagte sie. »Triebhaftigkeit, Reizbarkeit und Unfähigkeit zu logischem Denken. Deswegen sind Gefühle in ihr auch grundsätzlich von einem zum anderen übertragbar. So berichtet es wenigstens Gustave Le Bon. Die Dummen verlieren in ihr das Gefühl, dumm zu sein – die Planlosen glauben, einen Plan zu haben. Und wenn dann eine große Idee kommt, die all das orchestriert, dann kann man mit bestimmten Bildern *eingreifen*. Denn das Kollektiv denkt immer nur in Bildern, musst du wissen. Das Unwirkliche wird dann so echt wie das Reale.«

»Ich verstehe nicht, was Sie sagen wollen. Ist dieses Dorf – ist das, was ich gerade erlebe, unwirklich? Träume ich?«

»Um Gottes willen, hör mir damit auf«, sagte Helene, besann sich aber dann. »Wobei – es ist vielleicht ein gutes Beispiel. Du hast glasklare Sinne, bist ein junger Mensch, der auf einem Hof gearbeitet hat und mit beiden Beinen im Leben steht, oder? Und dennoch fragst du mich, ob das, was du vor dir siehst, ein Traum ist. Bist ein Skeptiker geworden, weil zwei, drei der Menschen, die du magst, es dir eingeredet haben, ist es nicht so? Du glaubst an die Realexistenz eines quasi unbewussten Meeres, und alles, was dich dazu bewogen hat, war – Suggestion.« Hans schluckte, ballte die Fäuste, biss sich auf die Lippen.

»Sie sind gar keine Psychoanalytikerin«, sagte er.

»Du hast ja gesehen, was sich auf den Straßen abspielt. Es ist gerade die größte Massenbewegung unseres Jahrhunderts im Gange, und sie ist für alle – selbst für mich – überraschend. Natürlich, sie hat sich angekündigt, aber meine Forschung –«

»Und was für eine Forschung soll das nun sein?«, schrie Hans. Auf einmal war er unendlich wütend, psychisch nackt vor einer zu stehen, die sich mit tausend Stoffen verhüllt hielt.

»Ich frage dich eins«, sagte Helene, an deren kühler Reaktion er ablesen konnte, dass er nicht der Erste war, der hinter ihre Fassade geschaut hatte. »Hast du denn wirklich geglaubt, dass ein Mann die Erinnerungen eines anderen haben kann? Einfach so? Durch die Ätherwellen? Dass zehntausend dasselbe träumen? Dass die Esoteriker recht haben, wenn sie eine Allverbundenheit über unsere Zirbeldrüsen postulieren? Wie kann ein Mensch des Handfesten, einer, der Pflüge führt und Holzlatten hämmert, sich an so etwas klammern?«

»Aber ich –«, stotterte Hans, »ich habe Dinge *gesehen.*« Wie ein Bumerang war das Gefühl, das er gestern Abend mit aller Kraft von sich geschleudert hatte, unweigerlich zu ihm zurückgekehrt: dass er ein unwissender Bauer war, dem die Formen im Munde zerfielen, ehe sie zu Sprache wurden. Und sie wusste es auch.

»Jetzt sag schon«, begann Helene etwas sachter, da sie fühlte, dass sie ihn mit ihrer Heftigkeit an den Rand der Sprachlosigkeit drängte. »Wie genau kam es dazu, dass du glaubtest, an den Gedanken anderer teilzuhaben?« Gleichzeitig mit dem Verfall seines Selbstbewusstseins hatte sie ihn auch noch zu duzen begonnen.

»Es bringt doch nichts, mit Ihnen noch darüber zu sprechen«, sagte er. »Wenn Sie doch ohnehin keine Psychoanalytikerin sind.« Hoffte er immer noch, sie würde seinen Verdacht zerstreuen?

»Natürlich bin ich keine Psychoanalytikerin«, sagte sie ganz ruhig. »Denn die Psychoanalyse ist der reinste Mumpitz. Das heißt aber nicht, dass ich dein Anliegen nicht beurteilen kann, sondern ganz im Gegenteil, dass ich wesentlich kompetenter bin, es zu beurteilen.« Er rang mit sich und kaute seine Gedanken, ehe er weitersprechen konnte.

»Ich will Sie nur eines fragen«, sagte Hans. »Haben die Zehntausend jemals dasselbe geträumt oder nicht? Hat Adam diese Erinnerungen wirklich oder nicht? Habe ich –« Er konnte es gar nicht aussprechen.

»Schau, ich verstehe, dass dich das trifft« – *nichts* verstand sie, nichts – »die Problematik ist nur die: Wir leben in einer Stadt, vielleicht in einem Staat, der die Analyse fetischisiert. Und ich habe in meiner Ausbildung; ja, ja, ich habe die Ausbildung wirklich begonnen, das war keine Lüge. Schau nicht so. Ich habe jedenfalls ein Muster bemerkt, das mich dazu veranlasst hat, den Glauben an diese Form der Therapie vollkommen fallen zu lassen. Etwa zeitgleich habe ich Cécile Vogt aus Paris kennengelernt, eine Hirnforscherin, und sie wiederum stellte mich Gabriel Tarde vor, der sich mit der Suggestion zwischen Individuen befasste –«

»Sie haben es uns also eingeredet.« Wie ein Stein fiel Hans auf den Stuhl nieder – wie ein geworfener Stein, wie ein von jemand anderem geworfener Stein. »Aber Sie können es uns gar nicht eingeredet haben –«

»Ich habe es *suggeriert*«, sagte Helene entschieden. »Und nichts anderes macht deine hochgeschätzte Psychoanalyse auch. Schau, ich erkläre es dir. Wenn ich von vornherein sagen würde, dass ich Teil einer Experimentalgruppe über Massenpsychologie bin, dann würde erstens keiner kommen, denn niemand will sich eingestehen, fruchtbarer Boden für Manipulation zu sein. So. Und zweitens – selbst wenn jemand käme, so könnte man bei ihnen gar nichts suggerieren, da sie ja wissen, dass ihnen suggeriert wird.«

»Also lügen Sie.«

»Lügen ist etwas anderes als Fiktion, mein Freundchen. Die Fiktion erreicht, wenngleich invers, immer den Realitätsstatus. Und viel näher an dem, was du hier Lüge nennst, ist deine geschätzte Psychoanalyse.«

»Lügnerin« – obwohl das Wort aus seinem Mund gekommen war, wollte er es nicht wahrhaben. Er konnte doch nicht gehen, bevor er ihr nicht dargelegt hatte, was er hatte sagen wollen. Aber das wäre, als würde er etwas unendlich Zartes, Filigranes gegen diese Mauer von Frau werfen.

»In der Analyse ist es nämlich auch nicht anders. Der Therapeut kommt mit einer sehr fixen Idee daher: dass sich das Psychische in Symbole kleidet und sich durch Verdrängung in ein anderes hineinsublimiert. Und seien wir ehrlich – jeder in dieser Stadt weiß, dass es genau das ist, was im

Prozess erwartet wird. So fließt das Erleben in die Förmchen, die der Analytiker ganz selbstverständlich hingestellt hat. Ich persönlich halte die Theorie von den Symbolen und der Notwendigkeit der Entschlüsselung für reine Beliebigkeit, für Erfindung –«

»Es geht um ein Werkzeug, etwas eigentlich Unbeschreibliches zu beschreiben«, sagte Hans scharf. »Um in einer Selbstbetrachtung eine Umstrukturierung zu erwirken. Sie sprechen ja, als handle es sich um Astrologie.«

»Schau an, der Bauernknecht hat Freud gelesen«, sagte sie amüsiert. »Es ist mir ja auch vollkommen egal, es geht um etwas ganz anderes« – zack, Feuerzeug, Zigarette – »nämlich darum, dass es überhaupt möglich ist, Suggestionen vom einen auf den anderen springen zu lassen. Dort sollte unsere Faszination liegen. Dass ein Gedanke wie ein Virus von Mensch zu Mensch gelangt, wenn man ihn so einbettet, dass diese Person glaubt, er käme aus ihr selbst. Es fiel mir ursprünglich in einer Selbsthilfegruppe mit vier Jugendlichen auf. Wenn sie einander ihre Träume erzählten und wenn sie einander halfen, in den von Natur aus unerfassbaren Krakeln ihrer Nachterscheinungen etwas zu lesen, fingen sie mitunter an, dasselbe zu träumen. Ist das nicht faszinierend? War das ein Haus, was du sahst? Ja, vielleicht. Oder etwas anderes? Nein, ein Haus! Wenn sie nur diesen letzten Zentimeter selbst zurücklegten, glaubten sie fest, der ganze Weg sei ihrer gewesen.«

»Sie haben Ihren Patienten irreale Träume eingeredet. Ich werde Sie melden müssen.«

»Melden! Aber wem denn? Und überhaupt, irreal ist es ja eigentlich gar nicht. Nur eben chronologisch verdreht«, sagte sie. »Nehmen wir dich – das, was du empfindest, bezeichnet einer meiner Kollegen als *achronische Selektion*. In Wirklichkeit hörst du nämlich etwas aus der Umwelt, und dein Gehirn datiert es um wenige Millisekunden zurück. Was wir als Einheit empfinden, ist ein ganz chaotisches Potpourri aus elektrischen Eindrücken, die –«

»Mein Gehirn.« Hans stand auf, wie überflutet fühlte er sich.

»Ja. Oskar Vogt hat in Berlin die Neurologische Zentralstation gegründet, in der solche Effekte ganz präzise untersucht werden können. Es ist nicht das geringste Übernatürliche an ihnen, und du, lieber Hans – bist ganz normal. Ein gesundes Gehirn ergänzt nun einmal die Dinge, die es hört, und hat einen variablen Zeitbegriff. Erleichtere dich!«

»Aber wenn ich doch spüre, dass es etwas Außergewöhnliches ist!«

»Du hast gestern gemeint, es habe dich lebenslang belastet, das –«

»Sie legen mir Worte in den Mund!«, rief er nun fast, obwohl er sich ganz genau erinnerte, gerade das gesagt zu haben.

»Hans, ich denke, dass du einem fundamentalen Missverständnis aufsitzt, nämlich dem, dass das einzig Wunderbare auf dieser Erde das Übernatürliche ist. Und was verstehst du darunter überhaupt? Das, was keine Kausalität kennt? Das, was sich unseren Verstandesbegriffen entzieht? Was denkst du, wofür die neueste Wissenschaft Atem holt? Für das Zerstreuen dieser Esoterik!«

»Ich habe Dinge erlebt, die sich der Wissenschaft entziehen, Helene.« Er duzte sie nun auch – aus Aggression.

»Nimm beispielsweise Adam«, sagte Helene. »Ein Bub, der von Geburt an die Uniform des Offiziers tragen musste; wenn nicht die leibliche, dann doch in der Art, wie er zu sprechen, sich zu bewegen, zu stehen hatte. Und was heißt das? Dass schon im allerjüngsten Alter nichts anderes als Narrationen von Krieg und Heldentum, von Stürmen, Bastionen und Bataillonen um ihn waren.«

»– das erklärt nie und nimmer, was alles er wusste. Hören Sie – sein Vater selbst war entsetzt von den Dingen, auf deren Grund er blicken konnte. Man hat ihn verwendet, um strategische Entscheidungen zu planen. Ein solcher Effekt könnte das niemals gewährleisten.«

»Manche Menschen merken und rekombinieren – und zwar durch eine natürliche Gabe – Dinge auf eine Weise, die anderen geradezu gespenstisch erscheint. Und wenn diese Menschen dann empfänglich sind für Suggestion … Man nennt das *mesmerisieren*. Ein gewisser Gustav Wilhelm Geßmann hat vor einigen Jahrzehnten sogar einen Apparat, ein Hypnoskop, entworfen, mit dem sich dieses Nahelegen fremder Einflüsse, die als die eigenen wahrgenommen werden, industrialisieren lässt!«

Hans fühlte sich, als müsse er sich übergeben. »Ich habe ihn Dinge tun, Entwicklungen spüren sehen, die er nie und nimmer hätte wissen können.«

»Die Sache ist die: In den Händen einer erfahrenen Person können solche Erinnerungen dann auf- und zugedeckt werden wie die verschiedenen Teile einer geometrischen Figur. Es braucht nicht viel. Unsere Psyche ist eine Art Eintopf aus den Einflüssen von Jahrhunderten, und wie sich diese Einflüsse ausdrücken, sich in einer *Person* ausdrücken, ist nur auf den ersten Blick aus der Logik der Struktur selbst zu erklären. In Wirklichkeit ist es eher ein Eindruck – ein *Eindrücken*, das geschieht. Adam ist mit einer Reihe von eigenartigen Erinnerungen zu mir gekommen, deren Gemachtheit er nicht durchschaut hat. Ich habe ihm eine Theorie angeboten, die sie zusammenführt.«

»Nie und nimmer kann das funktionieren.« Hans stand

auf – setzte sich aber, noch in der Bewegung, sofort wieder nieder.

»So. Und nun sehe ich nicht ein, warum wir über diese Sache noch weiter sprechen müssen. Du bist ja ganz zerstreut. Willst du einen Kuchen?«

»Zehntausend junge Menschen –« Hans schwindelte.

»Es sind um die sechzig, allenfalls. Also – Sachertorte?«

»– Sie haben an ihrem Unterbewusstsein herumgedoktert. Sie sind ja eine Irre.«

»Es gibt aber doch kein Unterbewusstes. Wir nennen das heute kognitive Prozesse.«

»Und was ist mit Klara? Sie sind doch – lieben Sie sie denn nicht?« Nun – und zum ersten Mal, seit Hans dieses Zimmer betreten hatte – wandte sie den Blick ab, als wäre ihr die Frage unangenehm.

»Nein«, sagte sie zögerlich. »Klara hat wirklich davon geträumt. Sie ist die einzige, quasi die ursprüngliche Träumerin gewesen.«

»Und wie«, schrie Hans in einem plötzlichen, doch sofort als unsinnig erkannten Triumphgefühl, »erklären Sie sich das? Dass sie von selbst über *Ihr* Heimatdorf träumt?« Aber Helene war in ihren eigenen Gedanken.

»Schon seltsam, diese Klara«, sagte sie und trommelte mit den Fingern auf den Tisch. »Vielleicht der einzige Mensch unter allen, die ich getroffen habe, der sich wirklich widersetzen kann. Der als einziger aus sich selbst schöpft und Formen errichtet. Vielleicht hat sie ja nicht einmal von diesem Dorf hier geträumt, vielleicht hat sie auch – vielleicht hat sie, ohne es zu beabsichtigen, eher *mir suggeriert*.«

»Es gibt Dinge, die über Suggestion hinausgehen, Frau Helene«, sagte Hans, den es nicht mehr auf seinem Stuhl hielt, »Freundschaft und Zuneigung etwa – Momente, in denen man eins mit jemandem wird und in denen der Gedanke des einen der des anderen wird.« Klara hatte es ihm gesagt, warum hatte er es nicht verstanden? Dass es eine Unendlichkeit von Dingen gab, die *wahr waren, aber nicht beweisbar.*

»Ich glaube, dass es einen Kosmos von Ideen gibt«, redete er weiter, ohne zu wissen, wohin das führte, »und dass wir an diesem partizipieren auf eine Weise, die vielleicht auf die Rückführung aller organischen Dinge – dass sie zurückgeht auf –« Seine Worte stockten. »Ich glaube, dass es Momente gibt, in denen das Trennende zwischen verwandten Geistern überwunden werden kann und dass – dass unser egomanischer Fortschrittsglaube –« Er war verloren. Alles bröselte ihm im Mund – »Denn was ich erlebt habe, dem muss ich glauben, dem Gefühl, auch wenn –«

Sie war eine Mauer. Nicht in hundert Jahren würde er sie mit seinem Gebrabbel durchbrechen können.

»Ich werde nun gehen«, sagte er ruhig.

»Wir haben doch noch gar nicht begonnen«, antwortete Helene. »Und was ist mit der Torte?«

Er aber hatte, aus der Tür stürzend, alle Hoffnungen fahren lassen.

Durch den Garten fiel er; sein Rennen war ein berechnetes Stürzen an der Welt vorbei. Er schoss – längst aus dem Umkreis von Helenes Rufen – durch den Jugendstilvorhof und setzte über den hüfthohen Gusseisenzaun. Die Straße entzog sich wie ein schon vergessener Traum. Er erkannte die Villa jetzt nicht mehr, er ließ sie hinter sich liegen. Die Erinnerung an das Rathaus entzog sich wie eine heftig fortgeblasene Rauchwolke, während er es ansah. Ein Rathaus, das Rathaus, alle Rathäuser gleichzeitig – er rannte durch eine Kulisse.

Er fetzte in die Wiese hinein und fort vom Dorf. Sein Atem ging heftig, bald musste er sich setzen. Noch senkte sich die Sonne nicht – noch kündete nur der Winkel, der die Grasflächen in ein unheimliches Dunkelorange tauchte, davon, dass der Zenit überschritten war. Ein unheimliches Drängen zwang ihn fortzulaufen, er konnte den Rock, den er von Adam bekommen hatte, nicht mehr anbehalten. Auf einmal ließ ihn der Gedanke an gestern, als er sich gebadet hatte, mitten im Laufen fürchterlich weinen. Die Angst, man könnte sein Schluchzen in der weit unten liegenden Stadt hören, verfolgte ihn wie ein Insekt. Der feste Tritt wich ihm unter den Schuhen aus, er musste jeden Schritt erkämpfen.

Eine Stunde, vielleicht zwei, lief er und fiel nieder, lief wieder und wischte sich den Schweiß ins Hemd, dann war er zurück an der Donau.

Er warf den Gehrock seines Freundes in den Strom. Dann machte er sich in Richtung der Brücke auf, über die sie erst vorhin gekommen waren. Sie war in der Ferne winzig, man hätte sie mit der Handfläche wegwischen können.

Noch immer reichten seine Leibeskräfte nicht aus, um seine Tränen zu halten: Adam und Klara, Klara und Adam, dachte er. Mit jedem erneuten Denken verloren ihre Gesichter an Kontur, gewannen aber an der gestaltlosen, unerklärlichen Wärme, mit der einen das Verlorene quält.

Als er in die Leopoldstadt zurückgelangt war, stützte er sich auf die Knie und war, wiewohl er stehen blieb, im Geiste wie niedergeworfen. Er achtete nicht auf die steinernen Einfassungen an der Kronprinz-Rudolph-Brücke und bemerkte nicht die Franz-von-Assisi-Kirche. Die Allee, auf der die Menschen Fahnen des Kaiserreichs schwenkten, war ihm wie geschrieben in einer anderen Sprache, und der erste Anblick des aufschießenden Riesenrades verfehlte ihn.

Die Erinnerung an seine Freunde stieß immer wieder in ihn – Freunde! die einzigen! – und sie gemeinsam in dieser letzten Nacht der Menschheit. Dumpf, nur mehr ein Schemen. Hans war noch nie im Meer gewesen, doch er stellte es sich so vor: Wellen um Wellen an Erinnerung, an denen man sich halten wollte, doch was man verzweifelt schlug, war Schaum. Nichts – nichts. Und dennoch stieß immer wieder das Glück in ihn, dass es geschehen war. Eine heiße Klinge war diese Freude.

Indessen war er zum Donaukanal gelangt, die Häuser nun wieder dichter.

Warum wusste man es immer erst danach?

Er wünschte sich, dass er das, was ihm jetzt Erinnerung war, mit dem Gefühl der Köstlichkeit hätte leben können, das ihn jetzt begleitete: das Bier, die Stiegen, auf denen sie gesessen waren, das Handtuch – alles, alles, alles. In der überhasteten Fülle des Moments waren sie nie aufgetreten.

Ein Verlangen motivierte das nächste, und seine ganze Vergangenheit stürzte auf ihn ein. Jeder schüchterne Fremde, der ihm je begegnet war; jede Ermutigung, die ihm ein Lehrer erwiesen hatte, dessen Gesicht er nicht erinnerte, doch deren Zärtlichkeit ihm wie ein Gestirn vor Augen stand. Die Textur eines Holzspielzeugs, für das er nun alle Besitztümer opfern würde; die Musik einer Orgel an einem bestimmten Junitag – eine Erlösung.

Aber sie wurden durchsichtiger Flor, wenn er seine Hand nach ihnen ausstreckte.

Da zog eine Kapelle vorbei, und alles zerstreute sich. Ein weiteres Mal verstellte die Stadt ihm wieder die Sicht. Eine Klamm aus Prachtbauten, aus denen die Menschen hervorquollen; sie trugen eilends die Flaggen herbei. In Zylinder, Frack und bestickten Westen stiegen Betuchte auf der Weißgerberstraße in ihre Privatgespanne, auf denen die Wappen ihrer Familien prangten.

Hans hatte sich in die hintere Zollamtsstraße verirrt, seine Beine waren steif von der Hetzjagd auf den Feldern. Nun, da sich die Fassadenmassive lichteten und die Blickachse zum Donaukanal abfiel, mischte sich ein anderes Klientel in die Menge. Mit schmutzigen Leinenhosen und nacktem Oberkörper zogen ganze Trauben von Arbeitern zwischen der feinen Herrschaft hindurch, schwangen sich über das Geländer und fielen zu Hans' Entsetzen abwärts in die Tiefe. Am Ufer tauchten sie unversehrt wieder auf und trugen Wimpel hoch über die Köpfe gelüpft.

Kinder liefen ihm entgegen – drecksteife Pepitahosen über den dünnen Beinen und Ruder in der Hand, die sie von einem der vielen Übersetzboote entwendet haben mussten.

Am Franz-Josefs-Kai, an dem die Lieferungen aus den Kronländern auf dem Wasserweg einliefen, tummelten sich Dutzende Boote, die Nährstoffe für die kommenden Monate lieferten. Wo sich sonst Männer, Frauen und Kinder im Morgengrauen tummelten, um sich durch einen qualvollen Arbeitstag einen Schlafplatz zu erwirtschaften, packten jetzt alle Hände an.

»Fürs Vaterland!«, schrie einer, und die Menge bewegte sich wie ein einziger Muskel. Da waren die *Aufeschmeißer*, die die von den *Anzahrern* zurechtgelegten Steine auf die Stege warfen, ehe sie die Tramarbeiter auf Karren schlichteten. Jetzt drängten sich auch schmächtige Frauen dort, junge, gut gekleidete Männer. Alles, alles suchte nach einem Platz, um sich in den Volkskörper einzupassen.

Krieg, Krieg, dachte Hans. Er selbst war hin und her geschleudert: Einmal wollte er zu den Verladern, um wenigstens irgendeinen Platz für sich zu ergattern, dann wieder dachte er, unbedingt der Blasmusik folgen zu müssen. Doch sowie er um die Ecke bog, an der er sich vor wenigen Stunden verabschiedet hatte, kam ihm wieder nichts dringlicher vor, als seine Freunde zu finden. Er sah nach links und rechts, als wären sie ihm erst vor einem Moment entrissen worden, als könnte er sie einfach wieder zu sich winken. Der Asphalt war so weich; dieser überheiße Augusttag hatte ihn zum Schmelzen gebracht.

Vielleicht könnte er hierbleiben. Vielleicht war Wien seine Bestimmung. Aber die Stadt war so groß, und was hieß schon: ein Platz. Und dann war die Stadt schon jetzt eine andere als gestern.

Dort, wo sich nachts die Branntweiner hin und her gewuchtet hatten, deren lumpenproletarisches Leben ihnen zwischen den Räuschen entglitten war, war nun jene eilige Bewegtheit eingezogen, die entsteht, wenn hunderte alerte Menschen an einem Strang ziehen. Selbst die schlafwandlerischen Bettgeher, die auf der Suche nach *Motschkern* waren – Zigarettenstümpfe, an denen sich kauen ließ –, selbst sie folgten dabei der Musik.

Die Welt verkrampfte sich um Hans, er wusste nicht, wie sich strecken, um diesen Spasmus zu lindern.

»Wo ist die Rossauerkaserne?«, fragte er einen vorbeigehenden Mann.

»Keine zweihundert Meter den Kanal hinauf«, sagte dieser. »Dort, wo der meiste Tumult ist.« Und lachend ging er fort.

Hans kippte in die ihm gewiesene Richtung. Er erreichte den Schottenring – und da war sie also: die alte Kampffreudigkeit, die Standhaftigkeit, die schon die Türken fortgedrängt hatte und dabei war, aus ihrem Grab gehoben zu werden.

Was sich vorher in wirbelnden Flüsschen gezeigt hatte – Alte und Junge, Mädchen und Kinder, zigtausende Soldaten und Zerlumpte, Marschierende und Humpelnde, Jubelnde, Ängstliche und solche, die gegen alles blind waren – war nun ein reißender Strom. Hans, von jäher Angst ergriffen, sprang auf eine Parkbank, und da erst sah er über ihre tanzenden Köpfe hinweg das Ganze. Ihn schwindelte.

Dort hinten, wo der Kanal wieder in den Ring überging, eröffnete sich ein riesenhafter Schlund, in den die Menschen marschierten. Er konnte die breiige Zunge sehen und das zuckende, von Adern überzogene Zäpfchen. Er erkannte die kalten Schleimhautfalten eines Lurchs und seinen Kehlkopf, der so stark bebte, dass man die schwalligen Schlucke erahnen konnte. Für einen Augenblick wollte er unterm Trugbild dieser Lichtspiegelung die Menschen warnen, wollte wenigstens die Kinder herausziehen. Doch er begriff, dass es vergebens war. Nein, das waren keine Menschen mehr, es war eine *Masse*. Grobkörnig war dieser Zug und doch ganz uniform. Etwas gestern noch Mannigfaltiges war vom Gewicht des darauf abgestellten Sommertags zusammengepresst wie von einem kosmischen Glasblock.

Wohin mit sich? Es zog ihn ja auch mächtig hinein, das spürte er.

Die Sehnsucht nach einem Freund ergriff ihn wie ein Fieberschub. Obschon sich tausende Menschen um ihn tummelten, fühlte er sich einsam wie nie in seinem Leben. Adam und Klara. Er ließ sich wieder vom schaukelnden Fluss erfassen, der die Straßenlandschaft durchfurchte.

Warum hatte er Adam und Klara nicht gehalten? Er dachte: Sie einmal *wissend* gehalten? Warum konnte nicht die ganze

Sehnsucht, die sich wie zähe, verzehrende Lavaschmelzen jetzt über ihn schob, jemals die Gegenwart berühren? Die *Gegenwart*: Blass führte die Zeit die Dinge an einem vorbei, deren ganze Farbigkeit man erst im Nachhinein begriff, deren Farbe vielleicht vom Begehren nach dem Vergangenen erst gegeben wurde.

Und dann verstand er, dass es schlimmer war als das. Er erinnerte sich daran, was Helene gesagt hatte. Er verzehrte sich nach –, ja, wonach eigentlich?

Es war *nichts*, es war *nichts* gewesen, es war nicht wahr gewesen. Vielleicht war einen Moment etwas in der Schwebe gewesen, dann war das Dreieck umgekippt und nur mehr Irrationales. Die Kapelle spielte *Gott erhalte*.

»Hey, du da – Tiroler!«

Vielleicht sehnte sich das ganze Universum nach all dem Vergangenen, und die Zeit selbst war nichts als ein universales Sehnen nach dem Absenten.

»Komm rüber – ich hab ja gewusst, dass du dich doch noch umentscheiden wirst, wenn dich die Stimmung erfasst.« Es war der Salzburger, den Hans gestern am Bahnhof getroffen hatte und der nun, in der wild zusammengewürfelten Uniformattrappe eines Freiwilligen mit ein paar Kameraden auf dem Randstein saß.

»Wie ist es dir ergangen, hast du einen Schlafplatz gefunden? Männer, das ist –«

»Hans«, sagte Hans.

»Hans!«, rief ein anderer erfreut und – das war ganz zweifellos – angetrunken aus. Aber Hans streckte seinen Arm nicht hin, als ihm wieder ein anderer ein Bier anbot. Seine Aufmerksamkeit war von einer Parade abgelenkt, die gerade in diesem Moment die Straße herunterkam. Die Offiziere.

Ihre Knöpfe glänzten und über den Köpfen der Militärkapelle war das Banner entrollt, das von der tausendjährigen Regentschaft des Hauses Habsburg erzählte.

»Na, soll ich dich reinbegleiten zur Meldung?«, fragte der Salzburger. Aber Hans hörte ihn nicht. Er wünschte, der Radetzkymarsch hätte einen Text gehabt. Er hätte so gerne mitgesungen.

DANKSAGUNG

Mein Dank gilt Eike Feß für seine musiktheoretische Unterstützung. Esther Heinrich-Ramharter danke ich für ihre großzügige Hilfsbereitschaft gegenüber einer mathematischen Laiin sowie für ihre Vermittlung von Christa Binder, die mir mit Auskünften bezüglich der Geschichte der Mathematik in Wien half. Ich danke der Buchhandlung Löwenherz in Wien für ein Repertoire zur queeren Geschichte Österreichs, ohne das meine Recherchen nicht möglich gewesen wären. Danke an alle Freunde und Bekannten im Twitter-Universum für die Beantwortung meiner obskursten Fragen. Wie immer danke ich meiner Agentin Nora Boeckl für ihre unerschütterliche Unterstützung und meiner Lektorin Corinna Kroker für ihre eiserne Geduld beim Erfüllen meiner Visionen; danke Tom, Katharina, Verena und dem ganzen Verlag für euer Vertrauen in mich. Zuletzt danke ich Jana für ihre Liebe, ihre Klugheit und ihre Diskussionsbereitschaft in allen literarischen Lagen.

QUELLENNACHWEISE

Eder, Franz X.: *Homosexualitäten. Diskurse und Lebenswelten 1870–1970.* Weitra 2011.

Eybl, Martin: *Die Befreiung des Augenblicks. Schönbergs Skandalkonzerte 1907 und 1908. Eine Dokumentation.* Wien, 2004.

- Anonym: *Skandalszenen beim Roséquartett.* Berliner Zeitung 22.12.1908.
- Anonym: *Wiener Brief.* Publikationsorgan und Datum unbekannt.
- Liebstöckl, Hans: (O. A.) Illustrirtes Wiener Extrablatt, 22.12.1908.
- Stauber, Paul: (O. A.) Illustrirtes Wiener Extrablatt, Theaterzeitung, 26.02.1909.
- von Webern, Anton: *Brief an Schönberg.* 27.12.1908.

George, Stefan: *Pilgerfahrten.* Wien 1891.

Schönberg, Arnold: Ein Kunsteindruck. In: *Der Merker.* Wien 1909.

Schopenhauer, Arthur: *Die Welt als Wille und Vorstellung.* Zürcher Ausgabe: Werke in 10 Bänden. Zürich 1977.